U0228542

饲草产品检验

玉　柱　贾玉山　李存福　主编

科学出版社

北京

内 容 简 介

饲草产品检验包括饲草产品质量和安全检验两个方面。本书共 13 章,包括绪论,饲草产品抽样与检测样品制备,饲草产品物理性状的检测,饲草产品成分的化学分析方法,近红外光谱检测技术在饲草产品上的应用,饲草产品检测数据处理分析,干草和草捆质量评价、粉状饲草产品、成型饲草产品、青贮饲料品质检测评价,全混合饲料原料检验,饲草产品安全检验,饲草产品质量监督与管理。本书注重理论和实践相结合,在搜集和甄选当前国内外饲草产品检验的前沿理论和最新科研成果基础上,结合实践,重点介绍了饲草产品检验的基础理论和基本技能。

本书既是高等院校草业科学、动物科学等专业的本科生教材,也可作为草业科学、动物科学等领域研究生和生产技术人员的培训教材与参考书。

图书在版编目(CIP)数据

饲草产品检验/玉柱,贾玉山,李存福主编. —北京:科学出版社,2013.6
ISBN 978-7-03-037940-5

Ⅰ.①饲… Ⅱ.①玉…②贾…③李… Ⅲ.①牧草-质量检验-高等学校-教材 Ⅳ.①S54

中国版本图书馆 CIP 数据核字(2013)第 134042 号

责任编辑:张静秋 / 责任校对:张怡君
责任印制:赵 博 / 封面设计:迷底书装

科学出版社出版
北京东黄城根北街 16 号
邮政编码:100717
http://www.sciencep.com

北京凌奇印刷有限责任公司印刷
科学出版社发行 各地新华书店经销
*
2013 年 6 月第 一 版 开本:787×1092 1/16
2025 年 1 月第三次印刷 印张:14 1/2
字数:326 000

定价:49.80 元
(如有印装质量问题,我社负责调换)

编委会名单

主　编　玉　柱　贾玉山　李存福
副主编　姜义宝　格根图
编写人员：(按姓氏笔画排序)

王光辉(中国农业大学)

王德成(中国农业大学)

玉　柱(中国农业大学)

白春生(沈阳农业大学)

刘庭玉(内蒙古民族大学)

许庆方(山西农业大学)

孙桂荣(河南农业大学)

李存福(全国畜牧总站农业部全国草业产品
质量监督检验测试中心)

李秋凤(河北农业大学)

赵国琦(扬州大学)

姜义宝(河南农业大学)

格根图(内蒙古农业大学)

贾玉山(内蒙古农业大学)

前　言

　　草业的发展对维护国家生态安全、建设环境友好型社会、发展农业经济、保障食品安全都具有重要的战略意义。草业在许多发达国家已成为一个大产业,但在我国尚属新兴产业。随着中国草业可持续发展战略的推进和草业生产方式的转变,推动了草种业、牧草种植业、草地畜牧业、饲草产品加工业等草业主体产业的快速发展。饲草产品既是重要的农业投入品,也是重要的农业产出品,在发展草产业中具有举足轻重的作用。近年来,相关饲草产品的产业已经初步形成。由于饲草产品种类繁多,其营养和饲用价值良莠不齐,其质量安全问题已经引起广泛重视。科学评价饲草产品的营养价值、饲用价值和有毒有害物质有助于规范饲草产品市场,为准确制定日粮标准提供依据,饲草产品的质量检验是牧草品种育种的重要辅助手段。

　　本书简要介绍了饲草产品检验的范围、意义和必要性,饲草产品抽样与检测样品制备,饲草产品物理性状的检测,饲草产品成分的化学分析方法,近红外光谱检测技术在饲草产品上的应用,饲草产品检测数据处理分析,干草和草捆质量评价,粉状饲草产品,成型饲草产品,青贮饲料品质检测评价,全混合饲料原料的检验,饲草产品安全检验,饲草产品质量监督与管理。本书注重理论和实践相结合,在搜集和甄选当前国内外饲草产品检验的前沿理论和最新科研成果基础上,结合实践,重点介绍了饲草产品检验的基础理论和基本技能。

　　本教材共 13 章,各章编写分工为玉柱(第一章、第二章、第五章、第十章),贾玉山(第七章、第八章、第九章),李存福(第二章、第九章、第十二章、第十三章),姜义宝(第五章、第六章、第十二章),格根图(第六章、第九章、第十三章),许庆方(第十章),白春生(第二章),赵国琦(第三章、第四章),李秋凤(第十一章),刘庭玉(第十一章),王光辉(第三章),王德成(第三章),孙桂荣(第六章)。统稿工作由主编和副主编共同完成。全书由内蒙古农业大学张秀芬教授审稿。

　　由于编者的专业知识和技术实践能力有限,书中的不足之处在所难免,恳请读者批评指正。

目　　录

第一章 绪 论

【内容提要】掌握饲草产品检验的含义、意义、任务和目的，了解我国饲草产品质量存在的问题。

第一节 饲草产品检验的含义

随着人民经济收入和生活水平的不断提高，对畜产品的需求逐年增加，畜产品质量安全也日益受到人们的重视。饲草产品作为畜牧业的生产原料，尤其是反刍家畜的主要饲料，是畜牧业的物质基础。饲草产品质量的好坏和安全状况直接关系到畜产品的品质以及畜牧业的发展，关系到人类的健康。因此，饲草产品的质量安全对食品安全尤为重要。

近年来，我国的饲草产品加工业发展迅速，已经进入市场化和国际化的新阶段，生产的饲草产品直接参与到国际市场的激烈竞争中。但是，与发达国家相比，我国的饲草产品加工业基本处于初始加工阶段，原料种植环境及产品加工、贮藏、运输等环节的安全保障体系仍不健全，尚未建立统一的标准和监管体系，导致产品档次低、品质差、商品化程度不高，难以满足市场需求。因此，控制饲草产品的质量和安全成为我国饲草产品加工业以及上下游产业发展的必要条件。我国饲草产品种类繁多，包括干草捆、草粉、草颗粒、草块、青贮饲料及全混合日粮等。在实际生产过程中，由于原料分布广泛且种类多样，加工调制过程中受自然环境和管理水平的影响大，其营养成分、饲用价值和安全状况良莠不齐，对饲草产品的质量和安全控制提出了更高的要求。

饲草产品检验是对饲草产品的感官性状、物理性状、营养成分和有毒有害物质等进行定性或定量测定，从而对饲草产品的质量安全做出正确和全面的评定。饲草产品检验学是研究饲草产品质量安全的影响因素、检测技术、评价体系及质量管理的科学。

饲草产品检验内容主要包括两个方面，一个是饲草产品质量，一个是饲草产品安全。

饲草产品质量是指饲草产品对于获得较高的动物生产性能的潜力，主要包括适口性、消化率、营养价值等。多数饲草产品的组成成分复杂，相互之间存在着很高的质量差异，如果不通过物理、化学或生物学手段进行系统的检测，就很难确定饲草产品的真正质量。品质差的饲草产品不但降低家畜的生产能力，而且对家畜的健康有不利影响，给畜牧业带来不必要的损失。

饲草产品安全是指饲草产品中不含有损害或威胁动物健康的有毒、有害物质或因素，避免造成畜禽急性或慢性毒害以及感染疾病，并通过食物链产生危及人类的隐患。饲草产品在生长、收获、加工、贮藏和运输等过程中都可能产生某些有毒有害物质，对人、动物和环境产生危害或潜在危害。因水源、土壤、空气污染，农药、化肥、添加剂等利用不当，饲草种植过程中有毒有害杂草或病虫害防治不彻底，加工贮藏不规范等，都可能造成有毒有害物质在饲草产品中积聚，危害家畜和人类的健康。

此外，某些饲草产品生产者为了达到提高产品"表观"品质、保存性或饲料转化率等目的，故意添加对动物、人或环境有危害的物质，这也是危害饲草产品质量安全的重要因素。例如，为了提高饲草产品中的粗蛋白质含量，个别不法生产者添加含氮率较高的化学物质，如尿素、硝酸铵、三聚氰胺等，造成对产品质量的过高估计，从中牟取不正当的经济收益，却给饲草产品安全带来了巨大的安全隐患。因此，在对家畜进行饲喂之前，需要对饲草产品中的违禁化学物质和有毒有害物质进行检测，从而更好地对饲草产品的安全进行控制。

第二节　饲草产品检验的意义

饲草产品作为动物饲料的重要组成部分，其质量和安全影响畜产品的质量和安全。饲草产品不仅是草食动物日粮的主要组成部分，也是鸡、猪、鱼等配合饲料的组成成分之一。在各类畜禽的饲喂标准中，饲草产品在草食家畜牛羊饲料中一般占 60% 以上，猪饲料中可占 10%～15%，鸡饲料中可占 3%～5%。另一方面，饲草产品原料来源广泛、质量安全情况复杂、受环境影响大，需要对饲草产品进行检验。饲草产品检验在科学的评价饲草产品质量和卫生水平、建立具有国际竞争力的牧草生产体系、完善饲草产品质量安全监管、生产安全畜产品以及保证草产业健康持续发展等方面具有重要的意义。

一、科学评价饲草产品质量和安全水平，是提高饲草产品质量的重要手段

同一种饲草产品，因品种、产地、气候、加工方式等不同，质量存在着很大的差异。传统上，饲养场仅仅根据经验或者原料的营养价值来判断饲喂量以及在配合饲料中的添加比例，这样不仅造成了营养的巨大浪费和经济效益损失，而且对家畜健康带来潜在的危害。通过物理、化学和生物学等分析手段对不同批次不同类型的饲草产品进行检测，能够科学的对饲草产品质量和安全水平进行评价，帮助饲养者确定科学的日粮标准和饲喂量，有效提高饲料利用率，降低饲养成本。通过对饲草产品质量和安全的科学评价，能够有效地对饲草产品进行质量分级，实行优质优价，促进高质量饲草产品的生产。通过增加饲草产品检测的可追溯性，能够向生产者反馈牧草种植、饲草产品生产加工中的不足和缺陷，促进各环节的相关研究，推动相关科学和技术进步，提高饲草产品的质量。

二、加强饲草产品质量安全管理，是提高市场竞争力的有效措施

国际上主要的饲草产品进口国和地区是日本、韩国、中国台湾和东南亚。这些国家与我国距离较近，我国有明显的地理优势，但当前主要供应国为美国、加拿大和澳大利亚，我国仅占极小的比例。国内市场对饲草产品需求量更大，据不完全统计，按我国配合饲料产量 1 亿 t 估算，可用于配合饲料的饲草产品的潜在市场为 1500 万 t 左右。我国现有的 1300 多万头奶牛也需要大量优质的饲草产品，以产出优质安全的奶产品。另外，草原禁牧、休牧、防灾抗灾等需要大量的饲草产品储备，饲草产品供不应求的形势在短期内不会改变。近两年国内市场也在逐渐渗入国外产品，从美国等国家进口苜蓿产品的区域在扩大，进口的数量在增长，价格也在逐年提高。

虽然我国近几年在饲草产品生产加工技术方面取得了较大的进步，产品质量得到了大幅度的提高，但与发达国家相比，我国饲草产品生产科技含量较低，基本处在粗放种植、初级加工阶段，饲草产品商品化程度不高。饲草产品进口国家对产品质量和卫生都有严格的法规和检验、检疫要求，一旦查检为不合格产品，将被销毁或退回，这不仅增加了庞大的额外费用，而且会造成不良的声誉。因此，加强饲草产品质量安全检测，可以确保产品质量安全，提高产品信誉度和市场竞争力。

三、促进我国草产业的持续稳定发展，是提高畜产品质量安全的基本保证

牧草种植、饲草产品加工、家畜饲养、畜产品生产是一个产业链上的几个同等重要的部分，饲草产品加工将牧草和生产及畜产品生产联系起来。饲草产品加工中的任何一个环节出现问题，都会严重制约后续生产或销售的进行，同时反馈抑制前面环节的进一步生产。饲草产品的好坏直接关系到草产业能否健康发展。饲草产品检验有利于提高饲草产品质量和市场竞争力，推动标准化生产，促进产品销售，增加生产效率与效益，有利于提高牧草育种者培育高质量牧草品种的积极性，推动我国草产业的持续稳定发展。

饲草产品是动物饲料的重要组成部分。传统上的"高精料＋秸秆"模式已经不能满足畜牧业发展的需要，只有饲喂高质量的饲草产品，才能获得高质量的畜产品。因此，饲草产品质量直接关系到畜产品的质量和安全。近年来，由于经济利益的驱动，一些企业或者个人向饲草产品中违法添加违禁化学品或者使用不合格的牧草原料，以次充好，给畜牧业的发展和畜产品的质量安全带来了极大的隐患。只有对饲草产品进行科学的检测，科学评价其质量和安全状况，才能确保安全的饲草产品供给，从源头为生产高质量、安全的畜产品提供保障。

四、完善饲草产品检验标准，是确保饲草产品质量安全的重要环节

饲草产品的质量安全不仅与畜产品质量和安全有关，甚至影响到食品安全和人类健康。为了保持饲草产品加工业的持续健康发展，对饲草产品进行科学的质量安全管理，需要有完善的饲草产品质量安全检测标准。同时，随着饲草产品质量管理实践中的新问题不断出现，只有不断开发新的检测技术、制定或修订饲草产品检验标准，才能建立完善的饲草产品质量安全检测标准。饲草产品质量安全检测是饲草产品行政执法的重要基础，没有质量安全检测标准，就难以客观判断产品是否安全。随着生产加工中新原料、新农药、新方法、新工艺等的出现，新的技术为制定新的标准提供了基础依据。

第三节　国内饲草产品质量存在的问题

与发达国家相比，我国饲草产品加工业起步较晚，但是发展迅速。与此同时，质量安全问题逐渐暴露出，严重制约我国草产业及下游产业健康发展。饲草产品生产存在的问题主要集中在以下几个方面。

一、饲草产品质量问题

随着我国草产业的不断发展，饲草产品的质量和安全水平有了很大的提高，但是与发达国家相比仍然存在很大的差距。长期以来，国内的饲草产品加工企业过度追求数量的扩张，依靠低价格、低质量产品供应市场，忽略了饲草产品质量安全管理，导致市场混乱、优势产品较少。产品出口质量不能满足外国质量要求而遭到退货的情况屡有发生，使国家和企业蒙受了巨大经济损失。饲草产品加工企业管理粗放、落后，难与国外大型跨国企业竞争。

二、饲草产品安全问题

我国饲草产品生产过程技术含量低、管理粗放，饲草产品中许多有毒有害物质无法通过加工工艺去除。这些有毒有害物质成分复杂，来源广泛，往往需要专门的手段检测且价格昂贵。饲草产品生产环节涵盖牧草原料种植、收获、加工、运输、贮藏等多个方面。单独检测成品中的有毒有害物质无法了解全部情况，因此，需要在生产的各个环节进行有效的监测，才能有针对性的提高饲草产品质量和安全。饲草产品生产过程中有毒有害物质的来源主要有以下几个方面。

（一）原料本身存在的有毒有害成分

有些牧草自身含有有毒有害物质，或加工过程中转化产生，如过量的硝酸盐、亚硝酸盐、甙类、生物碱、单宁等化合物，由于加工技术的限制，不能完全清除，会给畜禽带来毒害。

牧草由于施氮过多，或遇病虫害、逆境等易积累硝酸盐，虽然硝酸盐毒性较低，但经还原性细菌转化为亚硝酸盐对动物毒性很大。亚硝酸盐是较强的氧化剂，可使动物正常的血红蛋白氧化成高铁血红蛋白，高铁血红蛋白的大量增加使红细胞丧失携氧功能，导致机体组织缺氧。另外，亚硝酸盐在一定条件下可与仲胺或酰胺形成强致癌物 N-亚硝基化合物。

高粱苗、木薯等植株中含有氰甙。氰甙本身没有毒，但通过植物酶或瘤胃微生物的酶解作用产生氢氰酸。氢氰酸对动物毒性极强。氢氰酸被动物吸收后，迅速阻断氧化过程中的电子传递，使组织细胞不能利用氧，发生细胞内窒息，引起脑、心血管等系统的机能障碍。

（二）环境污染产生的有毒有害物质

工业污染物如砷、铅、汞、镉、铬、铜、锌、硒、钼，氰化物、氟化物，3，4-苯并芘、多氯联苯，以及主要来自垃圾焚烧的二噁英等，它们能从多渠道渗透到牧草中。随着我国对食品质量安全的重视，已建立了有效的食品质量安全监测体系，迫使一些被污染地区的种植结构从粮食作物向饲料作物转移，牧草污染有毒物质超标的问题已有显现。同时，随着我国工矿业的快速发展，特别是在一些偏远地区，牧草种植较多而环境管理不够严格，产生污染的可能性更大。另外，一些污染严重的土地，利用牧草进行生态恢复，收获的牧草也有可能被用为饲草产品的原料。

（三）加工贮藏不当产生的有毒有害物质

饲草产品加工不规范、贮藏不合适，容易引起发霉变质。有的霉菌是病原菌，或引起动物过敏，或产生毒性极强的霉菌毒素，如黄曲霉毒素等，对动物和人都有毒害作用。黄曲霉毒素被动物采食后，迅速被胃肠道吸收，在肝中的浓度最高，所以肝受害最严重，损害动物的肝组织，破坏肝功能，出现全身性出血、消化机能障碍和神经症状。肝为机体重要的免疫器官和代谢器官，一旦受损会导致机体的免疫系统损害，动物容易感染疾病，发病率上升。黄曲霉毒素是目前发现的最强致癌物之一，其中黄曲霉毒素B_1的致癌作用比二甲基亚硝胺大 75 倍。

（四）饲草产品生产过程中添加剂使用不规范

有些不法企业片面追求经济利益，在饲草产品生产过程中，违反我国有关法律法规，使用违禁化学品，造成有毒物质在畜禽产品中残留进而危害人们身体健康，成为导致饲草产品不安全的重要因素。另外，对饲草进行加工处理时，添加剂等使用过量、分布不均等造成的添加物浓度过高或形成新的物质会对动物产生毒害作用，如氨化饲草，若产品中含氨过多会对动物产生毒害作用。

三、饲草产品检验问题

传统的饲草产品质量评价以粗蛋白、中性洗涤纤维（NDF）、酸性洗涤纤维（ADF）、可溶性糖等常规营养指标为主。与玉米、小麦等农作物相比，检测指标单一且未涉及对人类和家畜有毒有害的成分。饲草产品中一些产量大、营养物质丰富的资源，由于含有某些有毒有害成分，通过单纯的饲料质量评价标准无法评定其安全性，导致饲草资源难以有效利用，造成了大量的浪费。饲草产品的质量差异较大，成分复杂，检测项目多测定时间较长，限制了在生产实践中的推广和利用。

化学分析的方法不同，会导致结果的较大差异。不同实验室由于实验方法以及试剂、仪器等不同，对同一指标检测结果差异较大。尤其是对于那些依靠方法本身定义的测定成分，如中性洗涤纤维、粗脂肪、木质素等，如果没有统一的质量安全检测标准和实验室之间的协作，就会出现矛盾的数据，给饲草产品的质量管理和控制以及贸易仲裁等带来麻烦。

第四节 饲草产品检验的任务和目的

一、饲草产品检验的任务

饲草产品检验是在动物营养学和牧草加工学的研究、发展的基础上，与经典化学分析、仪器分析、企业生产管理、生物统计紧密结合发展起来的一门课程，主要任务是阐明饲草原料和成品的物理性状、营养价值、有毒有害物质及检测原理和方法，确定它们的组成与含量，为研究饲草产品的组成和营养价值的评定提供依据和研究方法，也是饲草饲料工业生产中保证原料和各种产品质量的重要手段。它是饲草加工和动物生产的理论基础，为专业人员从事饲草饲料品质管理和质量检测提供了基本的操作方法，它是草学和动物营养与饲料专业的课程，也是水产养殖和兽医专业重要的专业技能培训课程。

二、饲草产品检验的目的

　　一方面通过理论课学习，要求对饲草饲料分析、饲料质量检测的基本概念、原理、方法、内容和进展有较全面的掌握。掌握国家有关饲草产品标准的基本内容和营养价值评定的方法，了解饲草产品检验和质量管理内容。另一方面通过实验课的学习和操作技能锻炼，掌握饲草产品常规成分分析、纯养分分析、有毒有害物质分析，以及常用物理检测分析、快速检测分析的操作方法，熟悉实验室目前常用仪器设备的使用和操作，并掌握和了解当前仪器分析技术中有关的仪器操作，使学生在实验中动手能力及基本技能得到严格训练，具备从事饲草饲料化学成分分析、质量检测、营养价值评定与生产管理的能力。

思　考　题

　　1. 简述饲草产品检验的内容。

　　2. 简述饲草产品检验的意义、任务和目的。

　　3. 简述饲草产品质量存在的问题。

第二章 饲草产品抽样与检测样品制备

【内容提要】本章重点阐述了饲草产品的抽样和检测样品的制备。内容涉及饲草产品抽样的目的、原则、抽样工具，以及不同类型饲草产品的具体抽样方法，并对饲草产品检测样品的制备和保存进行了详细介绍。

饲草产品检测样品是从待测的饲草产品中以科学方法采集获取一定数量的、具有代表性的部分，其采集过程称为抽样。将获取的检测样品经过干燥、磨碎、混合等处理，以便进行理化分析的过程称为样品的制备。饲草产品检测样品的抽样和制备是进行饲草产品成分检测与品质评价的重要步骤，决定了分析结果的准确性和客观性，进而影响饲草产品生产和流通工作的正常开展，对饲草产品加工业水平的提高具有重要意义。

第一节 饲草产品抽样

正确抽样是至关重要的。在开展饲草产品品质检测工作时，用于分析的样品总是少量的，但要依据由此所得的分析结果，对大量物料给以客观的评定。因此，所采集的样品一定要具有代表性，即少量样品的组成一定要能代表批量产品的平均组成。否则，无论我们选用的分析方法多么准确，仪器多么精密，结果都是毫无意义的。

一、抽样目的

抽样是开展饲草产品质量检测工作的第一步，是从批量产品中抽取一部分供分析使用，因此抽样的目的是获得具有代表性的样品。抽样获得的样品应可代表被抽取的饲草产品对象的整体，通过对样品理化指标的分析，客观反映受检饲草产品的品质。

二、抽样原则

（一）样品必须具有代表性

实验室提交的饲草产品质量分析数据来源于抽样所获得的样品。受检饲草产品的容积和质量往往都很大，而分析时所用样品仅为其中的很小一部分，抽样的正确与否决定分析样品的代表性，直接影响分析结果的准确性。因此，在抽样时，应根据分析要求，遵循正确的抽样技术，并详细注明样品的情况，使采集的样品具有足够的代表性，使抽样引起的误差减至最低限度，使所得分析结果能为生产实际所参考和应用。否则，如果样品不具有代表性，即使一系列分析工作非常精密、准确，其意义都不大，有时甚至会得出错误结论。

（二）必须采用正确的抽样方法

正确的抽样应从具有不同代表性的区域随机取样点，然后把这些样品均匀混合成为整个饲草产品的代表样品。然后再从中分出一小部分作为分析样品使用。抽样过程中，做到随机、客观，避免人为和主观因素的影响。具体的抽样方法见农业部行业标准《饲草产品抽样技术规程》（NY/T 2129）和国家标准《饲料采样》（GB/T 14699.1）。

（三）样品必须有一定的数量

为了确保抽样的代表性和实验室分析工作的顺利开展，必须获得一定数量的样品。不同的饲草产品需要采集的样品数量不同，主要取决于以下几个因素。

（1）水分含量。水分含量高，则采集的样品应多，以便干燥后的样品数量能够满足各项分析测定要求；反之，水分含量少，则采集的样品可相应减少。

（2）产品的均匀程度。产品的均匀度高，则抽样量较少，反之，则必须增加抽样量。

（3）平行样品的数量。同一样品的平行样品数量越多，则采集的样品数量就越多。

（四）抽样人员应有高度的责任心和熟练的抽样技能

抽样人员应明白自己是监控饲草产品质量的"眼睛"，应具有高度的责任心。在抽样时，认真按操作规程进行，不弄虚作假和谋取私利，及时发现和报告一切异常的情况。抽样人员应通过专门培训，具备相应技能，经考核合格后方能上岗。

（五）重视和加强管理

主管部门、权威检测机构和生产企业必须高度重视抽样和分析的重要性，加强管理。管理人员必须熟悉各种原料、加工工艺和产品，对抽样方法、抽样操作规程和所用工具提供相应规定，对抽样人员进行培训和指导。

三、抽样工具和使用方法

（一）抽样工具的要求

抽样工具是为了便于采集样品而不改变样品特性所使用的工具。在采集饲草产品样品时，可灵活选择抽样工具，还可根据具体情况采用徒手结合工具抽样的方式。对抽样工具要求包括：①能够采集饲草产品中任何粒度的颗粒，无选择性；②对样品无污染，如不增加样品中微量金属元素的含量或引入外来生物或霉菌毒素；③采集微生物检测样品时，抽样工具和容器必须经过灭菌处理，并按无菌操作进行抽样。

（二）抽样工具的种类

在饲草产品抽样过程中，因饲草产品类型的差异，可用于抽样的工具也多种多样。

1. 探针抽样器　　探针抽样器也叫作探管或探枪，是最常用的干物料抽样工具（图2-1）。其规格有多种，有带槽的单管或双管，具有锐利的尖端。

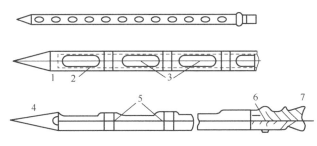

图 2-1　探针抽样器示意图（王加启等，2003）

1. 外层套管；2. 内层套管；3. 分割小室；4. 尖顶端；5. 小室间隔；6. 锁扣；7. 固定木柄

2. 锥形袋式取样器　　该种取样器是用不锈钢制作的，特点是具有一个尖头、锥形体和一个开启的进料口（图 2-2）。

图 2-2　锥形袋式抽样器（王加启等，2003）

3. 草捆抽样器　　草捆抽样器是设计用于草捆抽样的专用抽样器，抽样器端部带有锐利切边的管状工具，便于获得草捆样品。根据有无动力输出可将草捆抽样器分为手动和电动两种类型（图 2-3）。

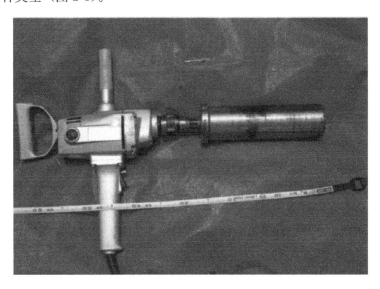

图 2-3　电动草捆抽样器

4. 自动抽样器 自动抽样器可安装在输送管道、分级筛或打包机等处，能够定时、定量采集样品。自动采集器适合于大型加工企业使用，它的种类很多，可根据物料类型、特性和输送设备等进行选择。

5. 其他抽样器 剪刀（或切草机）、刀、铲、短柄或长柄勺等也是常用的抽样器具。另外，在生产中根据不同饲草产品的特点，开发和改造出新型的抽样工具，提高抽样的效率。

（三）抽样工具的使用方法

抽样人员应根据不同的产品、抽样量、容器大小和产品的物理状态，准备合适的抽样工具。散装饲草产品抽样时可选择普通铲子、手柄勺、柱状取样器（如取样钎、管状取样器、套筒取样器）和圆锥取样器；袋装或其他包装饲草产品的抽样可选择手柄勺、麻袋取样钎或取样器、管状取样器、圆锥取样器和分割式取样器；草捆抽样宜选用电动抽样器。

抽样工具应清洁、干燥、无污染。抽样、缩分样品、存贮和处理样品时，应确保样品及其特性不受影响。用于制造抽样工具的材料不影响样品的质量。取样人员应戴一次性手套。

四、抽样程序

（一）抽样前记录

抽样前，收集记录饲草产品的相关资料，如生产厂家、生产日期、批号、种类、总量、包装堆积形式、运输情况、贮存条件和时间、有关单据和证明、包装是否完整、有无变形、破损、霉变等。

（二）份样

份样也称初级样品或原始样品，是一次从一批产品的一个点所取得的样品。是从生产现场如田间、草地、仓库、青贮窖、实验场等一批受检的饲草产品中最初采取的样品。份样应尽量从大批（或大数量）产品或大面积草地上，按照不同的部位即深度和广度来分别采取，然后混合而成。

（三）总份样

总份样是通过合并和混合来自同一批次产品的所有份样得到的样品。也叫混合样品。

（四）缩份样

缩份样也叫次级样品或送验样品，总份样通过连续分样和缩减过程得到的数量或体积近似于试样的样品，具有代表总份样的特征。

（五）实验室样品

实验室样品也叫送验样品，是由缩份样分取的部分样品，用于分析和其他检测用，并能够代表该批产品的质量和状况。

五、抽样方法

（一）抽样的基本方法

虽然抽样的方法根据不同的饲草产品而不同，但一般来说，抽样的基本方法有两种：几何法和四分法。

1. 几何法　　把一批产品看成一种具有规则的几何体，如立方体、圆柱体、圆锥体等。取样时首先把该批产品分成若干体积相等的部分，这些部分应在整体中分布均匀，即不只是在表面或只是在一个面分取。从这些部分中取出体积相等的份样。几何法常用于采集份样和批量不大的原料。

2. 四分法　　将样品平铺在一张平坦而光滑的方形纸或塑料布、帆布、漆布等上（大小视样品的多少而定），提起一角，使样品流向对角，随即提起对角使其流回，如此将四角轮流反复提起、移动混合均匀，然后将样品堆成等厚的正四方形体，用药铲、刀子或其他适当器具，在样品方体上划一"十"字，将样品分成 4 等份，任意弃去对角的2 份，将剩余的 2 份混合。继续按前述方法混合均匀、缩分，直至剩余样品数量与所需要的用量相接近时为止（图 2-4）。

四分法常用于小批量样品和均匀样品的抽样或从原始样品中获取缩份样和实验室样品。也可采用分样器或四分装置代替上述手工操作，如圆锥分样器和具备分类系统的复合槽分样器等。

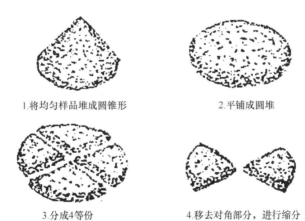

1.将均匀样品堆成圆锥形　　　　2.平铺成圆堆

3.分成4等份　　　　4.移去对角部分，进行缩分

图 2-4　四分法示意图（张丽英，2007）

（二）干草捆抽样

1. 干草捆的抽样方法　　方草捆根据其截面积的大小，抽样方法有所差别。总的原则是抽取到草捆的一定深度，不影响茎叶的比例。截面积不大于 42.5cm×55cm 的方草捆，宜选择与纵截面平行的侧面的中央部位插入取样器，应能取到草捆核心处，取样器与取样点所在的侧面应呈 90°夹角；最大截面积大于 42.5cm×55cm 的方草捆，应能

抽取到草捆核心部位，从方草捆横截面平行的侧面插入，取样器与表面应呈 45°夹角；从方草捆纵截面平行的侧面插入，取样器与取样点所在侧面应呈 90°夹角。

圆草捆取样时，从草捆的曲面插入取样器，且取样器与曲面垂直，取到草捆中的核心部位。

2. 干草捆抽样的数量要求　　干草捆抽样的一个批次不超过 200t，干草捆的最小份样数和最小样品量分别见表 2-1 和表 2-2。

表 2-1　干草捆最小份样数

批次的干草捆数量	最小份样数
1～4	每捆至少 3 个份样
5～8	每捆至少 2 个份样
9～15	每捆至少 1 个份样
16～30	15
>30	20

注：农业行业标准（NY/T2129—2012）。

表 2-2　干草捆最小样品量

产品类型	最小样品质量/kg		
	总份样	缩份样	实验室样品
干草捆	8	4	1

注：最小缩份样的量要求满足提供 4 个实验室的样品。农业行业标准（NY/T 2129—2012）。

对于使用取样器随机多点（20 个取样点以上）采集的样品，实验室样品不少于 200g。

（三）草粉、草颗粒、草块抽样

1. 草粉、草颗粒、草块的抽样方法　　散装的原料应在机械运输过程和装卸过程中取样，如果产品是直接装到料仓或仓库中，应在装入时进行抽样。随机选择每个份样的取样位置，选择取样位置时应考虑覆盖到产品批次的表面和内部。取样时，用探针从距边缘 0.5m 的不同部位分别取样，然后混合，获得样品。也可在卸车时用长柄勺、自动抽样器等，间隔相等时间，截断落下的料流取样，然后混合获得样品。

包装产品抽样时，随机选择抽样的包装产品，用抽样锥随机从不同袋中分别取样，然后混合，获得样品。抽样时，用口袋探针从口袋的上下两个部位抽样，或将袋平放，将探针的槽口向下，从袋口的一角按对角线方向捅入袋中，然后转动器柄使槽口向上，抽出探针，取出样品。大袋的饲草产品在抽样时，可采取倒袋和拆袋相结合的方法取样，倒袋和拆袋的比例为 1∶4。倒袋时，先将取样袋放在洁净的样布或地面上，拆去袋口缝线，缓慢地放倒，双手紧握袋底两角，提起约 50cm 高，边拖边倒，至 1.5m 远全部倒出，用取样铲从相当于袋的中部和底部取样，每袋各点取样数量应一致，然后混匀。拆袋时，将袋口缝线拆开 3～5 针，用取样铲从上部取出所需样品，每袋取样数量一致。将倒袋和拆袋采集的样品混合即得样品。

2. 草粉、草颗粒、草块抽样的数量要求　　草粉的一个批次不应超过 100t。袋装产品批次取决于包装袋数量或最大批量。散装产品的批次量是由盛该散样的容器数量或由满装该产品容器的最小数量决定的。如果一个容器内装的产品量已超过一个批次的最大量时，该容器内产品即为一个批次。如果一批散装产品形态出现明显的差异，则需要分成不同的批次。草粉、草颗粒、草块的抽样数量和最小份样数见表 2-3～表 2-5。

表 2-3　散装产品的最小份样数

批次质量/t	最小份样数
≤2.5	7
>2.5	$\sqrt{20m}$，不超过 100

注：m 为批次质量。农业行业标准（NY/T 2129—2012）。

表 2-4　袋装产品取样的最小袋数

批次的包装袋数	取样的最小袋数
1～4	每袋取样
5～16	6
>16	$\sqrt{2n}$，不超过 100

注：n 为批次的包装袋数。农业行业标准（NY/T 2129—2012）。

表 2-5　最小样品量

批次质量/t	最小样品质量/kg		
	总份样	缩份样	实验室样品
1	4	2	0.5
>1，≤5	8	2	0.5
>5，≤50	16	2	0.5
>50，≤100	32	2	0.5
>100，≤500	64	2	0.5

注：最小缩份样的量要求满足提供 4 个实验室的样品。农业行业标准（NY/T 2129—2012）。

（四）青贮饲料抽样

1. 青贮饲料的抽样方法　　随着青贮科学技术的发展，目前已经形成多种青贮工艺，其青贮容器各有特点，在青贮抽样时必须结合不同青贮容器的特点，科学设置取样点，采取适宜的抽样措施，获得代表性样品，即在保证其原有性质的基础上，获取能够代表整个青贮窖的样品是青贮抽样的前提。

（1）青贮壕等大型水平青贮设施。大型水平青贮设施的样品采集应该安排在开封后取用数日之后。由于青贮壕的横断面接触空气，有时存在发霉变质的情况，因此应剥除表面部分后再进行取样，可将表面部分剥除约 50cm，在横截面的水平和垂直方向分别设置三个以上取样位置（图 2-5），用抽样器分别采集 2～3kg，混合、缩分得到样品。

另外，对于大规模的青贮设施，采集可以代表整窖的样品是非常困难的，需要每间隔数米进行一次采样，当青贮壕不同部位的性状差异较大时，不应将其混合，需对各部位分别采样分析。

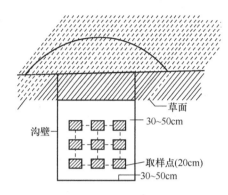

图 2-5　青贮壕采样部位示意图（张丽英，2007）

（2）青贮塔的采样。青贮塔抽样时，先将青贮塔按上、中、下分成数层，各层在一定间隔内抽样数次，分别得到约 50～100kg，然后混合、缩分得到样品。

（3）大型草捆青贮的取样。草捆青贮取样时，最为理想的方法是将开封后的草捆全部散开，用切碎机将青贮饲料粉碎至 1～2cm，然后混合、缩分，取得样品。当没有粉碎条件或取样后仍需继续贮藏时，可将草捆纵向放置，用草捆抽样器在上、下、左、右四面的表层进行逐一取样，每一方向至少设置一个取样点，取样深度为 20～30cm，混合、缩分获得样品。

（4）小规模青贮容器的取样。青贮桶等小型青贮容器抽样时，需要把青贮饲料全部取出，充分混合后按四分法采集分析所需质量的样品。直径小于 1m 的草捆青贮，如果条件允许，也需要在开封后用粉碎机将其全部粉碎至 1～2cm，混合、缩分进而获得所需数量的样品。

2. 青贮饲料抽样的数量要求　　青贮饲料抽样时，一个批次不超过 200t。最小份样数和最小样品量见表 2-6 和表 2-7。

表 2-6　青贮饲料最小份样数

产品类型	批次的质量/t	最小份样数
青贮饲料	≤5	10
	>5	$\sqrt{40m}$ 最大不超过 50

注：m 为批次质量。农业行业标准（NY/T 2129—2012）。

表 2-7　青贮饲料最小样品量

产品类型	最小样品质量/kg		
	总份样	缩份样	实验室样品
青贮饲料	16	4	1

注：最小缩份样的量要求满足提供 4 个实验室的样品。农业行业标准（NY/T 2129—2012）。

第二节　检测样品的制备

检测样品的制备指将实验室样品经过一定的处理成为分样样品或试验样品的过程。

一、鲜样的制备

在饲草分析中，某些项目的测定需要采用新鲜样品。由四分法缩分得到的实验室样品，根据测定需要，用剪刀剪短或用粉碎机捣碎成浆状，混匀后即为新鲜分析样品。鲜样应立即进行分析，所得分析结果应注明是鲜样。

二、干样的制备

干样是经干燥、粉碎和混匀制成的样品，可分为风干样品和半干样品。

（一）风干样品的制备

风干饲草是指自然含水量不高的饲草，一般含水量在15%以下。风干样品的制备包括三个过程。

1. 原始样品的采集　原始样品的采集按照几何法和四分法进行。

2. 次级样品的采集　对不均匀的原始样品如干草等，应经过一定处理（剪碎或捶碎等）混匀，按四分法采得次级样品。

3. 分析样品制备　次级样品用样品粉碎机粉碎，通过1.00～0.25mm孔筛即得分析样品。常用样品制备的粉碎设备有植物样本粉碎机、旋风磨、咖啡磨和滚筒式样品粉碎机。其中最常用的有植物样本粉碎机和旋风磨。植物样本粉碎机易清洗，不会过热及使水分发生明显变化，能使样品经研磨后完全通过适当筛孔的筛。旋风磨粉碎效率较高，但是粉碎过程中水分有损失，需注意校正。注意磨的筛网的大小不一定与检验用的大小相同，粉碎粒度的大小直接影响分析结果的准确性（表2-8）。

表2-8　主要分析指标对样品粉碎粒度的要求

指　　标	分析筛规格/目	筛孔直径/mm
水、粗蛋白质、粗脂肪、粗灰分、钙、磷、盐	40	0.42
粗纤维、体外胃蛋白酶消化率	18	1.10
氨基酸、微量元素、维生素、脲酶活性、蛋白质溶解度	60	0.25

资料来源：张丽英，2007。

干草等不易粉碎的样品在粉碎机中会剩余极少量难以通过筛孔，这部分决不可抛弃，应尽力弄碎（如用剪刀仔细剪碎）后一并均匀混入样品中，以免引起分析误差。粉碎完毕的样品200～500g装入磨口广口瓶内保存备用，并注明样本名称、样品编号、制样日期和制样人等。

（二）半干样品的制备

半干样品是由新鲜的饲草、青贮饲料等制备而成。这些新鲜样品含水量高，占样品质量的 70%～90%，不易粉碎和保存。除少数指标如胡萝卜素的测定可直接使用新鲜样品外，一般在测定饲草的初水分含量后制成半干样品，以便保存，供测定分析。

先用铡刀或剪刀将饲草剪成长度不超过 5cm 的小段，放入干燥的托盘中，在 60～70℃的烘箱内烘 8～12h，然后回潮使其与周围环境条件的空气湿度保持平衡。含水量较高的青贮饲料可延长烘干时间，且每 2h 翻动一次，注意在翻动过程中要将掉落在盘外的样品收集起来倒回托盘中，不要将其他杂物落入盘中，以尽量减少操作过程中带来的误差。

半干样品的制备包括烘干、回潮和称恒重 3 个过程。最后，半干样品经粉碎机磨细，通过 1.00～0.25mm 孔筛，即得分析样品。将分析样品装入磨口广口瓶中，在瓶上贴上标签，注明样品名称、样品编号、采样地点、采样日期、制样日期和制样人，然后保存备用。

三、其他样品的制备

（一）微生物检测用样品的制备

准确称取 25g 饲草样品，溶于盛有 225mL 无菌生理盐水的玻璃三角瓶中，振荡30min，制成 1∶10 的稀释液。取 1∶10 稀释液 1mL 加入 9mL 无菌生理盐水中，充分混匀，制成 1∶100 稀释液。按上述方法，以 10 倍梯度依次稀释。根据测试的微生物指标选择适当的梯度进行测试。

（二）仪器分析用样品的制备

现代饲草分析使用了大量的自动化分析仪器，如高压液相色谱仪、气相色谱仪、原子吸收光谱仪等。这些分析仪器在样品制备上有特殊的要求，使用时必须按照其要求制备样品。

四、样品的登记与保存

（一）样品的登记

实验室样品应具有唯一性标识，除此之外通常需要标识以下项目：抽样人和抽样单位名称、抽样时间和地点。

在抽样时至少应记录以下信息：实验室样品标签所要求的信息；被抽样者的名称和地址；生产商、进口商、分装商（或销售商）的名称；产品数量（质量和体积）。可能的情况下，还应包括以下内容：抽样目的；交付给实验室分析的样品数量；其他的相关事宜。

（二）样品的保存

现场抽样得到的样品应尽快封存，与测定所需信息一起发送至实验室，特性容易变化的样品应在冷藏或冷冻条件下保存发送。装样品的容器应由抽样人员封口和盖章。

实验室样品的保存应防止样品成分发生变化。特性容易变化的样品应在冷藏或冷冻条件下贮藏。留样的贮藏时间不超过 6 个月。

思 考 题

1. 饲草产品抽样和检测样品制备的含义。
2. 饲草产品采样的目的和原则。
3. 辨析份样、总份样、缩份样、实验室样品的差别与关系。
4. 如何科学的进行饲草产品抽样？
5. 半干样品与风干样品制备过程的异同。
6. 各种类型饲草产品检测样品制备的注意事项。
7. 如何科学的记录和保存饲草产品实验室样品？

第三章　饲草产品物理性状的检测

【内容提要】本章介绍了饲草产品物理性状的感官鉴定法、物理鉴定法、化学定性分析法和饲草产品显微镜检测技术，旨在掌握和应用这些常用的方法，为饲草产品快速检测提供参考。

第一节　饲草产品鉴定方法

饲草产品鉴定是根据饲草产品的形态特征、理化性质等鉴别其种类、品质和混杂物的方法，常用鉴定方法为感官鉴定法、物理鉴定法和化学定性鉴定法。

一、感官鉴定法

此法是对样品不加以任何处理，直接通过人的感觉器官（视觉、嗅觉、味觉和触觉等）对饲草及其产品进行检测评价。即根据被检测样品的外部特征（如颜色、形状、软硬度、气味等）直接作用于人体感觉器官所引起的反应进行饲草产品检测的方法。

（一）视觉

通过视觉可以直接观察到饲草产品的外观、形状、色泽、颗粒大小、有无霉变，是否有虫、硬块、异物、夹杂物和均匀性等。观察时若发现原料结块，可能是水分含量过高或发生了霉变。粉碎、过筛时若发现粉料呈球块，一捻又成粉末时，除上述原因外，可能与脂肪含量较高，有黏性物质存在有关。对于饲草生产而言，在原料的生产与交易过程中，掺入泥土或石块是比较常见的，这时可以直接观察，即可对掺杂使假情况进行判断。

（二）嗅觉

原料因发酵、腐败，可导致蛋白质分解，人为添加非蛋白质含氮化合物等可产生挥发性氨气味；脂肪酸败和过热焦化可产生焦臭味等，都可通过嗅觉判断。如发现青贮饲料中有刺激性氨味、酸臭味，即可判定该青贮料已发生腐败、霉变。

（三）味觉

通过舌舔和牙咬等味觉器官来辨别饲草产品有无异味和干燥程度等。

（四）触觉

将手插入饲草产品中或取样品在手上，用指头捻，通过触觉来判断其粒度的大小、软硬度、黏稠性、有无杂物及水分含量的多少等。成型或干饲草产品可以通过抓握感觉产品的质地。如手插入料堆感觉湿凉，表示原料含水量较高。青干草手触无湿凉感，手摇有沙沙响声，表明品质优良。

感官鉴定法具有简单、灵敏、快速、不需要专业器材等优点，能够被广泛地应用于生产实践。在使用感观鉴定法对饲草产品进行质量检测时，经验和熟练程度是技术人员最重要的检查先决条件，检验人员平时应注意观察各种饲草产品，在充分了解和掌握各种饲草产品的基本特征基础上，才能做到快速、准确地判别原料和产品质量的优劣。

二、物理鉴定法

以饲草产品的物理特性为主要依据和检测指标，使用一定的器具，检测饲草产品的方法，称为物理鉴定法。

（一）密度法

密度是饲草产品的特性之一，每种饲草产品都有一定的密度，不同饲草产品的密度不同，因此我们可以利用密度来鉴别。其办法是测定待测饲草产品的密度，把测得的密度和密度表中各种饲草产品的密度进行比较，就可以鉴别是哪种饲草。

1. 堆积密度　　堆积密度（bulk density）是指饲草产品质量与其所占容器体积之比。当同质量的饲草产品堆积的体积不同时，它所测出的堆积密度也会不同，前后密度之差与第一个密度之比称为堆积密度的变化率。

饲草产品的堆积密度变化范围大，影响因素多（表 3-1）。它与容器形状、颗粒密度、含水率、表面特性和饲草产品充填方法有关。不同粒径的饲草颗粒堆积密度不同，同一粒径的饲草颗粒在不同堆积高度下也会有不同的堆积密度。粒径越小，堆得越实，堆积密度就越大。含水率大的饲草产品在同质量下堆积密度也大。

测量饲草产品堆积密度的方法一般为直接测量法，首先测量出它的质量，然后把它堆积在适当的容器中，再测量出它所占容器的体积，故而可求出它的堆积密度。也可借助仪器进行精密测量，如振实密度仪，仪器通过一定频率的振动，使小颗粒饲草产品进入较大颗粒饲草产品的间隙中，使它们堆积更有序。

表 3-1　饲草产品的堆积密度

籽实类	堆积密度/（g/L）	饲草产品名称	堆积密度/（g/L）
大麦（皮麦）	580	散干草	70
大麦（碎的）	460	低密度草捆	150～180
玉米	730	高密度草捆	300～450
碎玉米	580	草粉	120
糙米	840	草颗粒	300～350

2. 真密度　　真密度（true density）是指饲草产品质量与除去饲草产品内部孔隙后的物料体积之比。测量饲草产品真密度的方法是气体法，其中最常用的体积膨胀法采用真密度分析仪，根据波义耳—马略特定律，通过等温过程理想气体状态方程，用标准

体积钢球标出两室体积（样品池和附加参考池），然后再通过两室体积计算出试样的不可透过体积。由不可透过体积与样品已知质量之比，即可得出试样的真实密度。

3. 相对密度　应用相对密度不同的液体，饲草产品放入液体内，有的浮起来，有的沉下去，根据其浮沉，可鉴别出是否有异物混入，以及混入异物的种类与比例。把样品浸泡在溶液里（有机溶剂或水），然后搅拌使不同的物质分开，供鉴别。一些常用的液体有：甲苯（相对密度 0.88）、汽油（相对密度 0.64）、水（相对密度 1.00）、氯仿（相对密度 1.48）、四氯化碳（相对密度 1.59）和三溴甲烷（相对密度 2.90）。

相对密度法比较简单、有效，容易被采用。例如，用上述液体，就能鉴定出苜蓿草粉中是否掺入泥沙，取一定体积的草粉加入 4～5 倍的液体，如果混有泥沙等杂物，很快就会沉底。

（二）筛分法

根据不同的饲草产品具有不同的大小和形状的特性，利用孔径大小不同的一组筛（如直径为 0.5mm、1mm、2mm、3mm 等），分别筛出饲草产品中粒度不同的组分。

单一饲料或混合饲料（粉状）具有不同粒度。通过手工筛分将混合物分离开来，通常使用 10 目、20 目和 30 目的样品筛，筛分将微细淀粉粒从饲料的较大颗粒中除去，使鉴别结果更加可靠。用这种方法可以判断饲草产品的种类和是否混入杂物，并且能够分辨出用肉眼难以分辨的异物。

三、化学定性鉴定法

化学定性鉴定主要凭直觉、经验，分析对象过去和现在的延续状况及最新的信息资料，对鉴定对象的性质、特点、发展变化规律作出判断的一种化学方法。在饲草产品中加入适当的化学试剂，根据发生的化学反应如产生沉淀、颜色变化等现象来判断饲草产品中是否含有某种成分，是否有异物混入（一些化学成分有其独特的沉淀或颜色反应）等，进而得出分析判断。该种方法简单、快速、易于掌握。例如，淀粉与碘-碘化钾溶液反应，呈深蓝色，据此可以方便地鉴别试样中是否含有淀粉。用脲酶溶液和甲基红指示剂可检测饲草产品中是否存在尿素等。

第二节　显微镜检测

饲草产品显微镜检测是以动植物形态学、组织细胞学为基础，将显微镜下所见物质的形态特征、物化特点、物理性状与实际使用的饲草产品应有的特征进行对比分析的一种鉴别方法。

一、特点

显微镜检测技术快速准确、分辨率高，还可以检查用化学方法不易检出的某些掺杂使假。与化学分析相比，这种方法不仅设备简单耐用，而且分析费用低。

二、适用范围

单一及复合饲草产品的显微镜定性检查。

三、仪器

体视显微镜：可放大 7～40 倍，可变倍，配照明装置。

生物显微镜：三位以上换镜旋座，放大 40～500 倍，斜式接目镜，机械载物台，配照明装置。

放大镜：3 倍放大镜。

其他：筛子，可套在一起的孔径 2.00mm、0.84mm、0.42mm、0.25mm 和 0.17mm 的筛及底盘；研钵；黑色和白色点滴板；培养皿、载玻片和盖玻片；尖头镊子、尖头探针等；电热干燥箱、电炉、酒精灯及实验室常用仪器。

四、试剂和溶液

除特殊规定外，本方法所用试剂均为化学纯，水为蒸馏水。

氯仿：化学纯，质量密度 ρ 为 1.484g/mL。

丙酮（3+1）：3mL 的丙酮（质量密度为 0.788g/mL）与 1mL 的水混合。

盐酸：质量密度为 1.18g/mL。

盐酸稀释液（1+1）：1mL 盐酸（质量密度为 1.18g/mL）与 1 体积的水混合。

硫酸（1+1）：1 体积硫酸（质量密度为 1.84g/mL）与 1 体积的水混合。

碘溶液：0.75g 碘化钾和 0.1g 碘溶于 30mL 水中，储存于棕色瓶内。

Millon 试剂：1 份质量的汞加入 2 份质量的硝酸（质量密度为 1.46g/mL）中，稍加热溶解，再与 2 份质量的水混合，静置过夜，取上清液保存在棕色瓶中。

10％磷酸铵溶液：10g 硝酸铵溶于 100mL 水中。

钼酸盐溶液：20gMoO_3（氧化钼）溶入 30mL 氨水与 50mL 水的混合液中，将此液缓慢倒入 100mL 硝酸（质量密度为 1.46g/mL）与 250mL 水的混合液中，微热溶解，冷却后与 10％硝酸铵溶液混合。

悬浮液Ⅰ：溶解 10g 水合氯醛于 10mL 水中，加入 10mL 甘油，混匀，贮存在棕色瓶中。

悬浮液Ⅱ：溶解 160g 水合氯醛于 100mL 水中，并加入 10mL 盐酸（质量密度为 1.18g/mL）。

硝酸银溶液（10％）：溶解 10g 硝酸银于 100mL 水中。

间苯三酚溶液：2g 间苯三酚溶于 100mL 95％的乙醇中。

五、比照样品

饲草产品原料标准样品：按国家有关实物标准执行，或收集标准样品。

掺杂物样品：搜集木屑、糠壳粉和花生荚壳粉等可能的掺杂物样品。

杂草种子：搜集杂草种子，置于编号的玻璃瓶中。

还可以参考有关显微图谱。

六、步骤

（一）直接感观检查

将样品摊放于白纸上，在充足的自然光或灯光下观察样品。可利用放大镜，必要时将比照样品放在同一光源下对比。观察目的在于识别样品标示物质的特征，注意掺杂物、热损、虫蚀和活昆虫等，检查有无杂草种子及有害微生物感染。嗅气味时，应避免环境中其他气味干扰。嗅觉检查的目的在于判断被检样品标示物质的固有气味，并确定有无腐败、氨臭和焦糊等其他不良气味。手捻样品，目的在于判断样品硬度等手感特征及湿度等。

（二）试样制备

（1）分样。将样品充分混匀，用四分法分取到检查所需的量，一般 10～15g 即可。

（2）筛分。根据样品粒度情况，选用适当组筛，将最大孔径筛置最上面，最小孔径筛置下面，最下是筛底盘。将用四分法分取的样品置于套筛上充分振摇后，用药勺从每层筛面及筛底各取部分样品，分别平摊于培养皿中（必要时样品可先经氯仿处理再筛分）。

（3）氯仿处理。油脂含量高或黏附有大量细小颗粒的样品可先用氯仿处理。取约 10g 样品置 100mL 高型烧杯中，加入约 90mL 氯仿（在通风柜内），搅拌约 10s，静置 2min，待上下分层清楚后，用勺捞出漂浮物过滤，稍挥干后置 70℃ 干燥箱中 20min，取出冷却至室温后将样品过筛。必要时也可将沉淀物过滤、干燥和筛分。

（4）丙酮处理。有糖蜜而形成团块结构或模糊不清的样品，可先用此法处理。取约 10g 样品置 100mL 高型烧杯中，加入 75mL 丙酮搅拌数分钟以溶解糖蜜，静置沉降，小心倾析。用丙酮重复洗涤、沉降、倾析 2 次。稍挥干后置于 60℃ 干燥箱中 20min，取出于室温下冷却。

（5）颗粒或块状样品处理。置几粒于研钵中，用研杆碾压使其分散成各种组分，但不要再将组分本身研碎。初步研磨后过孔径为 0.45mm 筛。根据研磨后样品的特征，依照（2）、（3）、（4）进行处理。

（三）体视显微镜检查

将上述摊有样品的培养皿置于体视显微镜下观察，光源可采用充足的散射自然光或用阅读台灯，用台灯时入射光与样品平面以 45° 为好。体视显微镜上载物台的衬板选择要考虑样品色泽，一般检查深色颗粒时用白色衬板，检查浅色颗粒时用黑色衬板。检查一个样品可先用白色衬板看一遍，再用黑色衬板看一遍。另外，也可用蓝色蜡光纸做衬板观察样品。检查时先看粗颗粒，再看细颗粒；先用较低放大倍数，再用较高放大倍数。观察时用尖镊子拨动、翻转，并用探针触探样品颗粒。反复观察培养皿中的每一组分。为便于观察，可对样品进行木质素染色、淀粉质染色，用对照样品与被检样品进行对比观察。记录观察到的各种成分，对不是样品所标示的物质，若量小称为杂质（参考国家标准规定的有关饲料含杂质允许量）；若量大，则称为掺杂物。要特别注意有害物质。

（四）生物显微镜检查

将样品颗粒、筛面上及筛底盘中的样品分别取少许，置于载玻片上，加 2 滴悬浮液Ⅰ。

用探针搅拌分散，待稳定均匀，加盖玻片，在生物显微镜下观察，先在较低倍数下搜索观察，对各目标进一步加大倍数观察，与对照样品进行比较，取下载玻片，揭开盖玻片，加一滴碘溶液，搅匀，再加盖玻片，置显微镜下观察。此时沉淀被染成蓝色至黑色，酵母及其蛋白质细胞呈黄色至棕色。如样品粒透明度低不易观察时，可取少量样品，加入约 5mL 悬浮液Ⅱ，煮沸 1min，冷却，取 1 或 2 滴底部沉淀物置于载玻片上，加盖玻片镜检。

（五）主要无机组分的鉴别

将干燥后的沉淀物置于孔径 0.42mm、0.25mm、0.177mm 筛及底盘组筛上筛分，将筛分出的四部分分别置于培养皿中，用体视显微镜检查，盐通常呈立方体，石灰石中的方解石呈菱形六面体。

（六）鉴别实验

用镊子将未知颗粒放在点滴板上，轻轻压碎，放在体视显微镜下，再将颗粒彼此分开，使之相距 2.5cm。每颗周围滴一滴有关试剂，用细玻棒推入液体，并观察界面处的变化。此实验也可在黑色点滴板上进行。

1. 硝酸银实验　将未知颗粒推入硝酸银溶液中，观察反应。

①如果生成白色晶体，并慢慢变大，说明未知颗粒是氯化物，可能是盐。

②如果生成黄色结晶，并生成黄色针状，说明未知颗粒为磷酸氢二盐或磷酸二氢盐，通常是磷酸二氢钙。

③如果生成能略为溶解的白色针状，说明是硫酸盐。

④如果颗粒慢慢变暗，说明未知颗粒是骨粉粒。

2. 稀盐酸实验　将未知颗粒推入稀盐酸溶液中，观察现象。

①如果剧烈起泡，说明未知颗粒是碳酸钙。

②如果慢慢起泡或不起泡，需进行下列实验。

3. 钼酸盐实验　将未知颗粒推入钼酸盐溶液中，观察反应。

如果在接近未知颗粒的地方生成微小黄色结晶，说明未知颗粒为磷酸三钙、磷酸盐、磷矿石或骨（所有磷酸盐均有此反应，但磷酸二氢盐和磷酸氢二盐均已用硝酸银鉴别）。

4. Millon 试剂实验　将未知颗粒推入 Millon 试剂中，观察反应。

①如形成的颗粒大多漂浮，颜色由粉红变为红色，说明是蛋白质，而 5min 后褪色者说明是骨磷酸盐。

②如形成的颗粒膨胀、碎裂，但仍沉于底部，说明未知颗粒为脱氟磷酸盐。

③如颗粒只是慢慢分裂，说明未知颗粒是磷酸盐矿物。

5. 稀硫酸实验　　在未知颗粒上滴加盐酸后，再滴入稀硫酸溶液，如慢慢形成细长的白色针状物，说明未知颗粒为钙盐。

6. 间苯三酚实验　　将间苯三酚溶液浸润样品，放置 5min，滴加入盐酸，如样品含有木质素，则显深红色。

（七）结果表示

结果表示应包括样品的外观、色泽、气味及显微镜下所见到的物质，并给出所检样品鉴定结论。

思 考 题

1. 如何对饲草产品进行感官鉴定？

2. 物理鉴定法分为哪几种？

3. 简述显微镜检测的步骤。

第四章　饲草产品成分的化学分析方法

【内容提要】本章介绍了饲草产品的概略营养成分分析法、矿物质元素的分析方法、氨基酸和维生素的分析方法，为了解和掌握饲草产品中营养成分的种类、含量及其分析方法提供参考。

第一节　饲草产品中概略营养成分检测

概略营养成分分析又称常规分析方法或近似分析。饲料常规分析与检测方法是评定饲料营养价值的基本方法，也是进一步分析与评价饲料纯养分营养价值的基础。

一、水分的检测

动植物体中含水量通常为70%～80%。牧草中的水分含量超过80%以上时，为鲜嫩多汁状态，15%以下时呈干枯状态。

在饲草产品中，水分以两种状态存在，一种为结合水，即与组织成分相结合的水；另一种为自由水，即吸附在饲草产品表面的水分，可为微生物利用。因此，在一定条件下，牧草易被微生物污染，发霉变质，要求控制含水量。

测定不同饲草产品的水分含量，应采用不同的分析方法。一般应考虑以下几点：是否有挥发性物质存在，成分变棕色的可能性如何，是否需低温真空干燥；某些化合物是否可起化学变化，如糖类。水分的分析方法有干燥法、蒸馏法、卡尔费希尔法、电测法、近红外分光光度法、气相色谱法和核磁共振法等。现介绍几种常用的分析方法。

（一）直接干燥法

1. 原理　饲草产品中的水分一般是指在100℃左右直接干燥的情况下，所失去的质量。直接干燥法适用于95～105℃下，不含或含其他挥发性物质甚微的样品。

2. 仪器　称样皿（玻璃或铝质，直径40mm以上）；干燥器；电热式恒温箱；分析天平（感量0.0001g）。

3. 操作步骤

（1）处理。如试样是多汁的鲜样，应测初水分，即用普通天平称取试样200～300g，在105℃烘箱中烘10～15min灭酶活性，再立即降至65℃，烘8～12h，含水量低数量少的也要烘5～6h，取出后，在室内空气中冷却12～24h，称重，再65℃烘干2h，再回潮12～24h后称重，即可算出初水分，并获得风干样品。

（2）测定。如样品为固体风干样品，称取10～20g切碎或磨细的样品，放入称样皿中，样品厚度约为5mm。加盖，精密称量。然后，置95～105℃干燥箱中，半开盖，干燥2～4h后，盖好取出，放入干燥器内冷却30min后称量。然后再放入95～105℃干燥箱中干燥 1h 左右，取出，放于干燥器内冷却 30min 后再称量。至前后两次差不超过 2mg，即为恒重。

如果是半固体或液体样品，则在洁净的蒸发皿内加 10.0g 海砂及一根小玻璃棒，精密称取 5.0～10.0g 样品，置于 95～105℃干燥箱中，干燥 4h 后盖好取出，放入干燥器内冷却 30min 后称量。以下同固体样品的操作步骤。

4. 计算

$$样品中水分的质量分数（\%）=(m_1-m_2)/(m_1-m_0)\times100$$

式中，m_1——称样皿（或蒸发皿加海砂、玻璃棒）和样品的质量，单位 g；

m_2——称样皿（或蒸发皿加海砂、玻璃棒）和样品干燥后的质量，单位 g；

m_0——称样皿（或蒸发皿加海砂、玻璃棒）的质量，单位 g。

5. 注意事项

①如果是多汁的鲜样制成风干试样，则需计算鲜样中的初水分：

初水分（%）=［新鲜样品质量(g)－风干样品质量(g)］/新鲜样品质量(g)×100

②每次测定应做两个平行样品，以算术平均值作为结果，两个平行样品测定值相差应低于质量的 0.2%。

③本法适用于多数牧草，但含有易挥发物、含糖分高的及易分解物除外。此外，某些含脂肪高的样品，烘干时间长反而会增重，此乃脂肪氧化所致，应以增重前的那次称量为准。

（二）减压干燥法

1. 原理　饲草产品的水分是指在一定的温度及压力下失去的质量，适用于含糖高易分解的样品。

2. 仪器　真空干燥器；分析天平；实验室常用玻璃仪器。

3. 操作步骤　准确称取 2.0～5.0g 样品于已烘干至恒重的称样皿中，移入真空烘箱，在 50～60℃、真空度为 40～53.3kPa 的烘箱烘 5h，取出放入干燥器中，30min 后称重，反复几次，直至称至恒重。

4. 计算　同（一）直接干燥法的计算。

（三）蒸馏法

1. 原理　饲草产品中的水分与甲苯或二甲苯共同蒸出，收集馏出液于接收管内，根据体积计算含量。这种方法适用于含较多其他挥发性物质的牧草，如含油脂、香辛料等的牧草。

2. 仪器　水分测定器；分析天平；实验室常用玻璃仪器。

3. 试剂　甲苯或二甲苯（先以水饱和后，分去水层，进行蒸馏，收集馏出液备用）。

4. 操作步骤　称取适量样品（估计含水 2～5mL），放入 250mL 锥形瓶中，加入新蒸馏的甲苯（或二甲苯）75mL，连接冷凝管与水分接收管，从冷凝管顶端注入甲苯，装满水分接收管。加热慢慢蒸馏，使每秒产生 4 滴，当水分全部蒸出后，接收管内的水分体积不再增加时，从冷凝管顶端加入甲苯冲洗。如冷凝管壁附有水滴，可用附有小橡皮头的铜丝擦除，再蒸馏片刻至接收管上部及冷凝管壁无水滴附着为止，读取接收管水层的容积。

5. 计算

$$样品中水分的含量（mL/100g）＝V/m×100$$

式中，V——接收管内水的体积，单位 mL；

　　　m——样品的质量，单位 g。

6. 注意事项

①本法对谷类、油类等样品检验结果较准确。

②样品中含水量必须少于 10mL。

二、灰分的检测

灰分亦称无机物或矿物质，是指饲草产品经高温（550℃）灼烧后残留下来的无机物，主要成分为氧化物和无机盐。灰分是构成机体的重要材料，也是细胞内外液的重要成分，它对调节细胞内外液的渗透压，维持机体酸碱等都具有重要的生理作用。部分牧草中灰分的含量见表 4-1。

表 4-1　牧草中灰分的含量　　　　　　　　（单位：%）

牧草名称	现蕾（抽穗）期	开花期	结实期
新疆紫花苜蓿	11.45	11.03	14.39
沙打旺	9.12	7.10	6.53
红豆草	10.52	8.97	8.15
红三叶	12.28	10.79	—
光叶苕子	7.63	6.95	—
热研 5 号柱花草	5.00	5.15	3.67
垂穗披碱草	7.30	7.08	6.94
偃麦草	9.10	8.10	8.00
中华羊茅	7.37	6.85	6.85

注：—代表无数据。

通过灼烧所得的灰分与各种牧草中原有的无机物并不相同，如果灰分中与磷酸相对应的阳离子不足，则磷酸将过剩，灰分呈酸性，这时牧草中原有的氯则会挥发而使无机成分减少；如果阳离子过剩，灰分呈碱性，则很容易吸收 CO_2 形成碳酸盐，使无机成分增多。所以灼烧法所得的灰分是"粗灰分"。

粗灰分包括水溶性灰分和水不溶性灰分以及酸溶性灰分和酸不溶性灰分。水溶性灰分大部分为 K、Na、Mg、Ca 等的氧化物及可溶性盐类；水不溶性灰分除泥、沙外，还有 Fe、Al 等金属氧化物和碱土金属的碱式磷酸盐。酸不溶性灰分大部分为污染掺入的泥沙，包括原来存在于牧草组织中的 SiO_2。

1. 原理　　饲草产品经 550℃高温灼烧后所残留的无机物质称为灰分。

2. 仪器　　高温炉；干燥器；坩埚；电子天平。

3. 操作步骤

（1）取样。取代表性的试样，粉碎至 40 目，用四分法缩减至 200g，装于密封容器，防止试样的成分变化或变质。

（2）恒重。将干净坩埚放入高温炉，在（550±20）℃下灼烧 30min，冷却，称量，直至两次质量之差小于 0.0005g。

（3）灰化。在已恒重的坩埚中称取 2～5g 试样（灰分质量 0.05g 以上），准确至 0.0001g，在电炉上小心炭化，在炭化过程中，应将试料在较低温度状态加热灼烧至无烟，之后升温灼烧至样品无炭粒。再放入高温炉，于（550±20）℃下灼烧 3h，冷却，称量，直至两次质量之差小于 0.001g。

4. 计算

$$样品中灰分的质量分数（\%）=(m_2-m_0)/(m_1-m_0)\times 100$$

式中，m_0——恒重空坩埚质量，单位 g；

　　m_1——坩埚加试样的质量，单位 g；

　　m_2——灰化后坩埚加灰分的质量，单位 g。

5. 注意事项

①对某些含糖较高的饲草产品，灰化时样品易膨胀溢出坩埚，应预先滴加数滴纯度较高的植物油再灰化。另外，用电炉炭化时应小火，防止炭化过快，造成干馏现象，影响结果。

②每个试样应称两份试料进行测定，以其算术平均值作为分析结果。粗灰分含量在5%以上，允许相对偏差为1%；粗灰分含量在5%以下，允许相对偏差为5%。

三、蛋白质和含氮化合物的检测

牧草中蛋白质是由碳、氢、氧、氮及少量硫组成的一类天然高分子含氮有机物，有的还含微量的磷、铁、碘等。由于牧草种类不同，蛋白质含量也有很大差异。仅由氨基酸构成的蛋白质称为纯蛋白质，如清蛋白、球蛋白；纯蛋白与非蛋白物质结合而成的蛋白质称为复合蛋白质，如核蛋白、糖蛋白等；由纯蛋白与非蛋白态氮化合物组成的混合蛋白质成为粗蛋白质。下面介绍几种粗蛋白质的测定方法。

（一）粗蛋白质的测定

1. 原理　试样中的有机物在浓硫酸作用下被消化，使其中的真蛋白质和氨化物中的氮转化成硫酸铵中的氮，其他非氮物质则以 CO_2、H_2O、SO_2 逸出。消化液在浓碱的作用下进行蒸馏，释放出的氨用硼酸吸收后，再用标准酸滴定，测出氮含量。将结果乘以换算系数 6.25，计算出粗蛋白质含量。

2. 试剂　浓硫酸（化学纯）；消化促进剂；饱和氢氧化钠溶液；2%硼酸溶液；甲基红溴甲酚绿指示剂；0.1mol/L 盐酸标准溶液或 0.02mol/L 盐酸标准溶液；蔗糖；硫酸铵；1%硼酸接收液。

3. 仪器　实验用样品粉碎机或研钵；分析筛（40 目）；分析天平（感量0.0001g）；消煮炉或电炉；酸式滴定管；凯氏蒸馏装置（常量或半微量），或定氮仪

（半自动、全自动）。

4. 操作步骤

（1）方法一：仲裁法。

1）试样的消煮。称取试样 0.5～1g（含氮 5～80mg），准确至 0.0001g，放入凯氏烧瓶中，加入 6.1g 混合催化剂，与试样混合均匀，再加入 12mL 硫酸和两粒玻璃珠，将凯氏烧瓶置于电炉上加热，开始小火，待样品焦化，泡沫消失后，再加强火力直至呈透明的蓝绿色或淡黄色，然后再继续加热，至少 2h。待冷却后，边摇动边加入少许蒸馏水释放热量并放置直至接近室温。

2）氨的蒸馏。①常量蒸馏法：将试样消煮液冷却加入 60～100mL 蒸馏水；将蒸馏装置的冷凝管末端浸入装有 25mL 硼酸吸收液和 2 滴混合指示剂的锥形瓶内，然后小心地向凯氏烧瓶中加入 50mL 氢氧化钠溶液，立即与蒸馏装置相连，加热蒸馏，直至流出液体体积为 100mL；降下锥形瓶，使冷凝管末端离开液面，继续蒸馏 1～2min，并用蒸馏水冲洗冷凝管末端，洗液均需流入锥形瓶内，然后停止蒸馏。②半微量蒸馏法：将经加入少许蒸馏水并冷却的试样消化液，用蒸馏水少量多次转入 100mL 容量瓶，冷却后定容至刻度，摇匀，用于蒸馏滴定。

将半微量蒸馏装置的冷凝管末端浸入装有 20mL 硼酸吸收液和 2 滴混合指示剂的锥形瓶内。蒸汽发生器的水中应加入甲基红指示剂数滴，硫酸数滴，在蒸馏过程中保持此液为橙红色，否则需补加硫酸。准确移取试样分解液 10～20mL，注入蒸馏装置的反应室中。用少量蒸馏水冲洗进样口，塞好玻璃塞，再加 10mL 氢氧化钠溶液，并用少许蒸馏水冲洗进样口，塞好玻璃塞，且在入口处加水密封，防止漏气。蒸馏 4min 降下锥形瓶使冷凝管末端离开吸收液面，再蒸馏 1min，用蒸馏水冲洗冷凝管末端，洗液均流入锥形瓶内，然后停止蒸馏。

以上两种蒸馏法测定结果相近，可任选一种。

3）滴定。上述蒸馏后的接收液用 0.1mol/L 或 0.02mol/L 盐酸标准溶液滴定，溶液由蓝绿色变成灰红色为终点。

（2）方法二：推荐法。

1）试样的消煮。称取 0.5～1g 试样（含氮量 5.80mg），准确至 0.0001g，放入消化管中，加两片消化片（仪器自备）或 6.4g 混合催化剂，12mL 浓硫酸，于 420℃下消煮炉消化 1h。取出放凉后加入 30mL 蒸馏水。

2）氨的蒸馏。采用全自动定氮仪时按仪器操作说明书程序进行测定。

采用半自动定氮仪时，将带消化液的管子插在蒸馏装置上，以 25mL 硼酸为吸收液，加入 2 滴混合指示剂，蒸馏装置的冷凝管末端要浸入装有吸收液的锥形瓶内，然后向消煮管中加入 50mL 氢氧化钠溶液进行蒸馏。蒸馏时间以吸收液体积达到 100mL 时为宜，降下锥形瓶，用蒸馏水冲洗冷凝管末端，洗液均需流入锥形瓶内。

3）滴定。用 0.1mol/L 的标准盐酸溶液滴定吸收液，溶液由蓝绿色变成灰红色为终点。

5. 空白测定　　称取蔗糖 0.5g，代替试样，进行空白测定，消耗 0.1mol/L 盐酸标准溶液的体积不得超过 0.2mL，消耗 0.02mol/L 盐酸标准溶液体积不得超过 0.3mL。

6. 计算

$$粗蛋白质的含量（\%）= \frac{(V_2 - V_1)c \times 0.0140 \times 6.25 \times V}{mV_0}$$

式中，V_1——滴定空白时所需标准溶液体积，单位 mL；

V_2——滴定试样时所需标准溶液体积，单位 mL；

C——盐酸标准溶液浓度，单位 mol/L；

m——试样质量，单位 g；

V——试样分解液总体积，单位 mL；

V_0——试样分解液蒸馏用总体积，单位 mL；

0.0140——与 1.00mL 盐酸标准溶液 $[c（HCl）=1.000mol/L]$ 相当的、以克表示氮的质量；

6.25——氮换算成蛋白质的平均系数。

7. 结果的重复性　　每个试样取两个平行样进行测定，以其算术平均值为结果。当粗蛋白质含量在 25% 以上时，允许相对偏差为 1%。当粗蛋白质含量在 10%～25% 时，允许相对偏差为 2%。当粗蛋白质含量在 10% 以下时，允许相对偏差为 3%。

8. 注意事项

①本方法不能区别蛋白氮和非蛋白氮，测定结果中除蛋白质外，还有氨基酸、酰胺、铵盐和部分硝酸盐、亚硝酸盐等含氮化合物，故称粗蛋白质。

②消化时间视不同样品含脂肪、蛋白质的量而定。一般样品液呈现绿色后，再消化 30min 即可。

③氨是否完全蒸馏出来，可用 pH 试纸检测流出液是否呈碱性。

（二）蛋白质的快速测定——双缩脲法

1. 原理　　当脲被加热至 150～160℃时，可由两个分子间脱去一个氨分子而生成二缩脲（也叫双缩脲），反应式为

$$H_2N—CO—NH_2 + H—NH—CO—NH_2 \xrightarrow{150\sim160℃} H_2NCONHCONH_2 + NH_3$$

双缩脲与碱及少量硫酸铜溶液作用生成紫红色的化合物（此反应称为双缩脲反应），由于蛋白质分子中含有肽键（—CO—NH—），与双缩脲结构相似，故也能呈现此反应而生成紫红色化合物，在一定条件下其颜色深浅与蛋白质含量成正比，据此可用吸收光度法来测定蛋白质含量，该化合物的最大吸收波长为 560nm。

本法灵敏度较低，但操作简单快速，故在生物化学领域中测定蛋白质含量时常用此法。本法亦适用于含豆类、禾谷类等牧草样品中蛋白质的测定。

2. 试剂和主要仪器　　碱性硫酸铜溶液 [a. 以甘油为稳定剂将 10mL 10mol/L 氢氧化钾和 3.0mL 甘油加到 937mL 蒸馏水中，剧烈搅拌（否则将生成氢氧化铜沉淀），同时慢慢加入 50mL 4% 硫酸铜溶液；b. 以酒石酸钾钠作稳定剂将 10mL 10mol/L 氢氧化钾和 20mL 25% 酒石酸钾钠溶液加到 930mL 蒸馏水中，剧烈搅拌（否则将生成氢氧化铜沉淀），同时慢慢加入 40mL 4% 硫酸铜溶液]；四氯化碳（CCl$_4$）；分光光度计；离心机（4000r/min）；电子天平。

3. 操作步骤

（1）标准曲线的绘制。以采用凯氏定氮法测出蛋白质含量作为标准蛋白质样。

①分别称取混合均匀的标准蛋白质样 40mg、50mg、60mg、70mg、80mg、90mg、100mg、110mg，凯氏法定氮。

②按样品中蛋白质含量，分别称取混合均匀的标准蛋白质样 40mg、50mg、60mg、70mg、80mg、90mg、100mg、110mg 于 8 支 50mL 纳氏比色管中。

③然后各加入 1mL 四氯化碳，再用碱性硫酸铜溶液（A 或 B）准确稀释至 50mL，振摇 10min，静置 1h。

④取上清液离心 5min，取离心分离后的透明液于比色皿中，在 560nm 波长下，以蒸馏水作为参比液，调节仪器零点并测定各溶液的吸光度 A，以蛋白质的含量为横坐标，吸光度 A 为纵坐标绘制标准曲线。

（2）样品的测定。准确称取样品适量（使得蛋白质含量在 40～110mg）于 50mL 纳氏比色管，加 1mL 四氯化碳，按上述步骤显色后，在相同条件下测其吸光度 A，用测得的 A 值在标准曲线上即可查得蛋白质毫克数，进而由此求得蛋白质含量。

4. 结果计算

$$蛋白质的质量分数（mg/100g）＝c/m×100$$

式中，c——从标准曲线上查得的蛋白质质量，单位 mg；

　　　m——样品质量，单位 g。

5. 注意事项

①蛋白质的种类不同，对发光程度的影响不大。

②标准曲线作完整之后，无需每次再作标准曲线。

③含脂肪高的样品应预先用乙醚抽出弃去。

④样品中不溶性成分存在时，会给比色测定带来困难，此时可预先将蛋白质抽出后再测定。

⑤当肽链中含有脯氨酸时，若有多量糖共存时，则显色不好，会使测定值偏低。

（三）真蛋白质的测定

真蛋白质又称为纯蛋白质，它是由许多种氨基酸组成的一类高分子有机含氮化合物。

1. 原理　饲料蛋白质经沸水提取并在碱性溶液中被硫酸铜沉淀、过滤和洗涤后，可将纯蛋白质和非蛋白质含氮物分离，再用凯氏定氮法测定沉淀物中的蛋白质含量。

2. 仪器设备　烧杯；定性滤纸；其他设备与粗蛋白质测定法相同。

3. 试剂　10%硫酸铜溶液（M/V）[分析纯硫酸铜（$CuSO_4 \cdot 5H_2O$）10g 溶于100mL 水]；2.5%氢氧化钠溶液（M/V）（2.5g 分析纯氢氧化钠溶于 100mL 水）；1%氯化钡溶液（M/V）[1g 氯化钡（$BaCl_2 \cdot H_2O$）溶于 100mL 水]；2mol/L 盐酸溶液；其他试剂与一般粗蛋白质测定法相同。

4. 操作步骤　准确称取试样 1g（精确至 0.0001g）置于 200mL 烧杯中，加50mL 水，加热至沸，加入 20mL 硫酸铜溶液，20mL 氢氧化钠溶液，用玻璃棒充分搅拌，放置 1h 以上，用定性滤纸过滤，然后用 60～80℃热水洗涤沉淀 5～6 次，用氯化钡溶液 5 滴和盐酸溶液 1 滴检查滤液，直至不生成白色硫酸钡沉淀为止。将沉淀和滤纸放在 65℃烘箱干燥 2h，然后全部转移到凯氏烧瓶中，按半微量凯氏定氮法进行氮的测定。

5. 结果计算　　同粗蛋白质测定。

四、碳水化合物的检测

碳水化合物是牧草的主要成分之一。牧草中的碳水化合物以多种形态存在，含量比较少的单糖，如葡萄糖、果糖、核糖、半乳糖等；含量较多的有双糖，如蔗糖、乳粉、麦芽糖等；少量存在且由多糖部分破坏而形成的糊精；大量存在的多糖、如淀粉、纤维素、半纤维素、果胶等。这些碳水化合物对各种畜禽的营养价值不同。其中单糖和双糖通常都溶于水，因此称可溶性糖，可溶性糖的总量称总糖。在可溶性糖中，有些糖因分子携带自由羧基或存在单缩醛羟基而有还原性，称为还原糖，如蔗糖。另外，根据动物对糖类的消化利用情况，可将糖类分为营养性糖类和非营养性糖类，营养性糖类即有效碳水化合物，指消化后可取得能量的糖类，如可溶性糖、淀粉等，这些糖对动物的营养功能，能提供能量、构成体组织；非营养性糖类是结构性碳水化合物，如纤维素等，对不同动物的营养价值和利用率差别很大，因此，有必要测定牧草中的碳水化合物含量。

（一）总糖测定

总糖的测定方法有旋光法、折光法、密度法、蒽醌法、斐林氏、高锰酸钾法、碘量法、铁氰化钾法、酶化学分析法等。最常用的是铁氰化钾法，准确度高，方法稳定，操作简单、快速。

1. 原理（铁氰化钾法）　　样品中的糖都具有还原性质，在碱性溶液中能将铁氰化钾还原，根据铁氰化钾的浓度和检液滴定量可计算出样品中糖的含量。反应式为

当滴定到终点时，微过量的转化糖立即将亚甲蓝还原为无色的隐色体，使颜色消失。反应式为

$$C_6H_{12}O_6 + 6K_3Fe(CN)_6 + 6KOH \longrightarrow (CHOH)_4 \cdot (COOH)_2 + 6K_3Fe(CN)_6 + 4H_2O$$

2. 试剂　　1%的亚甲基蓝指示剂；盐酸；20%和 30%氢氧化钠溶液；1%铁氰化钾溶液（配好溶液后，置棕色瓶中保存）。

每次使用之前按下述方法标定铁氰化钾的浓度。准确称取经 105℃烘干并冷却后的蔗糖 1.0000g，用少量水溶解并移入 500mL 容量瓶中，用水稀释至刻度，摇匀。取出此液 50mL 于 100mL 容量瓶中，加盐酸 5mL 摇匀，置 65～70℃水浴上加温 15min，取出并迅速冷却至室温，用 30%氢氧化钠溶液中和，加水至刻度，摇匀，倒入滴定管中（如有悬浮物可以再用）。

　　吸取已配制好的铁氰化钾溶液 10mL 于 150～250mL 的三角瓶中，共取 2～4 份（平行实验），各加入 2.5mL 10％氧化钠溶液、12.5mL 水和洁净的玻璃珠数粒，于石棉网上加热至沸，保持 1min，然后加入 1％亚甲基蓝指示剂 1 滴，立即以糖液滴定至蓝色消失为止，记录量。正式滴定时，先加入比预实验时少 0.5mL 糖液，煮沸 1min，加入 1％亚甲基蓝指示剂 1 滴，再用糖液滴定至无色。按下述公式计算铁氰化钾的浓度，即：

$$c = \frac{mV}{1000 \times 0.95}$$

式中，c——相当于 10mL 铁氰化钾溶液的转化糖的质量，单位 g；

　　　　V——滴定时消耗糖液的体积，单位 mL；

　　　　m——称取的蔗糖质量，单位 g；

　　　　0.95——换算系数（0.95g 蔗糖可转化为 1g 转化糖）。

3. 操作步骤　　称取样品 5～10g（视含量而定），用 200mL 左右的水洗入 250mL 容量瓶内（样品中如含有较多的蛋白质、色素、胶体等可逐渐加入 20％乙酸铅溶液 10～15mL，至沉淀完全为止）。再加入 10～15mL 10％磷酸氢二钠溶液，至不再产生沉淀为止。加水至刻度，摇匀，过滤。吸取滤液 50mL 于 100mL 容量瓶。按上述铁氰化钾标定方法进行转化、中和及滴定（以样液代替糖液，其他操作完全相同）。

4. 结果计算

$$总糖（以转化糖计，\%）= \frac{A \times 1500}{mV} \times 1000$$

式中，A——相当于 10mL 铁氰化钾溶液的转化糖的质量，单位 g；

　　　　V——滴定时样液消耗的体积，单位 mL；

　　　　m——样品的质量，单位 g。

5. 注意事项

　　①总糖测定结果一般可以用转化糖或葡萄糖表示，要根据产品的质量指标要求而定。如用转化糖表示，应该用标准转化糖溶液标定铁氰化钾溶液；如用葡萄糖表示，则应该用标准葡萄糖溶液标定铁氰化钾溶液。

　　②这里的总糖不包括营养学上总糖中的淀粉，因为在测定条件下，淀粉的水解作用很微弱。

　　③当滴定到达终点时，过量的转化糖将指示剂亚甲基蓝还原为无色的隐色体，这种隐色体容易被空气中的氧气氧化，很快又变为亚甲基蓝而显色。

　　④整个加温过程应在低温电炉上操作，这样重现性好、准确、误差小。滴定要迅速，否则终点不明显。

　　（二）还原糖测定

　　还原糖包括葡萄糖、果糖、乳糖、麦芽糖。含有游离的醛基、酮基和半缩羧基，都具有还原性，在适当的条件下易被氧化，这些糖类统称还原糖。因此，测定总糖时，所有将糖类水解为转化糖再测定的方法，都可用来测定还原糖。

高锰酸钾滴定法（GB/T 5009.7—2003），将一定量的样品溶液与一定量过量的碱性酒石酸铜溶液反应，还原糖将二价铜还原为氧化亚铜，过滤后得到氧化亚铜沉淀；向氧化亚铜沉淀中加入过量的酸性硫酸铁溶液，氧化亚铜被氧化溶解，而三价铁盐则被定量地还原为亚铁盐；再用高锰酸钾标准溶液滴定所生成的亚铁盐，根据高锰酸钾溶液消耗量可计算出氧化亚铜的量。再从检索表中查出与氧化亚铜量相当的还原糖量，即可计算出样品中还原糖含量。

本法是国家标准分析方法，适用于各类牧草中还原糖的测定，有色样品溶液也不受限制。此方法的准确度高，重现性好，准确度和重现性都优于直接滴定法。但操作复杂、费时，计算测定结果时，需使用特制的高锰酸钾法糖类检索表。

（三）果胶测定

1. 质量法　　果胶酸钙不溶于水，把果胶质从样品中提取出来，与氯化钙生成不溶于水的果胶酸钙，测定其质量并换算成果胶质的质量。

2. 比色法　　果胶质经水解后生成半乳糖醛酸，在强酸中与咔唑发生缩合反应生成紫红色化合物，以此可以比色定量测定。

（四）粗纤维测定

1. 测定原理　　粗纤维的常规测定法是在公认的强制规定条件下测定的。将试样用一定容量和一定浓度的预热硫酸和氢氧化钠溶液煮沸消化一定时间，再用乙醇和乙醚除去醚溶物，经高温灼烧扣除矿物质的剩余物为粗纤维。当用稀酸处理时，淀粉、果胶和部分半纤维素被溶解；当用稀碱处理时，又可除去蛋白质和部分半纤维素、木质素、脂肪；用乙醇和乙醚处理时，可除去单宁、色素、脂肪、蜡质以及部分蛋白质和戊糖。用这种方法测得的"粗纤维"实际上是以纤维素为主，还有少量半纤维素和木质素的混合物。

2. 仪器设备　　实验室用样品粉碎机或研钵；分样筛（40 目）；分析天平（感量0.0001g）；消煮器（有冷凝球的 500mL 烧杯或有冷凝管的锥形瓶）；布氏漏斗（Φ6cm）；抽滤瓶；滤布（200 目）；真空泵；恒温箱；干燥器；高温炉（茂福炉）；古氏坩埚；电炉或电热板。也可采用纤维测定仪。

3. 试剂　　（0.255±0.005）mol/L 硫酸溶液；（0.313±0.005）mol/L 氢氧化钠溶液；石棉（600℃灼烧 16h，用 1.25％硫酸溶液浸泡并煮沸 30min，过滤并用水洗至中性；同样用 1.25％氢氧化钠溶液煮沸 30min，过滤并用少量 1.25％硫酸溶液洗一次，再用水洗净，烘干后于 600℃灼烧 2h，其空白实验结果为每克石棉含粗纤维值小于1mg）；95％乙醇；乙醚；正辛醇。

4. 测定步骤

①称取 1～2g 试样，准确称至 0.0001g，用乙醚脱脂（试样含脂肪量低于 1％时可不脱脂，也可用测定脂肪后的试样残渣）放入消煮器。

②加入煮沸的 0.255mol/L 硫酸溶液 200mL 和 1 滴正辛醇（防泡剂），立即加热，使其在 1min 内沸腾，并连续微沸 30min，注意保持硫酸浓度不变（可补加沸蒸馏水），

并避免试样粘贴在液面以上的杯壁。

③微沸 30min 后立即停止加热，用铺有滤布的布氏漏斗过滤，将 200mL 滤液在 10min 内全部滤净，再用沸蒸馏水反复冲洗残渣，直至滤液不使蓝色石蕊试纸变红为止。

④取下不溶物，放入原容器中，加入煮沸的 0.313mol/L 氢氧化钠溶液，立即加热，使其在 1min 内沸腾，同样准确微沸 30min。

⑤立即在铺有石棉的古氏坩埚上抽滤。先用 25mL 0.255mol/L 硫酸溶液冲洗，再用沸蒸馏水反复冲洗残渣，直至滤液不使红色石蕊试纸变蓝为止。

⑥用洗瓶将滤布上的残留物洗入 100mL 烧杯中，再倒入铺好石棉的古氏坩埚中。用 15mL 乙醇冲洗残渣，滤净后再用 15mL 乙醚洗涤（脱脂样品可不用乙醚洗涤）。将古氏坩埚及残渣放入（100±2）℃烘箱中烘干 4～8h，在干燥器中冷却 30min，直至恒重（两次称重之差小于 0.001g），再将古氏坩埚置于电炉上炭化，然后移入（550±25）℃的高温炉中灼烧 30min，于干燥器中冷却 30min，准确称重，直至恒重。

5. 测定结果计算

（1）计算公式。

$$粗纤维（\%）=\frac{W_1-W_2}{W}\times100$$

式中，W_1——（105±2）℃烘干后坩埚及试样残渣的质量，单位 g；

$\quad\quad W_2$——（550±25）℃灼烧后坩埚及试样灰分的质量，单位 g；

$\quad\quad W$——样品（未脱脂时）的质量，单位 g。

（2）重复性。每个试样应取两平行样进行测定，以其算术平均值为结果。

粗纤维含量在 10% 以下，允许相差（绝对值）为 0.4%；粗纤维含量在 10% 以上，允许相对偏差为 4%。

说明：酸和碱处理时应注意准确微沸 30min；在冲洗过程中应避免残渣的损失。

（五）中性洗涤纤维、酸性洗涤纤维和木质素的测定

1. 原理　　植物性饲料如牧草或其他粗饲料经中性洗涤剂（3% 十二烷基硫酸钠）分解则大部分细胞内容物可溶解于洗涤剂中，包括脂肪、糖、淀粉和蛋白质，统称为中性洗涤剂可溶解物（NDS），而不溶解的残渣称为中性洗涤纤维，这部分主要是细胞壁成分，如半纤维素、纤维素、木质素、硅酸盐和极少量细胞壁镶嵌蛋白质。

将中性洗涤纤维用酸性洗涤剂进一步处理，可溶于酸性洗涤剂的部分称为酸性洗涤可溶物（ADS），主要为半纤维素；剩余的残渣称为酸性洗涤纤维，其中含有纤维素、木质素和硅酸盐。因此，由中性洗涤纤维与酸性洗涤纤维值之差即可得出植物饲料中的半纤维素含量。

酸性洗涤纤维经 72% 硫酸分解，则纤维素被水解而溶出，其残渣为木质素和硅酸盐，所以从酸性洗涤纤维值中减去 72% 硫酸处理后残渣部分即为饲料中纤维素的含量。

将经 72% 硫酸分解后的残渣灰化，灰分则为饲料中硅酸盐的含量，而在灰化中逸出的部分即为酸性洗涤木质素（ADL）的含量。

2. 仪器与试剂

(1) 仪器。冷凝器或冷凝装置；分析天平（1/10 000）；高脚烧杯（600mL）；表面皿；抽滤瓶（1000mL）；石英坩埚（40mL）；长玻棒（胶头）；烧杯（500mL）；滴管；洗瓶；干燥器；量筒（100mL）；胶管（壁厚 0.5～0.7cm）；容量瓶（1000mL）；坩埚钳（长柄或短柄）；药勺；真空泵；调温电热板；烘箱；茂福炉。也可用纤维测定仪。

(2) 试剂及其制备。中性洗涤剂（3%十二烷基硫酸钠）：准确称取 18.6g 乙二胺四乙酸二钠（化学纯）和 6.8g 硼酸钠一同放入 1000mL 刻度烧杯中，加少量蒸馏水，加热溶解后，再加 30g 十二烷基硫酸钠（化学纯）和 10mL 乙二醇乙醚（化学纯）；称取 4.56g 无水磷酸氢二钠（化学纯）置于另一烧杯中，加少量蒸馏水微微加热溶解后，倾入第一个烧杯中，在容量瓶中稀释至 1000mL，此溶液 pH 为 6.9～7.1（pH 一般不需要调整）。

酸性洗涤剂（2%十六烷三甲基溴化铵）：称取 20g 十六烷三甲基溴化铵（化学纯）溶于 1000mL 的 1.00mol/L 硫酸溶液中，搅拌溶解，必要时过滤。

1.00mol/L 硫酸：取约 27.87mL 浓硫酸（分析纯）慢慢加入已装有 500mL 蒸馏水的烧杯中，冷却后注入 1000mL 容量瓶内定容，待标定。

72%硫酸：量取 98%的分析纯浓硫酸 668.8mL，慢慢加入盛有 300mL 蒸馏水的 1000mL 烧杯中，此时溶液会发热，应不时搅拌使之冷却，冷却后移入 1000mL 容量瓶定容，并在 20℃下标定，使每 1000mL 溶液中含有 1176.5g 硫酸。

石棉的酸洗处理：将 100g 石棉放入盛有 850mL 蒸馏水的玻璃容器内，慢慢加入 1400mL 浓硫酸，混匀冷却至室温，在大型布氏漏斗中过滤后用水洗，石棉重新分散在水中，将石棉残渣悬浮液倒入玻璃纤维窗纱（14×18 网孔）缝制的袋中（4cm×30cm，即袋宽≥45cm，深 30cm），浸于水池中并搅动，以除去细小的颗粒，将剩下的石棉置于 300℃高温炉中灰化 16h，贮存在干燥处备用。使用过的石棉可重新洗涤、灰化后继续使用，市售的酸洗石棉要经上述方法处理后方可使用。

无水亚硫酸钠（化学纯）、丙酮（化学纯）、十氢化萘（化学纯）（或正辛醇，化学纯）。

3. 测定步骤

(1) 中性洗涤纤维测定步骤。

①准确称取风干样（过 40 目筛）1.0～2.0g，置于高脚烧杯中。如样品为高淀粉饲料（谷物、麸皮、饼粕类等），先用淀粉酶预处理。

②加入室温的中性洗涤剂 100mL 和 2～3 滴十氢化萘（消泡剂）以及 0.5g 无水亚硫酸钠。

③套上冷凝装置，立即置于电炉上尽快煮沸（5～10min），溶液沸腾后移至电热板并调节温度使其始终保持在微沸状态 1h。

④煮沸完毕后立即离火，在 10min 内将其过滤到抽滤瓶上的石英坩埚中（必须将残渣全部移入石英坩埚），抽滤并用 2 倍于残渣的沸水多次冲洗抽滤。

⑤用 20mL 丙酮冲洗 2 次，抽滤。

⑥取下石英坩埚，在 105℃条件下烘干至恒重（m_1）。

（2）酸性洗涤纤维测定步骤。

①用中性洗涤纤维测定步骤⑥留下的残渣继续测定。

②加入室温的酸性洗涤剂 100mL 和 2～3 滴十氢化萘。

③同中性洗涤纤维测定步骤③。

④趁热用石英坩埚在抽滤装置上抽滤，将残渣团块用玻棒打碎后，用 20mL 沸水浸泡 15～30s 后冲洗过滤，反复 3 次。

⑤用少量丙酮洗涤残渣，反复冲洗滤液至无色为止，抽净全部丙酮。

⑥取下石英坩埚，在 105℃条件下烘干至恒重（m_2）。

（3）酸性洗涤木质素测定步骤。

①按照上述酸性洗涤纤维测定方法的步骤处理样品，在含有酸性洗涤纤维残渣的已知质量的石英坩埚中加入 1g 石棉，将石英坩埚放在 50mL 烧杯上或浅瓷盘中，加入 15℃的 72％的硫酸，加酸至半满，用玻棒打碎所有结块，并搅拌成均匀的糊状物，将玻棒留在坩埚内。

②随即加入 72％的硫酸并搅拌之，保持坩埚在 20～23℃（必要时冷却）3h。

③尽可能地用真空抽干坩埚中的酸，用热水洗涤至 pH 为中性才停止（用红色石蕊试纸检验）。冲洗坩埚边缘和玻棒，撤除玻棒。

④将坩埚置于 105℃鼓风干燥箱中干燥，移入干燥器内冷却，称重。重复干燥过程直至恒重（m_3）。

⑤在茂福炉（500℃）灼烧 2～3h，灼烧至无碳，在温度降低至 200℃以下时，用坩埚钳取出放入干燥器内冷却至室温后称重（m_4）。

⑥用石棉做空白实验：称取 1g 石棉放入已知质量的玻璃坩埚中，处理同上述步骤，记录灰化时的失重（m_5），如果石棉空白测定值小于 0.0020g，则可不必再测定空白。

4. 结果计算

（1）中性洗涤纤维含量（％）的计算。

$$中性洗涤纤维含量（％）=\frac{m_1-m_0}{m}\times100$$

式中，m_1——坩埚和中性洗涤纤维的质量，单位 g；

m_0——坩埚的质量，单位 g；

m——样本质量，单位 g。

（2）酸性洗涤纤维含量（％）的计算。

$$酸性洗涤纤维含量（％）=\frac{m_2-m_0}{m}\times100$$

式中，m_2——坩埚和酸性洗涤纤维的质量，单位 g；

m_0——坩埚的质量，单位 g；

m——样本质量，单位 g。

（3）半纤维素含量（％）的计算。

$$半纤维素含量=中性洗涤纤维-酸性洗涤纤维$$

（4）酸性洗涤木质素含量（％）的计算。

$$酸性洗涤木质素含量（\%）＝\frac{m_3－m_4－m_5}{m}\times100$$

式中，m_3——72%硫酸消化后坩埚质量＋石棉质量＋残渣质量，单位 g；

　　　　m_4——灰化后坩埚质量＋石棉质量＋残渣质量，单位 g；

　　　　m_5——石棉空白实验中损失质量，单位 g。

（5）酸不溶灰分（AIA）含量（%）的计算。

$$酸不溶灰分含量（\%）＝\frac{m_4－m_0＋m_5－m_石}{m}\times100$$

式中，m_4——灰化后坩埚质量＋石棉质量＋残渣质量，单位 g；

　　　　m_0——坩埚质量，单位 g；

　　　　m_5——石棉空白实验中损失的质量，单位 g；

　　　　$m_石$——测定木质素时加入石棉的绝干质量，单位 g。

（6）纤维素含量的计算。

$$纤维素含量（\%）＝\begin{matrix}酸性洗涤纤维\\含量（\%）\end{matrix}－\begin{matrix}经72（\%）H_2SO_4\\处理后的残渣含量（\%）\end{matrix}$$

$$＝\begin{matrix}酸性洗涤\\纤维含量（\%）\end{matrix}－\begin{matrix}酸性洗涤木\\质素含量（\%）\end{matrix}－\begin{matrix}酸不溶\\灰分含量（\%）\end{matrix}$$

五、脂肪的测定

脂肪是牧草的主要成分之一，脂肪含量高的牧草具有高的生理热能。动物体中的脂肪来源于牧草等饲料。脂肪是动物细胞的组成成分，提供动物所必需的脂肪酸，还具有保暖、维持体温、保护内脏和组织器官不受机械损伤的作用。脂肪的测定方法很多，在此仅介绍索氏抽提法和酸水解法。

（一）索氏抽提法

1. 原理　索氏脂肪提取器中用乙醚提取试样，称提取物的质量。粗脂肪除脂肪外还有有机酸、磷脂、脂溶性维生素、叶绿素等，因而测定结果称粗脂肪或乙醚提取物。

2. 试剂　无水乙醚（分析纯）；海砂等。

3. 仪器　索氏提取器；滤纸；干燥器；分析天平；电热恒温水浴锅；实验室用样品粉碎机或研钵；分析筛。也可用脂肪仪。

4. 操作步骤

（1）取样。称取试样 1～5g，准确至 0.0001g，于滤纸筒中或用滤纸包好；放入 105℃烘箱中烘干 2h（或测水分后的干试样，折算成风干样重），滤纸筒应高于提取器虹吸管的高度，滤纸包长度应以可全部浸泡于乙醚中为准。

（2）抽提。索氏提取器应干燥无水。抽提瓶（内有沸石数粒）在（105℃）烘箱中烘干 60min，干燥器中冷却 30min，称重。再烘干 30min，同样冷却称量，两次质量差小于 0.0008g 为恒重。

将滤纸筒或包放入抽提管，在抽提瓶中加无水乙醚 60～100L，在 60～70℃水浴上加热，使乙醚回流。控制乙醚回流次数为 10 次/h。共回流约 50 次（含油高的试样约 70 次）或检查抽提管流出的乙醚。挥发后不流下油迹为抽提终点。

取出试样，仍用原提取器回收乙醚直至抽提瓶全部收完，取下抽提瓶，在水浴上蒸去残余乙醚，擦净瓶外壁。将抽提瓶放入（105±2）℃烘箱中烘干 2h，再放入干燥器中冷却 30min 称重。再烘干 30min，同样冷却称重，两次质量之差小于 0.001g 为恒重。

5. 计算公式

$$样品中粗脂肪的质量分数（\%）= \frac{m_1 - m_2}{m} \times 100$$

式中，m——风干试样质量，单位 g；

m_1——已恒重的抽提瓶质量，单位 g；

m_2——已恒重的盛有脂肪的抽提瓶质量，单位 g。

6. 注意事项

烘干后的样品若形成硬块，在移入抽提管之前，应研成粉状，利于脂肪的抽提。本方法适用于测定配合饲料和单一饲料。虽然较常用，但精密度比其他方法略差。

（二）酸水解法

1. 原理　样品经酸水解后用乙醚提取。除去溶剂即得游离及结合脂肪总量。

2. 试剂　盐酸；95%乙醇；乙醚；石油醚。

3. 仪器　100mL 具塞刻度量筒；分析天平（感量 0.0001g）。

4. 操作步骤

（1）取样。

固体样品：准确称取约 2g，置于 50mL 大试管，加 8mL 水，混匀后再加 10mL 盐酸。

液体样品：称取 10.0g，置于 50mL 试管，加 10mL 盐酸。

（2）测定。

①将试管放入 78～80℃水浴中，每隔 5～10min 以玻璃棒搅拌一次。至样品消化完全为止，约 40～50min。

②取出试管，加入 10mL 乙醇，混合。冷却后将混合物移入 100mL 具塞量筒中，以 25mL 乙醚分次洗试管，一并倒入量筒中。

③待乙醚全部倒入量筒后，加塞振荡 1min，小心开塞，放出气体，再塞好。静置 12min。

④小心开塞，并用乙醚-石油醚等量混合溶液冲洗塞及筒口附着的脂肪，静置 10～20min。

⑤待上部液体清晰，吸出上清液于已恒重的锥形瓶内，加 5mL 乙醚于具塞量筒内，振荡，静置后，将上层乙醚吸出，放入原锥形瓶内。

⑥将锥形瓶置于水浴上蒸干，于（105±2）℃烘箱中干燥 2h。取出放于干燥器内冷却 30min，称至恒重。

5. 计算　　同"索氏抽提法"。

六、无氮浸出物含量

牧草无氮浸出物是指牧草中不含氮的化合物，它易被常见溶剂浸出和溶解。主要有淀粉、葡萄糖、果糖、蔗糖、糊精、五碳糖胶、色素、胶质物、树脂、水溶性维生素、单宁、有机酸和不属于纤维素的其他碳水化合物，如半纤维素及一部分木质素等。

（一）原理

由于不同种类牧草的无氮浸出物成分比较复杂，所含各种成分的比重相差也很大（特别是木质素的成分）。因此，不同种类牧草无氮浸出物的营养价值相差悬殊。无氮浸出物的百分含量一般用营养成分的结果来计算求得。由于不进行直接测定，因此，只能概括说明牧草中这一部分营养的含量。

（二）计算

牧草中无氮浸出物的含量（％）＝干物质％－（粗蛋白质％＋粗纤维％＋粗脂肪％＋粗灰分％）

（三）注意事项

①各种营养成分计算时，样品水分含量应一致，否则应统一折算。
②分析对象是风干或干牧草样品，可直接根据各种营养成分的分析结果计算。
③测无氮浸出物含量时，若是新鲜牧草，则需将风半干样品中各种营养成分含量的结果换算成新鲜牧草中各种营养成分的含量。

第二节　饲草产品中矿物元素的检测

一、钙、磷的检测

牧饲产品经常分析常量元素钙和磷的含量。饲料中钙的测定方法通常有 3 种：高锰酸钾法、EDTA 络合滴定法和原子吸收分光光度法。其中，高锰酸钾法准确度高、重复性好，为仲裁法，但操作繁琐、费时、终点难判，且高锰酸钾在热酸性溶液中易分解。EDTA 络合滴定法操作简便、快速，适合于大批样品的测定。原子吸收分光光度法干扰少、灵敏度高、简便快速，但仪器设备昂贵。磷的测定包括总磷和植酸磷的测定，总磷测定常用钼蓝比色法，植酸磷的测定常用三氯乙酸沉淀法。

（一）钙的测定（高锰酸钾法）

1. 测定原理　　将试样有机物破坏，钙形成溶于水的离子，并与盐酸反应生成氯化钙，然后在溶液中加入草酸铵溶液，使钙成为草酸钙白色沉淀，然后用硫酸溶液溶解草酸钙，再用高锰酸钾标准溶液滴定草酸根离子。根据高锰酸钾标准溶液的用量，计算钙含量。

$$CaCl_2 + (NH_4)_2C_2O_4 \longrightarrow CaC_2O_4 + 2NH_4Cl$$

$$CaC_2O_4 + H_2SO_4 \longrightarrow CaSO_4 + H_2C_2O_4$$

$$2KMnO_4 + 5H_2C_2O_4 + 3H_2SO_4 \longrightarrow 10CO_2 + 2MnSO_4 + 8H_2O + K_2SO_4$$

2. 仪器设备　　实验室用样品粉碎机或研钵；分析筛（40 目）；分析天平（感量 0.0001g）；高温炉；坩埚；100mL 容量瓶；酸式滴定管；玻璃漏斗；中速定量滤纸；移液管；烧杯；凯氏烧瓶。

3. 试剂　　10％乙酸溶液；硫酸溶液 $[1:3\ (V/V)]$；氨水溶液 $[1:1\ (V/V)$；$1:50\ (V/V)]$；42g/L 草酸铵溶液；甲基红指示剂（1g/L）；硝酸；盐酸溶液 $[1:3\ (V/V)]$；高锰酸钾标准溶液 $[c\ (1/5KMnO_4) = 0.05mol/L]$；高氯酸溶液（70％～72％）。

4. 测定步骤

（1）试样分解。

1）干法。称取试样 2～5g 于坩埚中，准确至 0.0002g，在电炉上低温炭化至无烟为止，再将其放入高温炉于（550±20）℃下灼烧 3h。在盛有灰分的坩埚中加入 1:3 盐酸溶液 10mL 和浓硝酸数滴，小心煮沸。将此溶液转入 100mL 容量瓶中，并以热蒸馏水洗涤坩埚及漏斗中滤纸，冷却至室温后，定容，摇匀，为试样分解液。

2）湿法（用无机物或液体饲料）。称取试样 2～5g 于凯氏烧瓶中，准确至 0.0001g，加入硝酸 10mL，加热煮沸，至二氧化氮黄烟逸尽，冷却后加入 70％～72％高氯酸 10mL，小心煮沸至无色，不得蒸干（否则会造成危险）。冷却后加水 50mL，并煮沸驱逐二氧化氮，冷却后转入 100mL 容量瓶中，定容，摇匀，为试样分解液。

（2）试样的测定。

1）草酸钙的沉淀及其洗涤。用移液管准确吸取试样分解液 10～20mL（含钙量为 20mg 左右）于烧杯中，加水 100mL，甲基红指示剂 2 滴，滴加（1:1）氨水溶液至溶液由红变成橙色，加热至沸，如出现絮状沉淀，说明含较多的 Fe^{3+} 或 Al^{3+}，需过滤（将溶液用定量滤纸过滤至另一锥形瓶，并用水洗涤 4～5 次，洗涤液过滤至锥形瓶）；再滴加 10％乙酸溶液至溶液恰变红色（pH 为 2.5～3.0）为止。小心煮沸，慢慢滴加热草酸铵溶液 10mL，且不断搅拌。若溶液由红变橙色，还应补滴 10％乙酸溶液至红色，煮沸数分钟后，放置过夜使沉淀陈化（或在水浴上加热 2h）。

用滤纸过滤，用（1:50）的氨水溶液洗沉淀 6～8 次，至无草酸根离子为止（用试管接取滤液 2～3mL，加 1:3 硫酸溶液数滴，加热至 80℃，加高锰酸钾溶液 1 滴，溶液呈微红色，且 30s 不褪色）。

2）沉淀的溶解与滴定。将沉淀和滤纸转移入原烧杯中，加 1:3 硫酸溶液 10mL，蒸馏水 50mL，加热至 75～85℃，立即用高锰酸钾标准溶液滴定至溶液呈微红色，且 30s 不褪色为终点。

3）空白。在干净烧杯中加滤纸 1 张，1:3 硫酸溶液 10mL，蒸馏水 50mL，加热至 75～85℃后，用高锰酸钾标准溶液滴至微红色，且 30s 不褪色为终点。

5. 结果计算与表述

（1）结果计算。

$$X（\%） = \frac{(V_2 - V_0) \times c \times 200}{m \times V_1}$$

式中，X——试样的钙含量，单位%；

$\quad$ m——试样质量，单位 g；

$\quad$ V_1——移取试样分解液的体积，单位 mL；

$\quad$ V_2——滴定时消耗高锰酸钾标准溶液的体积，单位 mL；

$\quad$ V_0——空白滴定消耗高锰酸钾标准溶液的体积，单位 mL；

$\quad$ c——高锰酸钾标准溶液浓度，单位 mol/L。

（2）结果表示。每个试样应取两个平行样进行测定，以算术平均值作为分析结果。

（3）重复性。含钙量在 5% 以上，允许相对偏差 3%；含钙量在 1%～5% 时，允许相对偏差 5%；含钙量在 1% 以下，允许相对偏差 10%。

6. 注意事项

①高锰酸钾标准溶液浓度以 c（1/5KMnO$_4$）表示。由于不稳定，至少每月需标定 1 次。

②每种滤纸空白值不同，消耗高锰酸钾标准溶液的用量不同，至少每盒滤纸做 1 次空白测定。

③洗涤草酸钙沉淀时，须沿滤纸边缘向下洗，使沉淀集中于滤纸中心，以免损失。每次洗涤过滤时，都必须等上次洗涤液完全滤净后再加，每次洗涤不得超过漏斗体积的 2/3。

（二）总磷量的测定

本法测定范围为磷含量 0～20μg/mL。

1. 原理 将试样中有机物破坏，使磷游离出来，在酸性溶液中，用钒钼酸铵处理，生成黄色的 [(NH$_4$)$_3$PO$_4$·NH$_4$VO$_3$·16MoO$_3$] 络合物，在波长 400nm 下比色测定。此法测得结果为总磷量，其中包括动物难以吸收利用的植酸磷。

2. 仪器和设备 实验室用样品粉碎机或研钵；分析筛（40 目）；分析天平（感量 0.0001g）；高温炉；坩埚；容量瓶；刻度移液管；凯氏烧瓶；可调温电炉；分光光度计。

3. 试剂及配制 盐酸溶液 [1∶1 水溶液（V/V）]；硝酸；高氯酸；钒钼酸铵显色试剂（偏钒酸铵 1.25g，加水 200mL 加热溶解，冷却后再加 250mL 硝酸；另称钼酸铵 25g，加水 400mL 加热溶解，在冷却条件下将此溶液倒入上述溶液，且用水定容至 1000mL，避光保存。如生成沉淀则不能继续使用）；磷标准溶液（磷酸二氢钾在 105℃ 干燥 1h，在干燥器中冷却后称 0.2195g，溶解于水中，定量转入 1000mL 容量瓶，加硝酸 3mL，用蒸馏水稀释定容，摇匀，即成 50μg/mL 的磷标准溶液）。

4. 测定步骤

（1）试样的分解。

1）干法。同钙的测定（高锰酸钾法），不适用于含磷酸二氢钙 [Ca (H$_2$PO$_2$)$_3$] 的饲料。

2）湿法。同钙的测定（高锰酸钾法）。

3）盐酸溶解法。称取试样 0.2～1g（精确至 0.0001g）于 100mL 烧杯中，缓缓加入盐酸溶液 10mL，加热使其全部溶解，冷却后转入 100mL 容量瓶中，用蒸馏水定容，摇匀，为试样分解液。适用于石灰石粉、磷酸氢钙、矿物载体微量元素预混料等。

（2）标准曲线的绘制。分别准确吸取磷标准溶液（50μg/mL）0mL、1.0mL、2.0mL、5.0mL、10.0mL、15.0mL 于 50mL 容量瓶，各加入钒钼酸铵显色试剂 10mL，用蒸馏水稀释至刻度，摇匀，常温下放置 10min 以上。以 0mL 溶液为参比，用 10mm 比色皿；在 400nm 波长下，用分光光度计测定各溶液的吸光度。以每个容量瓶中的磷含量（μg）为横坐标，吸光度为纵坐标绘制标准曲线。

（3）试样的测定。准确移取试样分解液 1～10mL（含磷量 50～750μg）于 50mL 容量瓶中，加入钒钼酸铵显色试剂 10mL，用蒸馏水稀释至刻度，摇匀，常温下放置 10min 以上。以空白作为参比，用 10mm 比色皿，在 420nm 波长下，用分光光度计测定试样分解液的吸光度。在标准曲线上查得试样分解液的含磷量。

5. 结果计算

（1）结果计算。

$$X(\%) = \frac{m_1 \times V}{m \times V_1 \times 10^4} \times 100$$

式中，X——磷含量，单位%；

　　　m——试样的质量，单位 g；

　　　m_1——由标准曲线查得试样分解液磷含量，单位 mg；

　　　V——试样分解液的总体积，单位 mL；

　　　V_1——试样测定时所移取试样分解液的体积，单位 mL。

（2）结果表示。每个试样称取两个平行样进行测定，以算术平均值作为结果，所得到的结果应表示至小数点后两位。

（3）允许差。含磷量在 0.5% 以上（含 0.5%），允许相对偏差 3%；含磷量在 0.5% 以下，允许相对偏差 10%。

6. 注意事项

①比色时，待测液的磷含量不宜过浓，最好控制在 1mL 含磷 0.5mg 以下。

②显色时温度不能低于 15℃，否则显色缓慢；待测液在加入试液后应静置 10min，再进行比色，但不能静置过久。

二、其他矿物元素

饲草产品中铁、铜、锰、锌、镁等元素采用原子吸收光谱法测定。

1. 原理　　用干法灰化样品，在酸性条件下溶解残渣，定容制成试样溶液。将试样溶液导入原子吸收分光光度计中，分别测定各元素的吸光度。

2. 试剂和溶液　　盐酸（优级纯，密度 1.18g/mL）；硝酸（优级纯，密度 1.42g/mL）；硫酸（优级纯，密度 1.84g/mL）；乙酸（优级纯，密度 1.049g/mL）；乙醇（优级纯，密度 0.798g/mL）；丙酮（优级纯，密度 0.788g/mL）；乙炔（符合 GB—6819）；干扰抑制剂溶液（氯化锶 152.1g 溶于 420mL 盐酸，加水至 1000mL 摇匀）。

铁标准贮备溶液：准确称取（1.0000 ± 0.0001）g 铁（光谱纯）于高型烧杯中，加 20mL 盐酸及 50mL 水，加热煮沸，放冷后移入 1000mL 容量瓶中，用水定容，摇匀，此液 1mL 含 1.00mg 的铁。

铁标准中间工作溶液：取铁标准贮备溶液 10mL 于 100mL 容量瓶中，用盐酸（1+100）稀释定容，摇匀，此液 1mL 含 100.00μg 铁。

铁标准工作溶液：取铁标准中间工作溶液 0.00mL、4.00mL、6.00mL、8.00mL、10.00mL、15.00mL 分别置于 100mL 容量瓶中，用盐酸（1+100）稀释定容，配制成 0.00μg/mL、4.00μg/mL、6.00μg/mL、8.00μg/mL、10.00μg/mL、15.00μg/mL 的标准系列。

铜标准贮备溶液：准确称取按顺序用乙酸（1+49）、水、乙醇洗净的铜（光谱纯）（1.0000 ± 0.0001）g 于高型烧杯中，加 5mL 硝酸，并于水浴中加热，蒸干后加盐酸（1+1）溶解，移入 1000mL 容量瓶中，用水定容，摇匀，此液 1mL 含 1.00mg 铜。

铜标准中间工作溶液：取铜标准贮备溶液 2.00mL 于 100mL 容量瓶中，用盐酸（1+100）稀释定容，摇匀，此液 1mL 含 20.0μg 铜。

铜标准工作溶液：取铜标准中间工作溶液 0.00mL、2.50mL、5.00mL、10.0mL、15.0mL、20.0mL 分别置于 100mL 容量瓶中，用盐酸（1+100）稀释定容，配制成 0.00μg/mL、0.50μg/mL、1.00μg/mL、2.00μg/mL、3.00μg/mL、4.00μg/mL 的标准系列。

锰标准贮备溶液：准确称取用硫酸（1+18）与水洗净、烘干的锰（光谱纯）（1.0000 ± 0.0001）g 于高型烧杯中，加 20mL 硫酸（1+4）溶解，移入 1000mL 容量瓶中，用水定容，摇匀，此液 1mL 含 1.00mg 的锰。

锰标准中间工作溶液：取锰标准贮备溶液 2.00mL 于 100mL 容量瓶中，用盐酸（1+100）稀释定容，摇匀，此液 1mL 含 20.0μg 锰。

锰标准工作溶液：取锰标准中间工作溶液 0.00mL、2.50mL、5.00mL、10.0mL、20.0mL、25.0mL 分别置于 100mL 容量瓶中，加入干扰抑制剂溶液 10mL，用盐酸（1+100）稀释定容，配制成 0.00μg/mL、0.50μg/mL、1.00μg/mL、2.00μg/mL、4.00μg/mL、5.00μg/mL 的标准系列。

锌标准贮备溶液：准确称用盐酸（1+3）、水、丙酮洗净的锌（光谱纯）（1.0000 ± 0.0001）g 于高型烧杯中，加 10mL 盐酸溶解，移入 1000mL 容量瓶中，用水定容，摇匀，此液 1mL 含 1.00mg 锌。

锌标准中间工作溶液：取锌标准贮备溶液 2.00mL 于 100mL 容量瓶中，用盐酸（1+100）稀释定容，摇匀，此液 1mL 含 20.0μg 锌。

锌标准工作溶液：取锌标准中间工作溶液 0.00mL、1.00mL、2.50mL、5.00mL、

7.50mL、10.0mL 分别置于 100mL 容量瓶中，用盐酸（1＋100）稀释定容，配制成 0.00μg/mL、0.20μg/mL、0.50μg/mL、1.00μg/mL、1.50μg/mL、2.00μg/mL 的标准系列。

镁标准贮备溶液：准确称取镁（光谱纯）（1.0000±0.0001）g 于高型烧杯中，加 10mL 盐酸溶解，移入 1000mL 容量瓶中，用水定容，摇匀，此液 1mL 含 1.00mg 的镁。

镁标准中间工作溶液：取镁标准贮备溶液 2.00mL 于 100mL 容量瓶中，用盐酸（1＋100）稀释定容，摇匀，此液 1mL 含 20.0μg 镁。

镁标准工作溶液：取镁标准中间工作溶液 0.00mL、1.00mL、2.50mL、5.00mL、7.50mL、10.0mL 分别置于 100mL 容量瓶中，加入干扰抑制剂溶液 10mL，用盐酸（1＋100）稀释定容，配制成 0.00μg/mL、0.20μg/mL、0.50μg/mL、1.00μg/mL、1.50μg/mL、2.00μg/mL 的标准系列。

3. 仪器、设备　实验室常用仪器；原子吸收分光光度计；离心机（3000r/min）；磁力搅拌器；100mL 硬质玻璃烧杯；250mL 具塞锥形瓶；分析天平。

4. 试样制备　采集有代表性的样品至少 2kg，用四分法缩减至约 250g，粉碎过 40 目筛，装入样品瓶内密封，保存备用。

5. 分析步骤

（1）试样的处理。准确称取 2～5g 试样（精确至 0.0001g）于 100mL 硬质玻璃烧杯中，于电炉或电热板上缓慢加热炭化，然后于高温炉中 500℃灰化 16h，若仍有少量炭粒，可滴入硝酸使残渣润湿，加热烘干，再于高温炉中灰化至无炭粒。取出冷却，向残渣中滴入少量水润湿，再加 10mL 盐酸并加水 30mL 煮沸数分钟后放冷，移入 100mL 容量瓶，用水定容，过滤，得试样分解液，备用。同时制备试样空白溶液。

（2）仪器工作参数见表 4-2。

表 4-2　不同元素仪器工作参数

元素	Fe	Cu	Mn	Zn	Mg
波长/nm	248.3	324.8	279.5	213.8	285.2

由于原子吸收分光光度计的型号不同，可按所用仪器要求调仪器工作条件。

（3）工作曲线的绘制。将待测元素的标准系列导入原子吸收分光光度计，按仪器工作条件测定标准系列的吸光度，绘制工作曲线。

（4）试样测定。将试样分解液 V_1（mL），用盐酸（1＋100）稀释至 V_2（稀释倍数根据该元素的含量及工作曲线的线性范围而定）。若测定锰、镁加入定容体积 1/10 的干扰抑制剂溶液，如最终定容体积为 50mL，则应加入 5mL 的干扰抑制剂溶液。将试样测定液导入原子吸收分光光度计，测定其吸光度，同时测定试样空白溶液的吸光度，并由工作曲线求出试样测定溶液中该元素的浓度。

6. 结果计算

被测元素含量的计算

$$元素含量（mg/kg）=\frac{(c-c_0)\times100\times V_2}{m\times V_1}$$

式中，c——由工作曲线求得的试样测定溶液中元素的浓度，单位 $\mu g/mL$；

c_0——由工作曲线求得的试样空白溶液中元素的浓度，单位 $\mu g/mL$；

m——试样的质量，单位 g；

V_1——分取试样分解液的体积，单位 mL；

V_2——试样测定溶液的体积，单位 mL；

100——试样分解液的体积，单位 mL。

7. 允许误差　　室内每个试样应称取两份试料进行平行测定，以其算术平均值作为分析结果。允许误差不大于下表所列的相对偏差（表 4-3）。

表 4-3　不同元素允许相对偏差

元素	允许相对偏差/%
Fe	15
Cu	15
Mn	15
Zn	15
Mg	15

第三节　饲草产品中氨基酸和维生素的检测

一、氨基酸检测

氨基酸分析是指把以肽键结合的氨基酸残基构成的蛋白质经过加水分解，生成游离的氨基酸，再通过液相色谱分析其氨基酸构成比例的一种简单而有效的方法。蛋白质可以用酸水解（盐酸水解）、碱水解或酶水解，水解中间产物为肽等，最终产物是氨基酸。

（一）甲醛滴定法

1. 原理　　氨基酸具有—COOH 和—NH$_2$，在一定的 pH 下，它们互相作用使氨基酸成为中性的内盐，加入甲醛溶液时，—NH$_2$ 基与甲醛结合，生成三种不同化合物，这三种化合物都保留了—COOH 基，可用于标准碱液来滴定，从消耗的碱量可算出氨基酸的含量。

2. 操作步骤　　准确称取含 15～25mg 氨基酸样品，置于三角瓶中，加水 50mL，3 滴 0.1%百里酚酞乙醇指示剂，用 0.1mol/L 氢氧化钠标准溶液滴定至溶液呈浅蓝色。加 20mL 40%中性甲醛溶液，摇匀，静置 1min，此时蓝色应消退。继续用氢氧化钠标准溶液滴定至溶液呈浅蓝色，记录两次滴定时消耗的碱溶液体积。

3. 计算

$$氨基酸态氮的含量（\%）=\frac{cV\times0.014}{m}\times100$$

式中，c——氢氧化钠标准溶液的浓度，单位 mol/L；

V——滴定时氢氧化钠标准溶液的消耗体积，单位 mL；

0.014——与 1.00mL 1.000mol/L 氢氧化钠标准溶液相当的氮的质量；

m——样品的质量，单位 g。

4. 注意事项

①用碱溶液中和—COOH 时的 pH 为 8.5～9.5；

②若待测饲草样品颜色很深，无法判断终点时，应先用活性炭脱色后再滴定。

（二）茚三酮分光光度法

1. 原理　　在 pH 8.04 缓冲溶液中，氨基酸与茚三酮生成蓝紫色化合物，其颜色的深浅与含量成正比，以此测定氨基酸的含量。反应式为

茚三酮　　　　　　　水合茚三酮

还原茚三酮

蓝紫色化合物

2. 仪器　　恒温水浴锅；分光光度计；分析天平。

3. 试剂　　pH 8.04 的磷酸缓存溶液（4.5350g 磷酸二氢钾和 11.9380g 磷酸氢二钠，分别溶于水中并分别稀释至 500mL，混匀。磷酸二氢钾溶液与磷酸氢二钠溶液的比为 1：19 混匀）；2％茚三酮溶液（1.0g 茚三酮，溶于 40mL 热水，加 40mg 氯化亚锡，混匀，过滤，静置过夜并用水稀释至 50mL，摇匀）；0.2mg/mL 氨基酸标准溶液（0.2000g 氨基酸，用适量水溶解并稀释至 100mL。混匀，分取 10mL，置于 100mL 容量瓶中，用水稀释至刻度，混匀）。

4. 操作步骤

（1）样品处理。准确称取含 15～25mg 氨基酸的样品，置于 50mL 容量瓶，用水溶解并稀释至刻度，取 5mL 置于 25mL 容量瓶。

（2）标准曲线的绘制。准确移取 0.2mL/mL 氨基酸标准溶液，0mL、0.5mL、1.0mL、1.05mL、2.0mL、3.0mL，分别置于 25mL 容量瓶（依次相当于 0μg、100μg、200μg、300μg、400μg、500μg、600μg 氨基酸），加水至溶液体积约 5mL，混匀。

（3）测定。在样品溶液和标准溶液中加入 1mL 2％的茚三酮溶液和 1mL 磷酸缓存溶液，充分混匀，在水浴上加热 15min，取出迅速冷却至室温，用水稀释至刻度，混

匀，静置 15min。在波长 570nm 处以水作空白溶液，测定样品液和标准溶液的吸光度。绘制标准曲线，并从标准曲线上查出样品溶液中氨基酸的含量。

5. 计算

$$氨基酸总量（mg/kg）= \frac{AV_1}{mV_2}$$

式中，A——从标准线上查得氨基酸含量，单位 μg；

V_1——标准溶液总体积，单位 mL；

V_2——样品溶液的分取体积，单位 mL；

m——样品的质量，单位 g。

6. 注意事项　茚三酮易受光、温度、空气等因素影响氧化而变红，可用下述方法进行纯化：取 10g 茚三酮溶于 40mL 热水中，加入 1g 活性炭摇匀，静置 30min 后，过滤，把滤液置于冰箱中过夜，出现蓝色结晶，再过滤，用 2mL 水洗涤结晶，再过滤，装瓶备用。

（三）氨基酸自动分析仪法

酸、碱水解法适用于含动植物蛋白的单一饲料、配合饲料、浓缩饲料和预混料中氨基酸总量的测定。酸水解法不能测定色氨酸，其中常规水解法适用于测定除含硫氨基酸（胱氨酸和蛋氨酸等）以外的蛋白水解氨基酸；氧化水解法在以偏重亚硫酸钠为氧化终止剂时，适于测定除酪氨酸以外的蛋白水解氨基酸，在以氢溴酸为终止剂时，适用于测定除酪氨酸、苯丙氨酸和组氨酸以外的蛋白水解氨基酸。碱水解法只适用于色氨酸的测定。

1. 方法原理

（1）酸水解法。常规（直接）水解法是使饲料蛋白在 110℃、c（HCl）= 6mol/L 盐酸作用下，水解成单一氨基酸，再经离子交换色谱法分离并以茚三酮做柱后衍生测定。水解中，色氨酸全部破坏，不能测量。胱氨酸和蛋氨酸部分氧化，不能测准确。氧化水解法是将饲料蛋白中的含硫氨基酸（胱氨酸、半胱氨酸和蛋氨酸等）用过甲酸氧化，然后进行酸解，再经离子交换色谱分离、测定。水解中色氨酸破坏，不能测定。酪氨酸在以偏重亚硫酸钠做氧化终止剂时，被氧化，不能测准确。酪氨酸、苯丙氨酸和组氨酸则在以氢溴酸作终止剂时被氧化，不能测准确。

（2）碱水解法。饲料蛋白在 110℃、碱的作用下水解，水解出的色氨酸可用离子交换色谱或高效反相色谱分离、测定。

2. 试剂和材料

除特别注明者外，所有试剂均为分析纯，水为去离子水，电导率小于 1s/m。

（1）酸水解法（常规水解）。酸解剂［盐酸溶液 c（HCl）= 6mol/L：优级纯盐酸与水等体积混合］。液氮或干冰-乙醇（丙酮）。稀释上机用柠檬酸钠缓冲液［pH2.2，c（Na$^+$）= 0.2mol/L：19.6g 柠檬酸三钠用水溶解后加入优级纯盐酸 16.5mL，硫二甘醇 5.0mL，苯酚 1g，加水定容至 1000mL，用 G4 垂熔玻璃砂芯漏斗过滤，备用］。不同 pH 和离子强度的洗脱用柠檬酸钠缓冲液（按仪器说明书配制）。茚三酮溶液（按仪器说明书配制）。氨基酸混合标准贮备液［含 L-天门冬氨酸、L-苏氨酸等 17 种常规蛋白水解液分析用层析纯氨基酸，各组分浓度 c（氨基酸）＝2.50（或 2.00）$\mu mol/mL$］。混合氨基酸标准工作液［吸取一定量的氨基酸混合标准贮备液于 50mL 容量瓶，以稀释上机用柠檬酸钠缓冲液定容，混匀，使各氨基酸组分浓度 c（氨基酸）＝100nmol/mL］。

（2）碱水解法。碱解剂［氢氧化锂溶液 c（LiOH）＝4mol/L：167.8g 一水合氢氧化锂，用水溶解并稀释至 1000mL，使用前取适量超声或通氮脱气］。液氮或干冰-乙醇（丙酮）。盐酸溶液［c（HCl）＝6mol/L：优级纯盐酸与水等体积混合］。稀释上机用柠檬酸钠缓冲液［pH4.3，c（Na^+）＝0.2mol/L：14.71g 柠檬酸三钠、2.92g 氯化钠和 10.50g 柠檬酸溶于 500mL 水，加硫二甘醇 5mL 和辛酸 0.1mL，定容至 1000mL］。不同 pH 和离子强度的洗脱用柠檬酸钠缓冲液与茚三酮溶液（按仪器说明书配制）。L-色氨酸标准贮备液［102.0mg 层析纯 L-色氨酸，加少许水和数滴 0.1mol/L 氢氧化钠，使之溶解，定量地转移至 100mL 容量瓶，加水至刻度，c（色氨酸）＝5.00$\mu mol/mL$］。氨基酸混合标准贮备液［含 L-天门冬氨酸、L-苏氨酸等 17 种常规蛋白水解液分析用层析纯氨基酸，各组分浓度 c（氨基酸）＝2.50（或 2.00）$\mu mol/mL$］。混合氨基酸标准工作液（2.00mL L-色氨酸标准贮备液和适量的氨基酸混合标准贮备液，于 50mL 容量瓶中并用 pH4.3 稀释上机用柠檬酸钠缓冲液定容，该液色氨酸浓度为 200nmol/mL，其他氨基酸浓度为 100nmol/mL）。

3. 仪器、设备 实验室用样品粉碎机；样品筛（Φ0.25mm）；分析天平（感量 0.0001g）；真空泵与真空规；喷灯或熔焊机；恒温箱或水解炉；旋转蒸发器或浓缩器［室温－65℃间调温，控温精度±1℃，真空度可低至 $3.3\times10^3 Pa$（25mmHg）］；氨基酸自动分析仪（茚三酮柱后衍生离子交换色谱仪，要求各氨基酸的分辨率大于 90%）。

4. 分析步骤

（1）样品前处理。

1）酸水解法——常规水解法。称含蛋白质 7.5～25mg 的试样（约 50～100mg，准确至 0.1mg）于 20mL 安瓿，加 10.00mL 酸解剂，置液氮或干冰（丙酮）中冷冻，然后抽真空至 7Pa（$\leqslant5\times10^{-2}$mmHg）后封口。将水解管放在（110±1）℃恒温干燥箱中，水解 22～24h。冷却，混匀，开管，过滤，用移液管吸取适量的滤液，置旋转蒸发器或浓缩器中，60℃，抽真空，蒸发至干，必要时加少许水，重复蒸干 1～2 次。加 3～5mL pH2.2 稀释上机用柠檬酸钠缓冲液，使样液中氨基酸浓度达 50～250nmol/mL，摇匀，过滤或离心，取上清液上机测定。

2）碱水解法。称取 50～100mg 的饲料试样（准确至 0.1mg），置于聚四氟乙烯衬管中，加 1.50mL 碱解剂，于液氮或干冰乙醇（丙酮）中冷冻，而后将衬管插入水解玻璃管，抽真空至 7Pa（$\leqslant5\times10^{-2}$mmHg），或充氮（至少 5min），封管。然后，将水解管放入（110±1）℃恒温干燥箱，水解 20h。取出水解管，冷至室温，开管，用稀释上机用柠檬酸钠缓冲液将水解液定量地转移到 10mL 或 25mL 容量瓶，加盐酸溶液约 1.00mL 中和，并用上述缓冲液定容。离心或用 0.45μm 滤膜过滤后，取清液贮于冰箱中，供上机测定使用。

（2）测定。用相应的混合氨基酸标准工作液，调整仪器操作参数和（或）洗脱用柠檬酸钠缓冲液的 pH，使各氨基酸分辨率≥85%，注入制备好的试样水解液和相应的氨基酸混合标准工作液，进行分析测定。酸解液每 10 个单样为一组，碱解液和酸提取液每 6 个单样为一组，组间插入混合氨基酸标准工作液进行校准。

5. 分析结果　　分别用式（1）和式（2），计算氨基酸在试样中的质量百分比：

$$\omega_{1i}(\%)=(A_{1i}/m)\times10^{-6}\times D\times100 \tag{1}$$

$$\omega_2(\%)=(A_2/m)\times(1-F)\times10^{-6}\times D\times100 \tag{2}$$

式中，ω_{1i}——用未脱脂试样测定的某氨基酸的含量，单位%；

ω_2——用脱脂试样测定的氨基酸的含量，单位%；

A_{1i}——每毫升上机水解液中色氨酸的含量，单位 ng；

A_2——每毫升上机液中色氨酸的含量，单位 ng；

m——试样质量，单位 mg；

D——试样稀释倍数；

F——样品中的脂肪含量，单位%。

以两个平行试样测定结果的算术平均值报告结果，保留两位小数。

6. 允许误差　　对于酸解法测定的氨基酸，当含量小于或等于 0.5%时，两个平行试样测定值的相对偏差不大于 5%；含量大于 0.5%时，不大于 4%。对于色氨酸，当含量小于 0.2%时，两个平行试样测定值相差不大于 0.03%；含量大于、等于 0.2%时，相对偏差不大于 5%。

二、维生素的检测

维生素在一般饲草样品中含量较低，且分布不均匀，干扰因素较多，对维生素的分析要求较高。目前测定维生素方法主要有物理化学法、微生物法、生物化学法。其中，以物理化学分析法应用最广，它包括分光光度法、荧光分析法、薄层层析法、电化学分析法、气相色谱法、液相色谱法。本书主要以当前颁布的最新中华人民共和国国家饲料标准为基础，介绍几种维生素含量的测定。

（一）维生素 A 的测定

1. 原理　　用碱溶液皂化实验样品，乙醚提取未皂化的化合物，蒸发乙醚并将残渣溶解于正己烷中，将正己烷提取物注入用硅胶填充的高效液相色谱柱，用紫外检测器测定，外标法计算维生素 A 含量。

2. 仪器设备　　实验室常用仪器、设备；圆底烧瓶（带回流冷凝器）；恒温水浴或电热套；旋转蒸发器；超纯水器（或全磨口玻璃蒸馏器）；高效液相色谱仪（带紫外检测器）。

3. 试剂和溶液　　无水乙醚（无过氧化物）：①过氧化物检查方法，用 5mL 乙醚加 1mL10%碘化钾溶液，振摇 1min，如有过氧化物则放出游离碘，水层呈黄色，若加 0.5%淀粉指示剂，水层呈蓝色，该乙醚需处理后使用；②去除过氧化物的方法，乙醚用 5%硫代硫酸钠溶液振摇，静置，分取乙醚层，再用蒸馏水振摇洗涤两次，重蒸，弃去首尾 5%部分，收集馏出的乙醚，再检查过氧化物，应符合规定。

乙醇；正己烷（重蒸馏或光谱纯）；异丙醇（重蒸馏）；甲醇（优级纯）；2,6-二叔丁基对甲酚（BHT）；无水硫酸钠；氢氧化钾溶液（500g/L）；抗坏血酸乙醇溶液（5g/L）（0.5g 抗坏血酸结晶纯品溶解于 4mL 温热的蒸馏水，用乙醇稀释至 100mL，临用前配制）；酚酞指示剂乙醇溶液（10g/L）；氮气（纯度 99.9%）。

维生素 A 标准溶液：维生素 A 标准贮备液［准确称取维生素 A 乙酸酯油剂（每克含 1.00×10⁶ IU）0.1000g 或结晶纯品 0.0344g（符合中华人民共和国药典）于皂化瓶中，按下面的分析步骤皂化和提取，将乙醚提取液全部浓缩蒸发至干，用正己烷溶解残渣置入 100mL 棕色容量瓶并稀释至刻度，混均，4℃保存。该贮备液浓度为每毫升含 1000IU 维生素 A］；维生素 A 标准工作液（准确吸取 1.00mL 维生素 A 标准贮备液，用正己烷稀释 100 倍；若用反相色谱仪测定，将 1.00mL 维生素 A 标准贮备液置入 10mL 棕色小容量瓶，用氮气吹干，用甲醇溶解并稀释至刻度，混匀，再按 1：10 比例稀释。该标准工作液浓度为每毫升含 10IU 维生素 A）。

4. 测定方法

（1）试样的制备。选取有代表性的饲料样品至少 500g，四分法缩减至 100g，磨碎，全部通过 0.28mm 孔筛，混匀，装入密闭容器，避光低温保存备用。

（2）实验溶液的制备。

1）皂化。称取配合饲料或浓缩饲料 10g，精确至 0.001g；维生素预混料或复合预混料 1～5g，精确至 0.0001g。置于 250mL 圆底烧瓶，加 50mL 抗坏血酸乙醇溶液，使试样完全分散、浸湿，加 10mL 氢氧化钾溶液，混匀。置于沸水浴上回流 30min，不时振荡防止试样黏附在瓶壁上，皂化结束，分别用 5mL 乙醇、5mL 水自冷凝管顶部冲洗其内部，取除烧瓶冷却至约 40℃。

2）提取。定量转移全部皂化液于盛有 100mL 乙醚的 500mL 分液漏斗中，用 30～50mL 蒸馏水分 2～3 次冲洗圆底烧瓶并入分液漏斗，加盖、放气、随后混合，激烈振荡 2min，静置分层。转移水相于第二个分液漏斗中，分次用 100mL、60mL 乙醚重复提取两次，弃去水相，合并三次乙醚相。用蒸馏水每次 100mL 洗涤乙醚提取液至中性，初次水洗时轻轻旋摇，防止乳化。乙醚提取液通过无水硫酸钠脱水，转移到 250mL 棕色容量瓶，加 100mg BHT 使之溶解，用乙醚定容至刻度（V_{ex}）。以上操作均在避光通风柜内进行。

3）浓缩。从乙醚提取液（V_{ex}）中分取一定体积（V_{ri}）（依据样品标示量，称样量和提取液量确定分取量），置于旋转蒸发器烧瓶中，在水浴温度约 50℃，部分真空条件下蒸发至干或用氮气吹干，残渣用正己烷溶解（反相色谱用甲醇溶解），并稀释至 10mL（V_{en}），使其维生素 A 最后浓度为 5～10IU/mL，离心或通过 0.45μm 过滤膜过滤，收集清液移入 2mL 小试管中，用于高效液相色谱仪分析。

（3）高压液相色谱条件。

1）正相色谱。色谱柱（长 12.5cm，内径 4mm 不锈钢柱）；固定相（硅胶 Lichrosorb si60，粒度 5μm）；移动相［正己烷＋异丙醇（98＋2），恒量流动］；流速（1mL/min）；温度（室温）；进样体积（20μL）；检测器（紫外检测器，使用波长 326nm）；保留时间（3.75min）。

2）反相色谱。色谱柱（长 12.5cm，内径 4mm 不锈钢柱）；固定相［ODS 色谱柱（或 C_{18}），粒度 5μm］；移动相［甲醇＋水（95＋5）］；流速（1mL/min）；温度（室温）；进样体积（20μl）；检测器（紫外检测器，使用波长 326nm）；保留时间（4.57min）。

（4）定量测定。按高效液相色谱仪说明书调整仪器操作参数和灵敏度（AUFS），色谱峰分离度符合要求（$R \geqslant 1.5$）（中华人民共和国药典 1995 版附录），向色谱柱注入相应的维生素 A 标准工作液（V_{st}）和实验溶液（V_i），得到色谱峰面积的响应值（P_{st}，P_i），用外标法定量测定。

5. 结果计算

试样中维生素 A 的含量计算：

$$\omega_i = \frac{P_i \times V_{ex} \times V_{en} \times \rho_i \times V_{st}}{P_{st} \times m \times V_{ri} \times V_i \times f_i}$$

式中，ω_i——每克或每千克样品中含维生素 A 的量，单位 IU；

M——样品质量，单位 g；

V_{ex}——提取液的总体积，单位 mL；

V_{ri}——从提取液（V_{ex}）中分取的溶液体积，单位 mL；

V_{en}——试样溶液最终体积，单位 mL；

ρ_i——标准溶液浓度，单位 μg/mL；

V_{st}——维生素 A 标准溶液进样体积，单位 μL；

V_i——从实验溶液中分取的进样体积，单位 μL；

P_{st}——与标准工作液进样体积（V_{st}）相应的峰面积响应值；

P_i——与从实验溶液中分取的进样体积（V_i）相应的峰面积响应值；

f_i——转换系数，1 国际单位相当于 0.344μg 维生素 A 乙酸酯，或 0.300μg 视黄醇当量。

（二）维生素 B_1 的测定

1. 原理　　试样中的 B_1（即硫胺素，$C_{12}H_{17}ON_4SCL$）经稀酸消化、酶分解、吸附剂的吸附分离提纯后，在碱性条件下被铁氰化钾氧化生成荧光色素——硫色素，用正丁醇萃取。硫色素在正丁醇中的荧光强度与试样中的 B_1 含量成正比，依此定量测定。用于饲料原料、配合饲料、浓缩饲料、复合预混合饲料和维生素预混合饲料 B_1 的测定。萃取液的范围为 0.02～0.2μg/mL。在有吸附硫胺素或影响硫色素荧光干扰物质存在的情况，本方法不适用。

2. 仪器和设备　　荧光分光光度计；电热恒温水浴锅；电热恒温箱；实验室用样品粉碎机；分析天平（感量 0.0001g）；注射器（10mL）；吸附分离柱（长 235mm，外径×长度如下：上段贮液槽容量约为 50mL，35mm×70mm；中部吸附管 8mm×130mm；下端 35mm 拉成毛细管）；反应瓶（具塞离心管 25mL）。

3. 试剂和溶液　　盐酸溶液［c（HCl）＝0.1mol/L］；硫酸溶液［c（1/2 H_2SO_4）＝0.05mol/L］；乙酸钠溶液［c（CH_3COONa）＝2.0mol/L：164g 无水乙酸钠或 272g 结

晶乙酸钠（$CH_3COONa \cdot 3H_2O$）溶于水，稀释至 1000mL]；淀粉酶悬浮液 [100g/L：用乙酸钠溶液悬浮 10g 淀粉酶制剂（活性 1：250，高峰氏淀粉酶，或相当活性的其他磷酸酯酶），稀释至 100mL，当日制备]；氯化钾溶液（250g/L）；酸性氯化钾溶液（8.5mL 浓盐酸加入氯化钾溶液中，稀释至 1000mL）；氢氧化钠溶液（150g/L）；铁氰化钾溶液（10g/L）；碱性铁氰化钾溶液（4.00mL 的铁氰化钾溶液与氢氧化钠溶液混合使之成 100mL，此液 4h 内使用）；冰乙酸溶液 [30mL/L（V_1/V_2）]；人造沸石[60～80 目，使用前应活化，方法如下：适量人造石置于大烧杯，加 10 倍容积的热乙酸溶液，用玻璃棒均匀搅拌 10min，使沸石在乙酸溶液中悬浮，待沸石沉降后，弃去上层乙酸液，重复上述操作两次；换用 5 倍其容积的热氯化钾溶液搅动清洗两次，每次 15min；再用热乙酸溶液洗 10min；最后用热蒸馏水清洗沸石至无氯离子（用 10g/L 硝酸银水溶液检验）；用布氏漏斗抽滤，100℃烘干，贮于磨口瓶中备用。使用前，检查沸石对 B_1 标准溶液的回收率，如达不到 92%，须重新活化沸石]。

B_1 标准溶液：①B_1贮备液 I，盐酸硫胺素纯品（中国药典参照标准），于五氧化二磷干燥器中干燥 24h，称取 0.0500g，溶解于 pH3.5～4.3 的 20%乙醇溶液中并定容至 500mL，盛于棕色瓶中 4℃冰箱保存，保存期 3 个月（该溶液含 0.1mg/mL B_1）；②B_1贮备液 II，取 B_1贮备液 I 10mL 用酸性 20%乙醇溶液定容至 100mL，盛于棕色瓶中 4℃冰箱保存，保存期 1 个月（该溶液含 10μg/mL B_1）；③B_1标准工作液，取 B_1贮备液 II 2mL 与 65mL 盐酸溶液和 5mL 乙酸钠溶液混合，用水定容至 100mL，现用现配（该溶液含 0.2μg/mL B_1）。

硫酸奎宁溶液：①硫酸奎宁贮备液，称取硫酸奎宁 0.1000g，用硫酸溶解并定容至 1000mL，贮于棕色瓶中冰箱 4℃保存，若溶液混浊则需要重新配制；②硫酸奎宁工作液，取贮备液 3mL，用硫酸定容至 1000mL，贮于棕色瓶中冰箱 4℃保存。该溶液中含 0.3μg/mL 硫酸奎宁。

正丁醇：其荧光强度不超过硫酸奎宁工作液的 4%，否则需用全玻璃蒸馏器重蒸馏，取 114～118℃馏分。

无水硫酸钠。

4. 测定方法

（1）试样的制备。选取有代表性的饲料样品至少 500g，四分法缩减至 100g，磨碎，全部通过 0.28mm 孔筛，混匀，装入密闭容器中，避光低温保存备用。

（2）称样。称取原料、配合饲料、浓缩饲料或复合预混合饲料 1～2g（约含 B_1 4～20μg），精确至 0.001g，维生素预混合饲料 0.25～0.50g，精确至 0.0001g；置于 100mL 容量瓶中。

（3）试样溶液的制备。

1）水解。将盐酸 65mL 加入盛有试样容量瓶，经沸水浴加热 30min（或 121～123℃ 15kg 高压釜中加热 30min），开始加热 5～10min 内不时摇动容量瓶，以防结块。

2）酶解（测定预混合饲料时，可省略酶解）。冷却容量瓶至 50℃以下，加 5mL 淀粉酶悬浮液，摇匀。该溶液的 pH 为 4.0～4.5，容量瓶于 45～50℃恒温箱中保温 3h，取出冷却调整 pH 至 3.5，用水稀释至 100mL。

3) 过滤。将试液通过无灰滤纸过滤弃去初滤液 5mL，收集滤液于锥形瓶。预混料提取液需逐级稀释，使之含 B_1 约 $0.2\mu g/mL$，作为试样溶液。

（4）试样溶液的提纯。

① 制备吸附柱，取 1.5g 活化人造沸石置于 50mL 小烧杯，加 3‰乙酸溶液浸泡。将脱脂棉置于吸附柱底部，用玻璃棒轻压。然后将乙酸浸泡的沸石全部洗入柱中（勿使吸附柱脱水），过柱流速小于等于 1mL/min 为宜。再用 10mL 近沸腾的水洗柱一次。

② 吸 25mL 试样溶液，慢慢加入制备好的吸附柱中，弃去滤液，用每份 5mL 近沸腾的水洗柱三次，弃去洗液。

③ 用 25mL 60～70℃酸性氯化钾分三次连续加入吸附柱中，收集洗脱液于 25mL 的容量瓶中，冷却后用酸性氯化钾定容，混匀。

④ 同时用 25mL B_1 标准工作液，重复上述①、②、③操作，作为外标。

（5）氧化与萃取。注：以下操作避光进行。

① 于两只反应管中各吸入 5mL 洗脱液，记作 A、B。

② 向 B 管中加 3mL 氢氧化钠溶液，再向 A 管中加 3mL 氧化剂碱性铁氰化钾溶液，轻轻旋摇。依次立即向 A 管中加入 15mL 正丁醇加塞，剧烈地振摇 15s，再向 B 管加入 15mL 正丁醇加塞。共同振摇 90s，静置分层。

③ 用注射器吸去下层水相，向各反应管加入约 2g 无水硫酸钠，旋摇，待测。

④ 同时将 5mL 作为外标的洗脱液，置入另两只反应管，相应地记作 C、D，按上述①～③操作。

（6）测定

① 用硫酸奎宁工作液调整荧光仪，使其稳定于一定数值，作为仪器工作的固定条件。

② 于激发波长 365nm，发射波长 435nm 处测定各反应管中萃取液的荧光强度。

5. 结果计算

试样中的维生素 B_1 的含量计算：

$$\omega_i = \frac{T_1 - T_2}{T_3 - T_4} \times c \times \frac{v_2}{v_1} \times \frac{v_0}{m}$$

式中，ω_i——试样中维生素 B_1 的含量，单位 mg/kg；

T_1——A 管试液的荧光强度；

T_2——B 管试液空白的荧光强度；

T_3——C 管标准溶液的荧光强度；

T_4——D 管标准溶液空白的荧光强度；

C——维生素 B_1 标准工作液浓度，单位 $\mu g/mL$；

V_0——提取液总体积，单位 mL；

V_1——分取溶液过柱的体积，单位 mL；

V_2——酸性氯化钾洗脱液体积，单位 mL；

m——试样质量，单位 g。

（三）维生素 B_2 的测定

1. 原理　　维生素 B_2（核黄素，$C_{17}H_{20}N_1O_6$）在 440nm 紫外光激发下产生绿色荧

光，在一定浓度范围内其荧光强度与维生素 B_2 含量成正比。用连二亚硫酸钠还原核黄素成无荧光物质，由还原前后荧光强度之差与内标荧光强度的比值计算样品中维生素 B_2 的含量。

2. 仪器和设备　　荧光分光光度计；电热恒温水浴锅；具塞玻璃刻度试管；分析天平（感量 0.0001g）。

3. 试剂和溶液　　氢氧化钠溶液 $[c\,(NaOH)\,=0.05mol/L、1.0mol/L]$；盐酸溶液 $[c\,(HCl)\,=0.1mol/L、1.0mol/L]$；连二亚硫酸钠 $(Na_2S_2O_4)$（防止吸潮）；高锰酸钾溶液（40g/L）；冰乙酸；冰乙酸溶液 $[c\,(CH_3COOH)\,=0.02mol/L，1.8mL 冰乙酸用水稀释至 1000mL]$；过氧化氢溶液（100mL/L，现用现配）。

维生素 B_2 标准溶液：①维生素 B_2 贮备液 I，B_2 纯品（中国药典参照标准）于五氧化二磷干燥器中干燥 24h，称取 0.0500g，溶解于冰乙酸溶液，在蒸气浴上恒速搅动直至溶解，冷却后稀释至 500mL，盛于棕色瓶中滴加甲苯覆盖，冰箱 4℃保存，保存期 6 个月（该溶液含 B_2 为 0.1mg/mL）；②维生素 B_2 贮备液 II，取维生素 B_2 贮备液 I 10mL 用冰乙酸溶液稀释至 100mL，盛于棕色瓶中滴加甲苯覆盖，冰箱 4℃保存，保存期 3 个月（该溶液含 $10\mu g/mL$ 维生素 B_2）；③维生素 B_2 标准工作液，取 B_2 贮备液 II 10mL，用水稀释至 100mL，现用现配（该溶液含 $1\mu g/mL$ B_2）。

荧光素标准溶液：①荧光素贮备液，称取荧光素 0.050g，用水稀释至 1000mL，盛于棕色瓶中冰箱 4℃保存（该溶液中含 $50\mu g/mL$ 荧光素）；②荧光素标准工作液，取 1mL 荧光素贮备液，用水稀释至 1000mL，盛入棕色瓶中，低温保存（该溶液中含 $0.05\mu g/mL$ 荧光素）。

溴甲酚绿 pH 指示剂（取溴甲酚绿 0.1g，加 0.05mol/L 氢氧化钠溶液 2.8mL 使之溶解，再加水稀释至 200mL，变色范围 pH3.6～5.2）。

4. 测定方法

(1) 试样的制备。饲料样品至少 500g，四分法缩减至 100g，磨碎，全部通过 0.28mm 孔筛，混匀，装入密闭容器中，避光低温保存备用。

注意：以下全部操作避光进行。

(2) 称样。称取维生素预混合饲料 0.25～0.50g，精确至 0.0001g；原料、配合饲料、浓缩饲料、复合预混合饲料 1～2g，精确至 0.001g，将试样置于 100mL 容量瓶中。

(3) 试样溶液的制备。向盛试样的容量瓶加 0.1mol/L 盐酸溶液 65mL，于沸水浴中加热 30min，开始加热 5～10min 时常摇动容量瓶，以防试样结块（或 121～123℃，$1.471×10^6$Pa 高压釜中加热 30min）。冷却至室温后，用 1.0mol/L 氢氧化钠溶液调 pH 至 6.0～6.5，然后立即加稀盐酸溶液（1.0mol/L）使 pH 约为 4.5（溴甲酚绿指示剂变为草绿色）。用水稀释至刻度。通过中速无灰滤纸过滤，弃去最初 5～10mL 溶液，收集滤液于 100mL 锥形瓶。取整份清液，滴加稀盐酸检查蛋白质，如有沉淀生成，继续加氢氧化钠溶液，剧烈振摇，使之沉淀完全。对高含量样品，取整份的澄清液，用水稀释至一定体积使 B_2 约为 $0.1\mu g/mL$。

(4) 杂质氧化。于 a、b、c 三支 15mL 刻度试管中各加试样溶液 10mL，同时作平行，向试管 a 中加 1mL 蒸馏水，向试管 b 中加 1mL B_2 工作液。然后各加冰乙酸

1mL，旋摇混匀后逐个加高锰酸钾溶液 0.5mL，旋摇混匀，静置 2min，再逐个加过氧化氢溶液 0.5mL，旋摇，使高锰酸钾颜色在 10s 内消褪。加盖摇动，使试管中的气体逸尽。

（5）测定。用荧光素调整荧光仪，使其稳定于一定数值，作为仪器工作的固定条件。调整激发波长 440nm，测定试管 a、b 的荧光强度，试样溶液在仪器中受激发照射不超过 10s。在试管 c 中加入 20mg 连二亚硫酸钠，摇动溶解，并使试管中气体逸出，迅速测定其荧光强度作为空白。若溶液出现浑浊，不能读数。

5. 结果计算

试样中维生素 B_2 的含量按下式计算：

$$\omega_i = \frac{T_1 - T_3}{T_2 - T_1} \times \frac{V}{V_1} \times \frac{m_0}{m} \times n$$

式中，ω_i——试样中维生素 B_2 含量，单位 mg/kg；

T_1——试管 a（试液加水）的荧光强度；

T_2——试管 b（试液加标样）的荧光强度；

T_3——试管 c（试液加连二亚硫酸钠）的荧光强度；

m_0——加入维生素 B_2 标样量，单位 μg；

V——试液的初始体积，单位 mL；

V_1——测定时分取试液的体积，单位 mL；

m——试样质量，单位 g；

n——稀释倍数；

$\frac{T_1 - T_3}{T_2 - T_1}$ 值应在 0.66～1.5，否则需调整样液的浓度。

（四）维生素 C 的测定

1. 原理 在弱酸性条件下提取试样中维生素 C，提取液中还原型维生素 C 经活性炭氧化为脱氢维生素 C，与邻苯二胺（OPDA）反应生成有荧光的喹喔啉（quinoxaline），其荧光强度与脱氢维生素 C 的浓度在一定条件下成正比。另外，脱氢维生素 C 与硼酸可形成硼酸—脱氢维生素 C 络合物而不与邻苯二胺反应，以此作为"空白"排除试样中荧光杂质的干扰。

2. 仪器设备 荧光分光光度计（激发波长 350nm，发射波长 430nm，1cm 石英比色皿）；实验室用样品粉碎机；实验室常用仪器设备。

3. 试剂和溶液 偏磷酸-乙酸溶液（15g 偏磷酸，加入 40mL 冰乙酸及 250mL 水，加温，搅拌，逐渐溶解，冷却后加水至 500mL，4℃ 冰箱保存 7～10 天）；0.15mol/L 硫酸溶液（10mL 硫酸，小心加入水中，再加水稀释至 1200mL）；偏磷酸-乙酸-硫酸溶液（0.15mol/L 硫酸溶液为稀释液代替水，其余同偏磷酸-乙酸溶液配制）；50% 乙酸钠溶液〔500g 乙酸钠（$CH_3COONa \cdot 3H_2O$）加水至 1000mL〕；硼酸-乙酸钠溶液（3g 硼酸，溶于 100mL 乙酸钠溶液，临用前配制）；邻苯二胺溶液（20mg 邻苯二胺于临用前用水稀释至 100mL）；维生素 C 标准溶液（1mg/mL）（准确称取 50mg 维生素 C，用偏磷酸-乙酸溶液溶于 50mL 容量瓶，并稀释至刻度，临用前配制）；维生素 C 标准工作液（100μg/mL）（10mL 维生素 C 标准溶液用溶液稀释至 100mL，稀释前测试其 pH，如 pH 大于 2.2，则用偏磷酸-乙酸-硫酸溶液稀释）；0.04％百里酚蓝指示剂溶液（0.1g 百里酚蓝加 0.02mol/L 氢氧化钠溶液，在玻璃研钵中研磨至溶解，氢氧化钠用量为 10.75mL，磨溶后用水稀释至 250mL，变色范围：pH 等于 1.2 时为红色；pH 等于 2.8 时为黄色；pH 大于 4.0 时为蓝色）；活性炭的活化 [200g 炭粉于 1L 盐酸 (1＋9) 中，加热回流 1～2h，过滤，用水洗至无铁离子（Fe^{3+}）为止，置于 110～120℃ 烘箱中干燥，备用。检验铁离子方法：利用普鲁士蓝反应，将 2％亚铁氰化钾与 1％盐酸等量混合，将上述洗出滤液滴入，如有铁离子则产生蓝色沉淀]。

4. 测定方法

（1）试样制备。取有代表性的样品，四分法缩分至 200g，磨碎，全部通过 0.45mm（40 目）孔筛，混匀后装入密闭容器中，保存备用。

（2）试样中碱性物质量的预检。称取试样 1g 于烧杯中，加 10mL 偏磷酸-乙酸溶液，用百里酚蓝指示剂检查其 pH，如呈红色，即可用偏磷酸-乙酸溶液作样品提取稀释液。如呈黄色或蓝色，则滴加偏磷酸-乙酸-硫酸溶液，使其变红，并记录所用量。

（3）试样溶液的制备。称取试样若干克（精确至 0.0001g，含维生素 C 约 2.5～10mg）于 100mL 容量瓶，按试样中碱性物质量的预检步骤预检碱量，加偏磷酸-乙酸-硫酸溶液调 pH 为 1.2，或者直接用偏磷酸-乙酸溶液定容。如样品含大量悬浮物，则需进行过滤，滤液为试样溶液。

（4）测定。

1）氧化处理。分别取上述试样溶液及标准工作液 100mL 于 200mL 带盖三角瓶中，加 2g 活性炭，用力振摇 1min，干法过滤，弃去最初数毫升，收集其余全部滤液，即为样品氧化液和标准氧化液。

2）各取 10mL 标准氧化液于两个 100mL 容量瓶中分别标明"标准"及"标准空白"。

3）各取 10mL 样品氧化液于两个 100mL 容量瓶中分别标明"样品"及"样品空白"。

4）于"标准空白"及"样品空白"溶液中各加 5mL 硼酸-乙酸钠溶液，混合摇动 15min，用水稀释至 100mL。

5）于"标准"及"样品"溶液中各加入 5mL 50％乙酸钠溶液，用水稀释至 100mL。

6）荧光反应。取"标准空白"、"样品空白"溶液及"样品"溶液 2.0mL，分别置于 10mL 带盖试管中。在暗室迅速向各管中加入 5mL 邻苯二胺溶液，振摇混合，在室温下反应 35min，于激发波长 350nm，发射波长 430nm 处测定荧光强度。

7）标准曲线的绘制。取上述"标准"溶液（维生素 C 含量 10μg/mL）0.5mL、1.0mL、1.5mL 和 2.0mL 标准系列，各双份分别置入 10mL 带盖试管中，再用水补充至 2.0mL。荧光反应按步骤，以标准系列荧光强度分别减去标准空白荧光强度为纵坐标，对应维生素 C 含量（μg）为横坐标，绘制标准曲线。

5. 结果计算

维生素 C 含量计算公式如下：

$$X = \frac{nC}{m}$$

式中，X——每千克试样中含抗坏血酸及脱氢抗坏血酸总量，单位 mg/kg；

C——从标准曲线上查得的试样液中抗坏血酸的含量，单位 μg；

m——试样质量，单位 g；

n——试样溶液的稀释倍数。

所得结果表示到小数点后一位。

思 考 题

1. 饲草产品的概略养分有哪几种，概略养分分析方法的优缺点有哪些？

2. 在饲草产品的粗蛋白质含量计算中，0.0140 的含义是什么，6.25 的含义是什么？

3. 高效液相色谱法测定饲草中维生素 A 的原理是什么？

4. 在荧光分光光度法中测定饲草中维生素 B_1 时，酸性氯化钾加热而不使其沸腾的原因是什么？

5. 荧光分光光度法测定饲草中维生素 B_2 的原理是什么？

6. 饲草中的粗纤维是在什么公认的条件下测定的，如果这个条件有变动会有什么结果？

7. 饲草中粗灰分测定过程中应注意什么？

8. 无氮浸出物包括哪些成分，如何计算其含量？

9. 饲料常规分析的局限性有哪些？

10. 测粗脂肪时，如何控制乙醚回流速度？

第五章 近红外光谱检测技术在饲草产品上的应用

【内容提要】通过本章学习，了解近红外光谱检测技术的发展过程、原理及特点，掌握近红外光谱的检测过程，清楚该技术在饲草产品检测上的应用。

第一节 概 述

一、近红外光谱检测技术发展过程

近红外光（NIR）是介于可见光（VIS）和中红外光（MIR）之间的电磁波，按 ASTM（美国实验和材料检测协会）定义，是指波长在 780～2526nm 范围内的电磁波。习惯上又将近红外区划分为近红外短波（780～1100nm）和近红外长波（1100～2526nm）两个区域，是人们最早发现的非可见光区域。近红外光谱（near infrared reflectance spectroscopy，NIRS）检测技术作为一种有效的分析手段在 20 世纪 30 年代就得到了认可，但是由于技术上的原因，直到 20 世纪 50 年代，随着商品化仪器的出现及 Norris 等人所做的大量工作，使得近红外光谱技术曾经在农副产品（包括谷物、饲料、水果、蔬菜等）分析中得到广泛应用。由于各种新的检测分析技术的出现，使人们淡漠了该技术在分析测试中的应用，在随后的 20 多年中进展不大。80 年代后期，随着计算机技术的迅速发展，带动了分析仪器的数字化和化学计量学的发展，通过化学计量学方法在解决光谱信息提取和背景干扰方面取得的良好效果，加之近红外光谱在测样技术上所独有的特点，使人们重新认识了近红外光谱的价值。进入 90 年代，近红外光谱在工业领域中的应用全面展开，有关近红外光谱的研究及应用文献几乎呈指数增长，成为发展最快、最引人注目的一门独立的分析技术。由于近红外光在常规光纤中具有良好的传输特性，使近红外光谱在在线分析领域也得到了很好的应用，并取得良好的社会效益和经济效益，从此近红外光谱技术进入一个快速发展的新时期。这个时期外国厂商开始在我国销售近红外光谱分析仪器产品，但在很长时间内进展不大，其原因主要有以下几点。首先，近红外光谱分析要求光谱仪器、光谱数据处理软件（主要是化学计量学软件）和应用样品模型结合为一体，缺一不可。但被分析样品会由于样品产地的不同而不同，国内外的样品通常有差异，因此，进口仪器的应用模型一般不适合分析国内样品。如果自己建立模型，就需要操作人员了解和熟悉化学计量学知识和软件，而外商在中国的代理机构缺乏这方面的专业人才，不能有效地根据用户的需要组织培训。因此，用户对这项技术缺乏全面了解，影响到了它的推广使用。其次，进口仪器价格昂贵，售后技术服务费用也往往超出大多数用户的承受能力。1995 年以来，国内许多科研院所和大专院校开始积极研究和开发适合国内需要的近红外光谱分析技术，并且做了大量技术知识的普及工作，为我国在这一技术领域的发展奠定了良好的基础，开创了崭新的局面。我国对近红外光谱技术在牧草和饲料工业上的研究及应用起步较晚，但已受到了多方面的关注，在基础研究和应用等方面取得了可喜的成果，正在逐步跟上或达到世界先进水平。

二、近红外光谱检测技术的原理

近红外光谱主要是由于分子振动的非谐振性使分子振动从基态向高能级跃迁时产生的。近红外光谱记录的是分子中单个化学键的基频振动的倍频和合频信息，它常常受含氢基团 X—H（X—C、X—N、X—O）的倍频和合频的重叠主导，所以在近红外光谱范围内，测量的主要是含氢基团 X—H 振动的倍频和合频吸收。由于牧草、饲料以及农产（食）品的成分以及大多数有机物都由这些基团构成，基团的吸收频谱表征了这些成分的化学结构，因此根据这些基团的近红外吸收频谱出现的位置、吸收强度等信息特征，可以对这些成分作定性定量分析。

获得近红外光谱主要应用透射光谱和反射光谱。透射光谱是指将待测样品置于光源与检测器之间，检测器所检测的光是透射光或与样品分子相互作用后的光（承载了样品结构与组成信息），若样品是混浊的，样品中有能对光产生散射的颗粒物质，光在样品中经过的路程是不确定的，透射光强度与样品浓度之间的关系不符合朗伯-比尔（Lambere-Beer）定律。对这种样品应使用漫透射分析法。反射光谱是指将检测器和光源置于样品的同一侧，检测器所检测的是样品以各种方式反射回来的光。物体对光的反射又分为规则反射（镜面反射）与漫反射。规则反射指光在物体表面按入射角等于反射角的反射定律发生的反射，漫反射是光投射到物体后（常是粉末或其他颗粒物体），在物体表面或内部发生方向不确定的反射。应用漫反射光进行的分析称为漫反射光谱法。此外，还有把透射分析和漫反射分析结合在一起的综合漫反射分析法和衰减全反射分析法等。

透射测定法，光路见图 5-1，适用于清澈透明试样，吸收光程由试样池的透光长度决定，透光强度与试样浓度之间符合朗伯-比尔定律。

漫透射测定法，若试样中含有散射物（折射率与基体不同的小颗粒），则光在透过试样时受到多次散射，必须采用探测器贴近试样接受漫透射光，此时朗伯-比尔定律不再适用，见图 5-2。

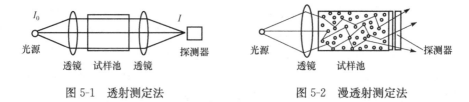

图 5-1   透射测定法   图 5-2   漫透射测定法

反射测定法（图 5-3），按试样表面状态和结构不同有规则反射、漫反射和透入漫反射三种不同情况。在实际分析工作中漫反射测定法应用最多，可适用于粗糙表面试样、粉末试样等。

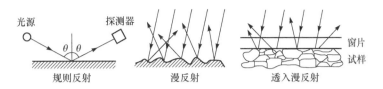

图 5-3　反射测定法

　　所谓漫反射，就是光线照射到粗糙物体表面被无规则反射的现象。当光线照射到由一定厚度颗粒物质组成的样品层时，一部分被吸收，一部分被反射出来，反射出来的光线反映了样品的吸收特性，更多地携带有样品的化学信息。反射光强度与反射率 R 的关系为：$R=$ 反射光强度/完全不吸收的表面反射光强。反射强度 A 与反射率 R 的关系为：$A = \lg (1/R)$。因此，样品在近红外区的不同波长处会产生相应的漫反射强度，反射强度的大小与样品某成分含量有关。用波长及其对应的反射强度便可给出样品的光谱图。光谱中峰位置与样品中组分的结构有关。一组苜蓿样品的慢反射近红外光谱见图 5-4。

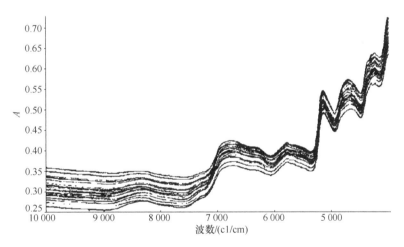

图 5-4　一组苜蓿样品的慢反射近红外光谱图（齐晓，2007）

　　近红外漫反射分析的基础在于不同样品的不同组分在近红外区有特征吸收。被测组分含量与特征吸收波长漫反射率倒数的对数成线性关系，即吸光度（A）$= \lg (1/R)$。事实上，这种方法相对简单和容易理解。对于被测样品的光谱特征是多种组分的吸收光谱的综合表现，对其中一个组分便可建立一个回归方程：

$$y = C_0 + C_1 x_1 + C_2 x_2 + \cdots + C_n x_n$$

　　式中，y 为有机物某成分的百分含量；C_0，C_1，$\cdots$，C_n 代表回归系数；x_1，x_2，$\cdots$，x_n 代表各有机成分的反射吸光度值。y 值可通过常规法求得，x_1，x_2，$\cdots$，x_n 值可用近红外光谱仪获得。

三、近红外光谱检测技术的特点

近红外光谱检测技术之所以成为一种快速、高效、适合过程在线分析的有利工具，是由其技术特点决定的。

（一）近红外光谱检测技术的优越性

1. 分析速度快　　近红外光谱分析仪一旦经过定标后，在不到 1min 的时间内即可完成待测样品多个组分的同步测量，如果采用二极管列阵型或声光调制型分析仪则在几秒钟的时间内给出测量结果。

2. 分析效率高　　通过一次光谱的测量和已建立的多个定标模型，可同时对样品的多种成分和性质进行测量。

3. 非破坏性分析技术　　近红外光谱测量过程中不损伤样品，从外观到内部都不会对样品产生影响，鉴于这一点该技术在活体分析和医药临床领域正得到越来越多的应用。

4. 分析成本低、无污染　　待测样品视颗粒度的不同可能需要简单的物理制备过程（如磨碎、混合、干燥等），无需任何化学干预即可完成测量过程，分析成本大幅度降低，且对环境不造成任何污染，被称为是一种绿色的分析技术。

5. 测试重现性好　　由于光谱测量的稳定性，测试结果较少受人为因素的影响，与标准或参考方法相比，近红外光谱显示出更好的重现性。

6. 实现在线分析　　由于近红外光谱在光纤中良好的传输特性，通过光纤可以使仪器远离采样现场，很适合于生产过程恶劣、危险环境下的样品分析，实现在线分析和远程监控。

7. 操作方便　　仪器操作和维护简单，对操作员的素质水平要求较低，通过软件设计可以实现极为简单的操作要求。

（二）近红外光谱检测技术的不足

1. 灵敏度低　　在近红外光谱区，分子振动的倍频、合频谱带强度是其基频的 $1/10\,000 \sim 1/10$，因此，对于某组分的预测，要求其含量不能太低。

2. 间接分析技术　　近红外光谱检测首先用一定数量的样品，经标准方法测定其组成或性质后，再建立光谱数据与样品组成或性质间关联的校正模型，而建立模型需要相当的费用、时间和化学计量学知识。

3. 检测结果与建模密切相关　　测定结果准确与否取决于建模的质量及其合理应用，因此，需要样品中营养成分分析的化学测定尽量准确，并且建模样品的选择需遵循科学的取样方法，以获得相关系数较高的预测模型。

4. 检测结果存在干扰　　近红外光谱是由有机物中多个化学键振动的倍频与合频共同形成的，然而单个化学键的倍频和合频跃迁几率低，造成近红外光谱具有大量复杂、微弱的谱带，这些谱带的存在干扰了近红外光谱检测。牧草中很多物质拥有相同的化学结构，如 1908nm 波长对木质素的羟基（—OH）表现特异性吸收，但—OH 也存在于水分子和淀粉中。因此，只以此波长不能确定木质素的含量。并且，很多的饲草产品指标组分并不是单一的化学物质，而是由多种化学物质组成。例如，酸性洗涤纤维是由木质素和纤维素组成的，中性洗涤纤维在此基础上还包括半纤维素。细胞内容物包含糖类、粗蛋白质、粗脂肪等物质。由于近红外光谱是通过测定各种官能团的量，分析由此获得的信息来推测目标成分和化学物质含量，因此，构成复杂的组分难于实现高精度测定。

四、几种典型的近红外光谱仪

近红外光谱仪根据分光方式分为滤光片型、光栅扫描型、傅里叶变换、固定光路多通道检测和声光可调滤光器等几种类型。下面分别简要介绍各类型的特点。

1. 滤光片型近红外光谱仪　　滤光片型仪器可分为固定滤光片和可调滤光片 2 种形式。固定滤光片型光谱仪设计最早，这种仪器要根据测定样品的光谱特征选择适当波长的滤光片。测量波长是由光源发出的光经滤光片得到一定带宽的单色光，通过样品池与样品作用后由检测器检测。该类仪器的特点是设计简单、成本低、光通量大、信号记录快和坚固耐用，但这类仪器只能在单一波长下测定，灵活性较差，如样品基体变化，往往会引起较大的测量误差。为波长测定获得更多的样品信息，提高分析结果的准确性，有些仪器配备了 2 个固定滤光片和双通道检测器，还有些仪器配备了将 8 个滤光片安装在一个轮子上构成的一个滤光轮，这种仪器可根据需要较方便地在一个或多个波长下进行测定。滤光片型的近红外光谱仪器，其检测波长一般在近红外波长区域，定量方法多用一元或多元线性回归分析。

2. 扫描型近红外光谱仪　　扫描型近红外光谱仪很早就得到使用，分光元件可是棱镜或光栅。为获得较高的分辨率，现代扫描型仪器多使用全息光栅作为分光元件，通过光栅的转动，使单色光按波长长短依次通过测样器件，进入检测器检测。根据样品形态不同，可选择不同的测样器件，进入检测器检测。根据样品形态不同，可选择不同的测样器进行透射或漫反射分析。这类仪器的特点是可进行全谱扫描、分辨率较高、仪器价格适中、便于维护。其最大弱点是光栅的机械轴长时间使用易磨损，影响波长的精度和重现性，一般抗振性较差，特别不适合作为在线仪器使用。

3. 傅里叶变换近红外光谱仪　　进入 20 世纪 80 年代，傅里叶变换红外光谱仪成为近红外光谱仪器的主导产品。该类型仪器的主要光学元件是 Michelson 干涉仪，使光源发出的光分成 2 束后，造成一定的光程差，再使之复合以产生干涉，所得的干涉图函数包含了光源的全部频率和强度信息，用计算机将样品干涉图函数及光源干涉图函数经傅里叶变换为强度按频率分布图，二者的比值即为样品的近红外谱图。与扫描仪器相比，该类型仪器的扫描速度快、波长精度高且分辨率好，短时间内即可进行多次扫描，可使信号做累加处理，光能利用率高且输出能量大，仪器的信噪比和测定灵敏度较高，可对样品中的微量成分进行分析。这类仪器的缺点是干涉仪中有移动性部件，需较稳定的工作环境，定性和定量分析采用全谱校正技术。从近期几次国内外仪器展览会上来看，该类型的仪器将成为近红外光谱仪器的主导产品。

4. 固定光路多通道检测近红外光谱仪　　固定光路多通道检测近红外光谱仪是 20

世纪 90 年代新发展的。其原理是光源发出的光先经样品池，再由光栅分光，光栅不需转运，经光栅色散的光聚集在多通道检测器的焦面上，同时被检测。这类仪器采用全息光栅分光，加之检测器的通道达 1024 或 2048 个，可获得很好的分辨率。由于检测器对所有波长的单色光同时检测，在瞬间可完成几十次甚至上百次的扫描累加，因而可得到较高的信噪比和灵敏度。采用全谱校正，可方便地进行定性和定量分析。仪器光路固定，波长精度和重现性得到保证。仪器内无移动性部件，其耐久性和可靠性都得到提高。因此，这类仪器适合现场分析和在线分析。

5. 声光可调滤光器近红外光谱仪　　声光可调滤光器近红外光谱仪的分光器件为声光可调滤光器。声光光谱的工作原理是根据各向异性双折射晶体的声光衍射原理，采用具有较高的声光品质因素和较低的声衰减的双折射晶体制成分光器件。晶体对一个固定的声频率，仅有很窄的光谱带被衍射，因而连续改变超声频率就能实现衍射波长的快速扫描。该仪器的最大特点是无机械移动部件，测量速度快，精度高，准确性好，可长时间稳定地工作，并消除光路各种材料的吸收及反射等干扰。

五、仪器的性能指标

对近红外光谱仪器进行评价时，要了解仪器的主要性能指标，下面做简单介绍。

1. 仪器的波长范围　　对任何一台特定的近红外光谱仪器，都有其有效的光谱范围。光谱范围主要取决于仪器的光路设计、检测器的类型以及光源。近红外光谱仪器的波长范围通常分两段，700~1100nm 的短波近红外光谱区域和 1100~2500nm 的长波近红外光谱区域。

2. 光谱的分辨率　　光谱的分辨率主要取决于光谱仪器的分光系统，对用多通道检测器的仪器，还与仪器的像素有关。分光系统的光谱带宽越窄，其分辨率越高，对光栅分光仪器而言，分辨率的大小还与狭缝的设计有关。仪器的分辨率能否满足要求，要看仪器的分析对象，即分辨率的大小能否满足样品信息的提取要求。有些化合物的结构特征比较接近，要得到准确的分析结果，就要对仪器的分辨率提出较高的要求，如二甲苯异构体的分析，一般要求仪器的分辨率高于 1nm。

3. 波长准确性　　光谱仪器波长准确性是指仪器测定标准物质某一谱峰的波长与该谱峰的标定波长之差。波长的准确性对保证近红外光谱仪器间的模型传递非常重要。为了保证仪器间校正模型的有效传递，波长的准确性在短波近红外范围要求高于 0.5nm，长波近红外范围高于 1.5nm。

4. 波长重现性　　波长的重现性指对样品进行多次扫描，谱峰位置间的差异，通常用多次测量某一谱峰位置所得波长或波数的标准偏差表示。波长重现性是体现仪器稳定性的一个重要指标，对校正模型的建立和模型的传递均有较大的影响，同样也会影响最终分析结果的准确性。一般仪器波长的重现性应高于 0.1nm。

5. 吸光度准确性　　吸光度准确性是指仪器对某标准物质进行透射或漫反射测量，测量的吸光度值与该物质标定值之差。对那些直接用吸光度值进行定量的近红外方法，吸光度的准确性直接影响测定结果的准确性。

6. 吸光度重现性　　吸光度重现性指在同一背景下对同一样品进行多次扫描，各扫描点下不同次测量吸光度之间的差异。通常用多次测量某一谱峰位置所得吸光度的标准偏差表示。吸光度重现性对近红外检测来说是一个很重要的指标，它直接影响模型建立的效果和测量的准确性。一般吸光度重现性应在 0.001~0.0004A。

7. 吸光度噪音　　吸光度噪音也称光谱的稳定性，是指在确定的波长范围内对样品进行多次扫描，得到光谱的均方差。吸光度噪音是体现仪器稳定性的重要指标。将样品信号强度与吸光度噪音相比可计算出信噪比。

8. 吸光度范围　　吸光度范围也称光谱仪的动态范围，是指仪器测定可用的最高吸光度与最低能检测到的吸光度之比。吸光度范围越大，可用于检测样品的线性范围也越大。

9. 基线稳定性　　基线稳定性是指仪器相对于参比扫描所得基线的平整性，平整性可用基线漂移的大小来衡量。基线的稳定性对我们获得稳定的光谱有直接的影响。

10. 杂散光　　杂散光定义为除要求的分析光外其他到达样品和检测器的光量总和，是导致仪器测量出现非线性的主要原因，特别对光栅型仪器的设计，杂散光的控制非常重要。杂散光对仪器的噪音、基线及光谱的稳定性均有影响。一般要求杂散光小于透过率的 0.1%。

11. 扫描速度　　扫描速度是指在一定的波长范围内完成 1 次扫描所需要的时间。不同设计方式的仪器完成 1 次扫描所需的时间有很大的差别。例如，电荷耦合器件多通道近红外光谱仪器完成 1 次扫描只需 20ms，速度很快；一般傅里叶变换仪器的扫描速度在 1 次/s 左右；传统的光栅扫描型仪器的扫描速度相对较慢，较快的扫描速度为 2 次/s 左右。

12. 数据采样间隔　　采样间隔是指连续记录的两个光谱信号间的波长差。很显然，间隔越小，样品信息越丰富，但光谱存储空间也越大；间隔过大则可能丢失样品信息，比较合适的数据采样间隔设计应当小于仪器的分辨率。

13. 测样方式　　测样方式在此指仪器可提供的样品光谱采集形式。有些仪器能提供透射、漫反射、光纤测量等多种光谱采集形式。

14. 软件功能　　软件是现代近红外光谱仪器的重要组成部分。软件一般由光谱采集软件和光谱化学计量学处理软件两部分构成。前者不同厂家的仪器没有很大的区别，而后者在软件功能设计和内容上则差别很大。光谱化学计量学处理软件一般由谱图的预处理、定性或定量校正模型的建立和未知样品的预测三大部分组成，软件功能的评价要看软件的内容能否满足实际工作的需要。

第二节　近红外光谱检测过程

近红外光谱检测过程可分为定标和预测 2 个部分。

一、定标的总则和程序

运用一套定标样品，根据其化学测定值和特征波长处的吸光度，通过多元回归计算求出方程的系数，该过程主要包括以下几步。

1. 样品筛选 参与定标的样品应具有代表性，即需涵盖将来所要分析样品的特性。创建一个新的校正模型，至少需要收集 50 个样品，通常以 70～150 个样品为宜。样品过少，将导致定标模型的欠拟合性；样品过多，将导致模型的过拟合性。

2. 稳定样品组 为了使定标模型具有较好的稳定性，即其预测性能不受仪器本身波动和样品温度发生变化的影响，在定标中加上温度发生变化和仪器发生变化的样品。

3. 定标样品真实值的测定 对于定标样品需要知道其各种成分含量的"真值"；在实际操作中采用目前国内外公认的化学法进行准确测定。

4. 定标方法 利用样品成分含量及样品的光谱数据，通过主成分分析、偏最小二乘法、人工神经网等现代化学计量学手段，建立物质光谱与待测成分间的线性或非线性模型，以实现用近红外光谱信息对待测成分含量的快速计算。

（1）逐步回归法（stepwise multiple linear regression，SMLR）。选择回归变量，产生最优回归方程的一种常用数学方法。它首先通过单波长点的回归校正，误差最小的波长点的光谱读数即为多元线性回归模型中的第一独立变量；以第一变量进行二元回归模型的比较，误差最小的波长所对应的光谱读数则为第二独立变量。依此类推，获得第三独立变量。但独立变量的总数不超过 $[(N/10)+3]$，N 为定标系数中样品的数量，否则将产生模型的过适应性。

（2）主成分回归法（principal components regression，PCR）。如果在回归中应用所有的 100 个 NIR 波长点光谱的信息，建立回归模型时，至少需要 101 个样品建立 101 个线性方程。该方法可用于压缩所需样品数量，同时又采用了光谱所有的信息，它将高度相关的波长点归于一个独立变量中，进而以为数不多的独立变量建立回归方程，独立变量内高度相关的波长可用于主成分得分，将其联系起来。

（3）偏最小二乘法（partial least square regression，PLSR）。偏最小二乘回归法是 20 世纪 80 年代末应用到近红外光谱分析上的。在确定独立变量时，不仅考虑了光谱的信息，还考虑了化学分析值。该方法是目前近红外光谱分析上应用最多的回归方法。在制定饲料中水分、粗蛋白质、粗纤维、粗脂肪、赖氨酸和蛋氨酸测定的定标模型时多采用此法。

5. 定标方程准确性的检验

定标方程优劣的评判可选用定标标准差（standard error of calibration，SEC）、变异系数（CV）、定标相关系数 Rc 和 F 检验的 F 值等对定标结果做初步评价，如 SEC 值和 CV 值较低，而 Rc 值和 F 值较高则说明其准确性好，相反则不好。

二、预测

预测是指考察定标方程用于测定未参与定标样品的准确性，预测所选样品应能代表被测样品的大致含量范围。用预测标准差 SEP（standard error of performance）、变异系数、预测相关系数 Rp 和偏差对定标方程做最终评价。若预测样品的特性与定标样品相近，则预测效果好，否则效果差。

三、实际测定

如果预测效果好，就可将定标方程用于生产，进行实际监测。

近红外光谱分析过程见图 5-5。

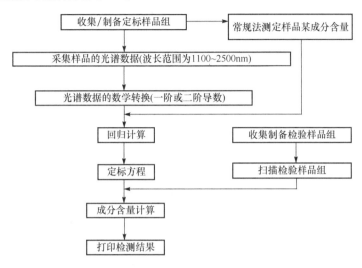

图 5-5　红外光谱分析过程（贾涛，2009）

四、定标模型的更新

定标是一个由小样品估计整体的计量过程。因此，定标模型预测能力的高低取决于定标样品的代表性和化学分析方法的准确性。由于预测样品的不确定性，因此，很难一下选择到大量的适宜定标样品。所以，在实际检测分析工作中，通常采用动态定标模型方法来解决这个问题。所谓动态定标模型方法就是在日常分析中边分析边选择异常样品，定期进行定标模型的升级，具体可概括为以下几个步骤：a. 定标设计；b. 分析测定；c. 定标运算；d. 实际预测；e. 异常数据检测；f. 再定标设计；g. 再分析测定；h. 再定标运算。

五、近红外光谱检测的误差

影响近红外测试结果稳定性的因素可分为三类：即源于仪器的影响因素，来源于样品的影响因素，以及与操作者自身有关的因素（表 5-1）。这些因素主要来自定标样品的选择、模型传递过程中波长的变化、样品预处理及装样的差别、定标样品的标准方法测定、测试条件、样品特征等。

表 5-1　影响近红外光谱分析结果的因素

来源于操作者	来源于样品	来源于仪器
定标过程中的差异	组分间的相互干扰	波长的准确性
a 标样数量；	化学组分对物理性状的影响	光谱的分辨率

来源于操作者	来源于样品	来源于仪器
b 标样的选择；	材料的水分含量	波长的重现性
c 基础数据分析准确性	样品及测试环境的温度	温度控制系统
样品的预处理方法	样品粒度、堆密度	样品盒差异
a 制样方法；	样品的质地、色泽及生长条件	吸光度的准确性
b 样品的均匀度	全籽粒谷物的分析	吸光度噪音
样品的贮存方式	a 籽粒大小；b 波程长短；	基线的稳定性
样品的装样差异	c 进样方式；d 水分含量；	电源的稳定性
	e 温度；f 色泽；g 杂质	软件处理功能

资料来源：李勇魏等，2005。

除了定标的总则和程序中注意事项外，实际工作中，为减少误差应该在标样的制样条件下制备被测样品，使样品具有标准化的均匀粒度，减少由于粒度引起的误差。标样的选择要充分考虑样品成分的含量和梯度、标样的物理和化学特性，以提高多定标效果和应用范围。为减少仪器本身的不稳定引起测定误差，应注意下列几点：配置稳压电源；开机预热至仪器恒温系统充分稳定；保证合适的测试环境温度；经常用标准物质校正波长的准确性，防止漂移。

六、近红外检测技术在饲草产品检测中的应用

近红外光谱检测技术以其快速、准确、成本低的特点，受到世界各国的普遍关注。不仅能用于饲草产品常量成分分析，如水分、粗蛋白质、粗纤维、中性洗涤纤维、酸性洗涤纤维，也能用于氨基酸、单宁、生物碱等植物次生代谢物质和有毒有害成分的检测以及饲料消化能的测定。但由于饲草产品样本的个体营养物质的变化，季节变化、生长季变化、产地不同等，在应用预测模型时，需要保证样品在类型、组成及分析方法都与推导出该模型的样本一致，模型对该样品的预测才会准确。所以，近红外检测技术能够在校正群体范围内快速、准确地测定样品的养分含量，但需要大量的常规样品分析来建立充分的校正样品群体。随着我国畜牧业的高速发展，近红外光谱检测技术在草业中的应用亟待广泛推广，相信未来成熟的近红外技术将会极大地促进我国饲草产品检测的发展。

思 考 题

1. 简述近红外光谱检测技术的优缺点。
2. 简述近红外光谱检测技术的原理。
3. 影响近红外光谱检测的误差因素有哪些，如何避免？
4. 简述近红外光谱检测技术的定标过程。

第六章　饲草产品检测数据处理分析

【内容提要】本章主要介绍了饲草产品检测数据有效数字的确定、修约法则和运算，异常数据的判断和取舍，检测数据的计算和表示基础，检测数据的误差、准确度和精确度。

饲草产品检测所得到的数据是反映饲草产品质量优劣的依据，只有真实、有效地记录检测数据，才能得到反映客观实际的数据。通过对原始数据进行科学的整理、处理与分析，才能得到最终的测定结果。因此对原始数据进行合理、科学的整理，并规范检测数据处理与分析方法是保证饲草产品检测准确度和精确度的必要手段之一。

第一节　有效数字及运算

一、有效数字的含义

对饲草产品及其原料进行一系列化验分析后，记录的原始数据不仅要反映测量值的大小，而且还要反映测量值的准确程度。通常用有效数字（significant figure）来反映测量值的可信程度。

有效数字是表示数字的有效意义，为能影响测量数据准确性的数字，在分析检验工作中，实际测量到和运算中得到的数字，通常由全部准确数字加上一位不确定的可疑数字。有效数字是由检测仪器设备精度所决定的客观数字，不是人们主观决定的。因此，在记录检测原始数据时减少有效数字的位数，意味着人为地降低了仪器的精度和测量值的可信程度。与此相反，认为记录的数值中小数点后面的位数越多就越精确，或者在计算结果中，保留的位数越多，准确度便越高的想法也是错误的。

二、有效数字的确定和修约法则

有效数字的确定和修约法则一般遵守《数值修约规则与极限数值的表示和判断》的国家标准（GB/T 8170—2008）。

1. 有效数字的确定

（1）记录检测数值时只保留一位可疑数字。饲草产品检测原始数据的位数必须与检测仪器的测量精度相一致，只能保留一位可疑数字，不能任意改变其位数。

【例1】同样的一批样品，用万分之一分析天平称量，其测量值应准确记录到±0.0001g；如果用感量为百分之一的天平称量，测量值只能记录到0.01g，不能列入后面的无意义数。

（2）检测数据中的"零"要区别对待。

1）位于有效数字中间的"零"都是有效数字。

【例2】检测饲草产品粗蛋白质时，称量的样品质量数值1.0001g中的"零"都为有效数字。

2）位于数字之前的"零"只起定位作用，不是有效数字。

【例3】检测饲草产品粗灰分时，灰化后的残渣质量数值 0.0043g 中 3 个"零"都不是有效数字，应写为 4.3×10^{-3}，只有两位有效数字。

3）位于小数点后，最后一位的"零"，如果是测定时读取的可疑值，也应保留。

【例4】检测饲草产品粗脂肪时，称量的样品质量数值 1.2340g 中的"零"应该视为有效数字。

4）对于没有小数位且以若干个零结尾的数值，从非零数字最左一位向右数得到的位数减去无效零（即仅为定位用的零）的个数。

【例5】4500，若有两个无效零，则为两位有效数字，应写为 45×10^2。

（3）有效数字的位数与量的使用单位无关。

【例6】称得某样品的质量是 23g，有两位有效数字。若以 mg 为单位时，应记为 $2.3 \times 10^4 mg$，而不应该记为 23 000mg；若以 kg 为单位，可记为 $2.3 \times 10^{-2} kg$。有效数字仍然是两位数字。

2. 有效数字的修约（rounding off for significant figure）

一般情况，测量数据本身并非最后要求的结果，一般须经过一系列运算后才能获得所需的结果。在计算一组准确度不等（即有效数字位数不同）的数据之前，应先按照确定了的有效数字将多余的数字修约或整化。

（1）修约间隔（rounding interval）。修约间隔是确定修约保留位数的一种方式，修约值的最小数值单位。修约间隔的数值一经确定，修约值即为该数值的整数倍。

【例7】如果指定修约间隔为 0.1，修约值即应在 0.1 的整数倍中选取，相当于将数值修约到一位小数。例如，35.232、45.25 和 66.3965 的修约数分别为 35.2、45.3 和 66.4。

【例8】如果指定修约间隔为 10，修约值即应在 10 的整数倍中选取，相当于将数值修约到"十"位数。例如，255、1534 和 35 347 的修约数分别为 260、1530 和 35 350。

（2）修约数字进舍规则。我们习惯上用"四舍五入"规则修约数字。但是在检测分析数据整理过程中，为了减少因数字修约人为引进的误差，现在应按照国家标准《数字修约规则》（GB/T 8170—1987）进行修约。通常称为"4 舍、6 入、5 看后，5 后有数便进1，5 后为 0 看左数，左数及进偶舍弃"法则，见表6-1。

表 6-1　数字修约的进舍规则表

	口诀	修约数（设保留两位小数）
4 舍	0～4 及其后的数字全舍去	13.310 49 修约为四位有效数字时记为 13.31
6 入	6～9 则向前进 1	16.468 2 修约为四位有效数字时记为 16.47
5 成双	5 后全是 0 数字，若 5 左边为奇数则向前进 1	34.435 0 修约为四位有效数字时记为 34.44
	若 5 左边为偶数则舍去	34.465 0 修约为四位有效数字时记为 34.46
	5 后的数字不全是 0，无论 5 左边数字是偶或奇，皆向前进 1	34.405 0 修约为四位有效数字时记为 34.40
		34.465 1 修约为四位有效数字时记为 34.47
		34.455 2 修约为四位有效数字时记为 34.46

资料来源：彭健，2008。

（3）0.5 单位修约和 0.2 单位修约。

1）0.5 单位修约（半个单位修约）指修约间隔为指定位数的 0.5 单位，即修约到指定位数的 0.5 单位。0.5 单位修约规则：将拟修约数值乘以 2，按指定数位修约，所得数值再除以 2。

【例 9】将下表（表 6-2）中的数字修约到个位数的 0.5 单位（或修约间隔为 0.5）。

表 6-2　0.5 单位修约举例

拟修约数值	乘 2	2A 修约值	A 修约值
A	2A	修约间隔为 1	修约间隔为 0.5
60.25	120.50	120	60.0
60.38	120.76	121	60.5
−60.75	−121.50	−122	−61.0

资料来源：彭健，2008。

2）0.2 单位修约指修约间隔为指定位数的 0.2 单位，即修约到指定位数的 0.2 单位。0.2 单位修约规则：将拟修约数值乘以 5，按指定数位修约，所得数值再除以 5。

【例 10】将下表（表 6-3）中的数字修约到百位数的 0.2 单位（或修约间隔为 20）。

表 6-3　0.2 单位修约举例

拟修约数值	乘 5	5 修约值	A 修约值
A	5A	修约间隔为 100	修约间隔为 20
830	4150	4200	840
842	4210	4200	840
−930	−4650	−4600	−920

资料来源：彭健，2008。

（4）负数的修约。负数修约时，先将它的绝对值按规定进行修约，然后在修约值前面加上负号。

【例 11】将下表（表 6-4）中的数字修约成两位有效位数拟修约数值。

表 6-4　负数修约举例

拟修约数值	绝对修约值	修约值
−475	48×10	−48×10
−0.0525	0.052	−0.052

（5）不许连续修约。若被舍弃的数字包括几位有效数字时，拟修约数字应在确定修约位数后一次修约获得结果，而不得对该数进行连续修约。

【例 12】对数据 23.4678 进行修约，修约间隔为 1。

正确的做法为：23.4678→23；错误的做法为：23.4678→23.468→23.47→23.5→24。

三、有效数字的运算

在处理数据时，常遇到一些有效数字不同的数据。对于这类数据，必须按照一定的计算规则，合理地取舍各数据的有效数字位数，既可节省计算时间，又可避免过繁计算引入错误，使结果能真正符合实际测量的准确度。一般根据以下规则进行运算。

1. 加减运算　　在加减运算时，应以参加运算的各数据中绝对误差最大（即小数点后位数最少）的数据为标准，决定结果（和或差）的有效位数。

【例13】12.43mg＋43.1mg＋56.781mg，其结果只能表达到小数后一位，即112.3g，而不是112.311g。

2. 乘除运算　　在乘除运算中，应以参加运算的各数据中相对误差最大（即有效数字位数最少）的数据为标准，决定结果（积或商）的有效位数。中间算式中可多保留一位。遇到首位数为8或9时，可多留一位有效数字。

【例14】$1.3 \times 0.231 \times 15.2653 \div 34.03$，结果只能取两位有效数字0.13，若将结果写成0.1346、0.134 630或0.135都是错误的。

3. 乘方、开方运算规则与乘除运算相同

【例15】测定截面为正方形的草块截面边长为30mm，计算其截面积时应表达为$30mm \times 30mm = 90 \times 10mm^2$，而不应该表达为900mm^2。因为原数只有两位有效数字。

第二节　异常数据的判断和取舍

实验数据测量过程中测得的数据都具有分散性，有时在某样本的分析结果里会发现个别过大或过小的数据，与其他数据偏离较远，这些偏离的数据通常叫做异常数据，又称可疑数据或极端数。尽管它们客观地反映了所用仪器在某种特定条件下进行测量的随机波动特性，但是在实际测量过程中，也可能出现一些误差大的数据，如果人为地去掉一些误差大一点的数据（也不一定属于异常值的测得值），这样得到的所谓分散很小、精密度很高的结果，数据的重复性很好，可能是一些虚假的结果。所以正确地剔除异常值，是检测中经常碰到的问题。常用的异常数据判断和取舍方法有物理判别法和统计学方法。但是，有时实验做完后不能确知哪一个测得值是异常值，这时就应采用统计学方法进行判断，下面介绍两条基本准则。在一组测定值中，常常发现某一数值较其他数值相差很远，只有当充分证明这一数值是由于某种偶然过失所造成时才能舍弃，否则应重复实验多次。如果没有充分的理由，则用下述两种方法中的任一种来决定数据的取舍。

一、物理判别法

该方法主要是对一些人为因素造成的差异，如在实验过程中，读错数据、记错或仪器的不正常使用，以及其他异常情况引起的异常值，随时发现，随时剔除，直到重新进行实验得到新的数据。

二、统计学方法

判断正态样本异常值，常用的准则有拉伊达准则、肖维勒准则、格拉布斯准则、偏度检测法和峰度检测法等。统计法的基本思想在于：给定一置信概率，并确定一个相应的置信限，凡超过这个界限的误差，就认为它不属于随机误差范畴，而是粗大误差，并予以剔除。各个准则判断结果差异很大，有时候结果是矛盾的，我国制定的处理异常值的国家标准（GB4883—85），规定了在什么情况下使用什么准则，但是相关结果需要查表，实际使用相当麻烦。在日常数据分析中，我们可以使用下面的方法初步进行异常数据的处理，提高效率。

（一）根据偏差与偶然误差之比决定数据的取舍

【例16】某一组测定数据为 1.52、1.42、1.61、1.54、1.55、1.49、1.68、1.46、1.83 和 1.50。其中 1.83 为可疑值，可按下述步骤决定取舍。

① 求出包括可疑值在内的算术平均值及偶然误差

$$算术平均值\ \bar{x}=1.564$$

$$各测定值与平均值之差的平方和\ \sum d_i^2 = 0.1202$$

$$偶然误差\ r = 0.6745\sqrt{\frac{\sum d_i^2}{n-1}} = 0.6745\sqrt{\frac{0.1202}{9}} = 0.078$$

② 算出可疑值与平均值的偏差以及偏差同偶然误差之比

$$偏差\ d=1.83-1.564=0.27$$

$$偏差与偶然误差之比\ d/r=0.27/0.078=3.4$$

③ 根据下表（表6-5）所列测定次数 n 与相应的 d/r 决定数据的取舍。若计算的 d/r 大于表中的 d/r 值，则舍弃；反之，则保留。

表6-5　偏差与偶然误差之比

测定次数（n）	偏差与偶然误差之比（d/r）
5	2.5
10	2.9
15	3.2
20	3.3

资料来源：贾玉山等，2011。

④ 例中，$n=10$，查表可知，对应的 $d/r=2.9$。因 $3.4>2.9$，故 1.83 应舍去。

三、根据偏差与标准差之比决定数据的取舍

只有当数据分布按正态分布时，才可用下法权衡此数可否舍去。

$$d/\sigma = \frac{x'-\bar{x}}{S}$$

式中，d 为偏差；x' 为可疑值；$\bar{x}$ 为除可疑值之外的测定数据平均值；$S = \sigma$ 为标准差。按下式计算。

$$标准差\ S = \sqrt{\frac{\sum\limits_{i=1}^{n}(x_i - \bar{x})^2}{n-1}}$$

此数 (d/σ) 大于 3 者，可舍去；小于 3 者应保留；保留数就同其他测定值同样作为结果平均值。

第三节　检测数据的计算

记录有效的检测原始数据，并剔除异常值后，一般需要对平行样或重复样的检测数据进行计算，得出最终的样品分析检测结果。数据分析过程中，用到的统计量有以下几种。

一、算术平均值 ($\bar{X}$)

平均数的作用：平均数是统计学中最常用的统计量，用来表明资料中各观测值相对集中较多的中心位置，用于资料间的比较。

（一）直接法

$$\bar{x} = \frac{x_1 + x_2 + \cdots + x_n}{n} = \frac{\sum\limits_{i=1}^{n} x_i}{n}$$

（二）加权法

$$\bar{x} = \frac{f_1 x_1 + f_2 x_2 + \cdots + f_k x_k}{f_1 + f_2 + \cdots + f_k} = \frac{\sum\limits_{i=1}^{k} f_i x_i}{\sum\limits_{i=1}^{k} f_i} = \frac{\sum fx}{\sum f} = \frac{\sum fx}{n}$$

式中，x_i 为第 i 组的组中值；f_i 为第 i 组的次数；k 为分组数；n 为样本含量。

二、均方根平均值

对于各测定数据先平方、再平均、然后开方。其计算公式为

$$\bar{x} = \sqrt{\frac{\sum\limits_{i=1}^{n} x_i^2}{n}}$$

三、中位数

将数据排序后，位置在最中间的数值。即将数据分成两部分，一部分大于该数值，

一部分小于该数值。中位数的位置：当样本数为奇数时，中位数＝（$N+1$）/2；当样本数为偶数时，中位数为 N/2 与 $1+N$/2 的均值。

四、几何平均值

n 个数字的乘积的 n 次根。其计算公式为

$$G=\sqrt[n]{x_1 \cdot x_2 \cdot x_3 \cdots x_n}=(x_1 \cdot x_2 \cdot x_3 \cdots x_n)^{\frac{1}{n}}$$

其中最常用的为算术平均值。可以证明，若观测值的分布为正态（常态）分布，则在一组等精密度测量中，算术平均值为最佳值或最可信赖值。

【例 17】对一批饲草产品的质量进行测定后得到如下 16 组数据：2.0g、5.0g、6.0g、4.0g、7.0g、2.0g、5.0g、7.0g、9.0g、8.0g、6.0g、4.0g、3.0g、7.0g、9.0g、9.0g。分别计算该批样品的算术平均值、均方根平均值、加权平均值、中位值和几何平均值。

按上述公式和方法测定的不同种类均值如下：

算术平均值＝5.8；均方根平均值＝6.5；加权平均值＝5.8；中位值＝6.0；几何平均值＝5.3。

五、检测结果的表示

在饲草产品检测中，我们所碰到的样品主要是水分含量比较高的新鲜样品（如青贮饲料、糟渣等）和风干样品（如干草等）。对于水分含量比较高的新鲜样品，由于难于直接进行样品制备，通常需要先烘干至恒重，计算初水分测定结果。然后制样，再进行分析，样品的分析结果要求以原样基础表示。另外，有些样品的分析结果，为了便于与同类产品进行比较，要求报告结果以干物质基础表示。因此检测结果表示基础有两种情况：原样基础和干物质基础。原样基础表示又分两种情况，对于风干样品直接按照实际分析结果报告结果即可，对于新鲜样品需要进行换算，换算方法为：测定结果/（1－65℃水分含量）×100％。干物质基础表示结果时，换算方法为：风干基础测定结果/（1－105℃水分含量）×100％。

第四节　检测数据的误差、准确度和精确度

一、误差、精确度和准确度的关系

（一）误差

测定值与真实值之差叫误差（error），分为系统误差（systematic error）和偶然误差（samping error）。

1. 系统误差　　系统误差也称为可定误差，由分析过程某些经常发生的原因造成，对结果的影响较为固定，在同一条件下重复测定时，它会重复出现。因此，系统误差的大小往往可以估计，也可以设法避免或加以校正。系统误差按其产生的原因可分为以下几类。

（1）仪器误差。主要是仪器本身不够精密或未经校正所引起的，如天平、砝码和量器刻度不够准确等，在使用过程中就会使测定结果产生系统误差。

（2）试剂误差。由于试剂不纯或蒸馏水中含有微量杂质所引起的误差。

（3）方法误差。这种误差是由于分析方法本身所造成的。例如，质量分析中，由于沉淀的溶解造成损失或因吸附某些杂质而产生的误差。在滴定分析中，因为反应进行不完全或干扰离子的影响，以及滴定终点和理论终点不符合等，都会系统地影响测定结果，从而产生系统误差。

（4）操作误差。指在正常操作情况下，由于分析工作者掌握操作规程与正确控制条件稍有出入而引起的误差。例如，滴定管读数时偏高或偏低，对某种颜色的变化辨别不够敏锐等所造成的误差。

2. 偶然误差　　偶然误差产生的原因和系统误差不同，它是由某些偶然因素（如测定时环境的温度、湿度和气压的微小波动，或由于外界条件的影响而使安放在操作台上的天平受到微小的震动，以及仪器性能的微小波动）所引起。偶然误差影响测定结果的精密度，应尽量降低。

3. 误差的表示方法　　表示方法有两种：测定值与真实值之间的差数，称为绝对误差；测定值与真实值的差数对真实值的百分数，称为相对误差。

【例18】某一饲草产品样品的真实质量为1.000g，测定值为0.998g，则此测定的绝对误差为$0.998-1.000=-0.002g$，相对误差为$-0.002/1.000×100\%=-0.2\%$。

误差是有方向的，所以可以相加减。在测定中，如果各步骤所产生的误差的正负不清楚，则测定总误差为各步骤所产生的误差的绝对值总和。

（二）准确度

准确度，也叫准确性，为某一实验指标或者性状的表观值与其真实值接近的程度，表示测定值与真实值之间的误差，主要由系统误差所决定，如饲草产品种类、品质、数量，仪器校正，观测数据记录、抄录、计算过程等因素引起的。

（三）精确度（精密度）

精确度，也叫精确性，为某一实验指标或者性状的重复观测值彼此接近的程度，则表示几次测定结果与测定平均值的偏差，是由偶然误差造成的，一般是实验或收集数据初始条件、管理措施等引起的。虽然偶然误差带有偶然性状，但在实验过程中尽管十分小心也不可避免。

因此，准确度高表示测定结果能反应测量指标的真实性，而精确度高只说明测定方法很稳定，重现性好。正如射击打靶一样，偏离靶心很远，且不集中于一处，表示准确度和精确度都很差；虽偏离靶心，但集中于某一很小范围内，则表示准确度差而精确度高；集中击中靶心附近，则表示准确度和精确度都很高。理想的测定是有很高的准确度和精确度的。

在一般情况下，被测物的真实值是不知道的。测定的目的是希望知道真实值，而测定结果是用几次测定的平均值表示，结果的可靠性用精确度表示。所以，这种表示只有在系统误差很小或者用系数校正的情况下才有意义。

偶然误差所决定的精确度可以用统计学方法处理，并用均方差来表示：

$$\sigma = \pm\sqrt{\frac{\sum(x-\bar{x})^2}{n-1}} = \pm\sqrt{\frac{\sum d^2}{n-1}}$$

式中，σ 为均方差（标准差）；x 为测定值；$\bar{x}$ 为算术平均值；n 为测定次数；d 为偏差。

均方差不仅是一组测量中各个测定值的函数，而且对一组测量中的较大误差或较小误差感觉比较灵敏，故均方差为表示精确度的较好办法。

二、提高准确度与可靠性的方法

在饲草产品检测过程中，为了提高测定方法的准确度和测定结果的可靠性，可以采用以下几种方法。

（一）仪器及器皿选择与校正

检测仪器的稳定性和可靠性直接影响到测定结果准确性和精确性，各种计量测试仪器，如天平（包括砝码）、温度计、折射仪和分光光度计等，都应按规定定期送计量管理部门鉴定。用做标准容量的容器或移液管等，最好经过标定，按校正值使用。各种标准试剂（尤其是容易变化的试剂）应按规定定期标定，以保证试剂的浓度或质量，所用器皿干净，符合测定工作要求。

（二）增加样本含量和测定次数

抽样误差与样本含量成反比，增加样本含量，降低抽样误差，提高了测定值的精确性，但增加样本含量并非越多越好，越多的样本含量，造成取材的差异，未必能降低抽样误差。重复数的多少应根据测定的要求和条件而定，对同一样品进行多次重复，降低操作误差只有这样平均值越接近真实值，偶然误差可以抵消，所以结果就越可靠。但是实际上不可能对每一个样品进行很多次测定，因为这会造成人力、物力和时间的很大浪费，而且往往是不必要的。一般每个样品应平行测定 3 次，误差在规定范围内，取其平均值计算。如果误差较大，则应增加 1 次或 2 次。根据单次测定报告的结果是不可靠的。

（三）空白实验

在测定时同时做空白实验，在测定值中扣除空白值，就可以抵消许多尚不明了的因素的影响。例如，试剂及测定过程中发生的干扰或变化所造成的影响，通过做空白实验就可消除这一误差因素。

（四）对照实验

在测定样品的同时，测定一系列标准溶液配制的对照（比色分析中称为标准比色法），样品和对照按完全相同的步骤操作，最后将结果进行比较。这样也可以抵消许多不明了的因素的影响。在一些稳定性较差的方法中，尤其必要做对照实验。

（五）回收实验

在样品中加入标准物质，测定其回收率，可以检验分析方法的准确程度和样品所引起的干扰误差，并可同时求出精确度，所以，回收率测定是一种常用检验方法。

在一个样品系列中，加入一系列已知量的欲测物质的标准溶液，然后与原样品同时测定，则测定结果之差应等于加入的标准物质量。回收率的计算为

$$k（回收率,\%）=\frac{C}{A}×100$$

式中，C 为实际测得的标准物的量；A 为加入标准物的量。

（六）标准曲线的回归

在用比色、荧光和色谱等方法分析时，常常需要制备一套标准物质系列，测定其参数（光密度、荧光强度和峰高等），绘制其与标准物质量之间的关系曲线，称为标准曲线。但是标准曲线的点阵往往不在一条直线上，这时可用回归法求出该线的方程，就能最合理地代表此标准曲线。

一般以物质的含量或浓度作为变数，标绘在横坐标（x）上，测得的参数做因变数，标绘在纵坐标（y）上，根据最小乘法原理，计算出直线方程的截距 b 和斜率 a 之值。其计算公式为

$$a=\frac{n\sum xy-\sum x\sum y}{n\sum x^2-(\sum x)^2} \qquad b=\frac{\sum x^2\sum y-\sum x\sum y}{n\sum x^2-(\sum x)^2}$$

式中，n 为测定点的次数；x 为各点在横坐标上的值（即变量的值）；y 为各点在纵坐标上的值（即与变量对应的参变量实测值）。

则回归后的直线方程为：$y=ax+b$。

利用回归方法不仅可以求出平均的直线方程式，而且还可以检验结果的可靠性。事实上，可以应用回归方程进行测定结果的计算，而不必绘制标准曲线。

（七）正确选取样品量

正确选取样品量对于分析结果的准确度有很大关系。例如，在常量分析中，滴定量或质量过多或过少都是不适当的，或是消耗过多试剂，或是影响准确度；在比色分析中，含量与光密度之间往往只在某一范围内呈直线，这就要求测定时必须使读数在此范围内，并尽可能在仪器读数较灵敏范围内，以提高准确性。这些可以借增减样品称取量或分析时样液吸取量或改变稀释倍数等来达到。在色谱法中，则常常用溶剂萃取浓度的方法。

思　考　题

1. 简述有效数字及数字的修约规则。
2. 异常数据如何判断和取舍?
3. 检测数据的平均值种类和表示基础。
4. 如何提高检测结果的准确度和可靠性?

第七章 干草和草捆质量评价

【内容提要】本章重点阐述了干草和草捆质量安全控制，干草和草捆物理分析和化学分析过程以及国内外干草和草捆的质量评价标准。

第一节 概 述

一、干草和草捆的含义

干草是指草本饲用植物在量质兼优时期收获，经自然或人工干燥使其水分达到安全含水量以下，可长期保存的饲草。制备良好的干草又保持青绿色，称为青干草。为便于运输和贮藏，把干燥到一定程度的散干草打成干草捆。草捆根据形状分为小方草捆、大方草捆和圆柱形草捆三种，根据密度分为低密度和高密度草捆。

优质青干草颜色青绿，叶量丰富，质地较柔软，气味芳香，适口性好，并含有较多的蛋白质、维生素和矿物质，是草食家畜冬春季必不可少的饲草，也是饲草料加工业的主要原料。优质干草和草捆是我国草产业出口创汇的重要商品。

二、干草和草捆的营养特征

（一）优质干草营养丰富

干草的营养和饲用价值因牧草品种、收割时期、调制方法等因素的影响，差异很大，优质干草营养完善，一般粗蛋白质含量为10%～20%；粗纤维含量为22%～33%；无氮浸出物含量为40%～54%；干物质含量为85%～90%。

干草是奶牛、绵羊、马的重要能量来源，表7-1可反映这些动物采食的干草和其他饲料在总能采食量中的比例。

表 7-1 由干草和其他饲料所提供的能量的比例   （单位：%）

动物	精料	干草	其他饲草	放牧地牧草
泌乳牛	37.9	23.1	19.4	19.6
其他奶牛	19.4	29.0	5.9	45.7
肥育肉牛	69.8	16.3	8.7	5.2
其他肉牛	8.7	15.5	4.1	71.7
绵羊、山羊	10.4	4.7	3.1	81.8
马和骡	20.6	18.3	10.2	50.9

资料来源：玉柱等，2004。

对奶牛、绵羊、马来说，从干草中获得的能量占总能食入量的1/4～1/3。从干草本身含的有效能来看，虽然比能量饲料差，但高于青贮饲料。优质豆科青干草的粗蛋白质含量比玉米籽实和青贮高，见表7-2。

表 7-2 玉米籽实、玉米青贮和三种质量的苜蓿干草的总可消化养分和粗蛋白质的价值比较

	玉米籽实	玉米青贮	苜蓿干草		
			高质量	中等质量	低质量
总可消化养分/%	94.7	67.7	58.9	57.6	54.7
粗蛋白质/%	10.2	8.2	16.1	14.1	11.9
与玉米籽实的价值比较/%	100	83.0	83	77.7	70.4

优质干草，其原料植物中的矿物元素保存良好，矿物质和维生素含量较丰富，特别是，豆科青干草含有丰富的钙、磷、胡萝卜素、维生素 K、维生素 E、维生素 B 等多种矿物质和维生素。另外，晒制干草是草食家畜维生素 D 的重要来源，这是由于植物体内所含麦角固醇经阳光中紫外线照射，可转化为维生素 D。

（二）干草具有较高的饲用价值

青干草中的有机物消化率可达 46%～70%，纤维素消化率为 70%～80%，蛋白质具有较高的生物学效价。因此，青干草是草食家畜营养价值较平衡的粗饲料，是日粮中能量、蛋白质、维生素的主要来源。除了供给草食家畜营养物质之外，青干草还在家畜生理上起着平衡和促进胃肠蠕动作用，是草食家畜日粮中的重要组成部分。

（三）干草是形成乳脂肪的重要原料

草食家畜在利用瘤胃微生物分解青干草纤维素的过程中，能产生挥发性的脂肪酸，即乙酸、丙酸、丁酸和类脂肪物质。这些物质是产乳草食家畜合成乳脂肪的重要原料。减少干草喂量，可导致乳脂率降低。

（四）干草是加工其他饲草产品的原料

晒制或烘干成的青干草，可以进一步制成草饼、草粉、草颗粒，其中草粉可用于配合饲料中的原料，为各种家畜所利用。

三、干草和草捆质量安全控制

干草和草捆质量安全控制是饲草生产和家畜养殖中的重要环节，也是保证饲草产品质量的重要手段。其主要任务是采取各种措施方法提高牧草营养物质含量，减少抗营养因子和有毒有害物质的积累。干草和草捆质量安全控制是一个系统工程，需要从牧草种植到牧草加工各个环节采用合理的操作方法，才能保证质量安全。

（一）品 种

品种好坏直接影响品质，现代牧草育种开始注重品质育种，如多叶苜蓿育种、低木质素苜蓿育种、抗臌胀病苜蓿育种等。高品质品种可以较好地提高牧草粗蛋白质的含量，提高纤维素的消化率。

（二）杂草防除

杂草的多少，尤其是有毒有害杂草是品质分级重要参考指标，牧草种植过程中要采用适宜方式清除杂草，尤其注意农药的合理选择和停药期，减少牧草中农药残留。

（三）收获时间

不同的牧草品种都有其适合的刈割时期，保证产量和品质收益最大化。禾本科牧草适宜收获时期为抽穗期，豆科牧草在初花期。豆科牧草富含蛋白质及维生素和矿物质，而不同生育期的营养成分变化比禾本科牧草更为明显。例如，开花期刈割比孕蕾期刈割粗蛋白质含量减少 1/3～1/2，胡萝卜素减少 1/2～5/6，特别是干旱炎热以及强烈日光照射下，植物衰老过程加速，纤维素、木质素增加，导致豆科牧草品质迅速下降。

（四）干燥

牧草的干燥是牧草生产过程中的关键环节，能否把大量的牧草变成可利用的优质牧草商品，就取决于这一环节的成败。因此在自然晾晒时，必须掌握以下基本原则。

（1）尽量加速牧草的脱水，缩短干燥时间，以减少由于生理、生化作用和氧化作用造成的营养物质损失。尤其要避免雨水淋溶。

（2）在干燥末期应力求植物各部分的含水量均匀。

（3）牧草在干燥过程中，应防止雨露淋湿，并尽量避免在阳光下长期曝晒。应当先在草场上使牧草凋萎，然后及时搂成草垄或小草堆进行干燥。干旱地区，干草产量较低，刈割后直接将草搂成草垄进行干燥。

（4）集草、聚堆、压捆等作业，应在植物细嫩部分尚不易折断时进行。

（五）打捆

干草打捆水分在 20%～23% 为宜。水分过高草捆易发霉变质，水分过低打捆时，叶片、侧枝损失严重，产量降低。打捆还应避免土块或灰尘混入干草中。

（六）贮藏

干燥适度的干草必须尽快采取正确而可靠的方法进行贮藏，才能减少营养物质的损失和其他浪费。如果贮存不当会造成干草的发霉变质，降低干草的饲用价值，贮藏的损失主要是淋雨、潮湿发霉和日照氧化所造成的营养损失。

（七）牧草的去毒加工

某些低毒牧草采用去毒加工处理和科学的饲喂方法，消除或降低有毒有害物质的含量，以达到安全有效地提高牧草利用率的目的。对双香豆素含量高（50mg/kg 以上）的草木樨，可用清水浸泡的方法，与水的比例为 1∶8，浸泡 24h 可除去 84% 的香豆素和 41% 的双香豆素；亦可用 1% 的石灰水浸泡 4～8h，经清水冲洗后饲喂。

第二节　干草和草捆评价

干草和草捆质量评价包括两个方面,即物理分析评价和化学分析评价。

一、物理分析评价

(一) 感官评价

通过对干草进行感官评价可以大概了解其质量。感官评价主要有以下几个方面。

1. 牧草种类　根据干草中主要组成种类及其含量,以及所含杂草和有毒有害植物的情况,可以大致了解牧草的品质。干草中各种草的比例是影响其品质的一个重要因素。植物种类不同,其营养价值差异很大,通常将牧草组成分为豆科、禾本科、其他可食牧草、不可食草和有毒植物。优质豆科或禾本科牧草所占的比例越大,干草品质越好,杂草数量多时则干草品质较差。人工栽培的牧草非本品种杂草比例不宜超过 5%。天然草地干草如果禾本科牧草所占比例高于 60% 时,则表明植物组成优良。如果杂草中有少量的地榆、防风、茴香等,能增加干草的芳香气味,可以刺激并增强家畜的食欲。但不应存在白头翁和翠雀花等植物。

2. 成熟度　牧草成熟度是影响其品质的一个很重要因素,这很容易进行感官判断。抽穗(孕蕾)和开花的多少,茎秆硬度和纤维化程度是决定牧草品质的指示指标。按照各种牧草最适刈割期收获,并在正常气候条件下加工调制的干草,颜色青绿、气味芳香、叶量丰富、质地柔软、营养成分及消化利用率高。超过最适刈割期收获或收获后在烈日下长时间曝晒,都会导致干草茎秆粗硬、叶片枯黄、叶量减少、品质下降。

3. 质地　牧草质地也必须考虑。早期收获的牧草由于叶片含量多,而且水分含量适宜,因而较柔软,动物十分喜食。粗劣的干草会损伤动物的采食器官,降低采食量。

4. 叶片数量　干草中叶片部分营养价值最高,所含的蛋白质、矿物质比茎秆高 1.0~1.5 倍,胡萝卜素高 10~15 倍,纤维素少 1~2 倍,消化率高 40%,因此,叶片的多少是确定干草质量的重要指标。取一束干草,看附着于叶柄上叶片的多少,优质干草叶片基本不脱落或很少脱落,劣质干草则叶片存量少。优质豆科牧草干草中叶量应占干草总质量的 40% 以上,优质禾本科牧草叶片应不脱落。

5. 色泽　良好的色泽有助于干草的销售,但色泽并不代表其品质,但可以反映出收获过程中的状况。颜色深绿的干草表明牧草晾晒时间很短或经过快速干燥,并且贮藏过程中保存良好。干草遭雨淋后,颜色会变浅。茎叶上生长的霉菌和太阳暴晒也会使干草颜色变浅。草捆的水分含量超过 20%~25% 会导致草捆发热,使干草颜色变为棕褐色、褐色或黑色。

6. 气味　悦人的气味表明干草晾晒或烘干良好。干草在水分含量 14%~18% 以上进行贮藏可能出现腐臭味和霉味,动物通常会拒绝采食这些干草。牧草高水分打捆后易引起过热而产生糖焦味。

7. 污染　干草所受的污染来自泥土、霉菌、灰尘和腐臭味。

8. 杂质　　感官检查很容易发现这些杂质（异物）。树枝、石块、碎布、线头、动物尸体、钉子等都被发现过。动物尸体可以引起波特淋菌中毒，这是一个致命的疾病。

感官评分一般从牧草成熟度、叶片数量、色泽、气味、质地等方面来进行（表7-3）。

表 7-3　干草感官评分表

评分项目	评分细则	分数
牧草成熟度	孕蕾（孕穗）期	26～30
	初花期	21～25
	盛花期	16～20
	结荚期	11～15
叶片数量	叶量丰富	26～30
	多叶	21-25
	叶量一般	16～20
	叶量极少	0～6
色泽	青绿色	13～15
	浅绿色	10～12
	黄色或浅褐色	7～9
	褐色或黑色	0～6
气味	正常草味	13～15
	略带尘土味	10～12
	霉味	7～9
	焦臭味	0～6
质地（柔软度）	十分柔软	9～10
	较软	7～8
	较粗糙	5～6
	粗糙、易折	0～4
扣分情况	含垃圾、杂草、异物	0～35

注：等级划分：＞90，优；80～89，良；65～79，中；＜60，差。
资料来源：Garry et al.，1996。

（二）水分

我国干草质量评定标准中对干草含水量都有明确的规定，禾本科牧草含水量要小于14%，豆科牧草含水量在 15%～22%。

（三）作业质量

作业质量即对方草捆打捆机作业指标、作业质量进行评定，分为以下几个方面。

1. 捡拾打捆率　　捡拾率是影响机械作业质量的一个很重要因素。机械在打捆过程中，捡拾率越高，牧草损失越少。

2. 牧草压缩损失率　　压缩损失率不仅与牧草的含水量有关，而且与机械的作业质量关系密切。压捆过程中，豆科牧草的叶片损失尤为严重，压缩损失率越高，草捆的营养价值越低。

3. 成捆率 成捆率与机械参数密切相关,紧密规则的草捆更利于贮藏和运输。

4. 草捆抗摔率 即草捆数与摔散草捆数之差占草捆数的百分比。是衡量草捆质量的作业指标,也是决定牧草品质的重要条件。

5. 规则草捆率 即草捆数与不规则草捆数之差占草捆数的百分比。草捆规则程度很大程度上便于草捆运输。

6. 作业质量指标 在打捆作业的牧草含水率为17%~23%,稻、麦秸秆含水率为10%~23%。草捆截面一般为(360~410)mm×(460~560)mm;草捆长度700~1000mm。作业条件下,方草捆打捆机作业质量指标应符合表7-4的规定。

表7-4 作业质量要求一览表

序号	检测项目名称		质量指标要求
1	牧草总损失率/%		≤4
2	成捆率/%	牧草	≥97
		稻、麦秸秆	≥95
3	草捆密度/(kg/m³)	禾本科牧草	≥130
		豆科牧草	≥150
		稻、麦秸秆	≥100
4	草捆抗摔率/%	牧草	≥95
		稻、麦秸秆	≥92
5	规则草捆率/%		≥95

注:草捆密度按含水率为20%折算。

二、化学分析评价

化学分析可以反映牧草品质的总体情况。测定的内容一般包括干物质(DM)、粗蛋白质(CP)、中性洗涤纤维和酸性洗涤纤维,有时也测定灰分含量。当怀疑牧草受到热损害时,可以测定酸性洗涤不溶性氮(acid detergent insoluble nitrogen,ADIN)的含量。其他测定结果如可消化能、可消化蛋白、净能、总可消化养分和推荐日粮标准等都是通过计算得出的。

(一)干物质

干物质是除去水分的部分。饲草的营养成分通常以干物质为基础,以便于不同饲草料之间的比较和配制日粮,而且在价格和营养价值衡量时也以干物质为基础。干草的指标常以90%的干物质为基础来表示,因为这样可以与大多数的饲料和牧草相似。

干物质含量只是一种数量,而并不表示质量。牧草干物质很高(水分极少),牧草易被折断和落叶,相反则容易滋生霉菌和发热变坏。

$$干物质(DM)=100\%-水分\%$$

（二）中性洗涤纤维和酸性洗涤纤维

中性洗涤纤维和酸性洗涤纤维经常用来对牧草进行纤维含量分析。中性洗涤纤维是植物的细胞壁部分，由难消化和不能被消化的植物纤维（主要是半纤维素、纤维素和木质素）组成。随中性洗涤纤维上升，动物自由采食量一般呈下降趋势。日粮中中性洗涤纤维过低，会引起动物健康问题（如酸中毒和瘤胃功能紊乱）的发生。中性洗涤纤维常用来估计采食量和进行日粮平衡。酸性洗涤纤维与牧草消化率具有很强的负相关，常用来计算消化率。随着酸性洗涤纤维含量的上升，牧草的品质下降。

（三）粗蛋白质

蛋白质的类型和数量在动物日粮中是很重要的一个指标。使用粗蛋白质的原因是因为反刍动物的瘤胃能将非蛋白氮转化成微生物氮加以利用，但在非反刍动物或含有较多硝酸盐的牧草中使用这一指标时需要慎重。

高产期的动物，特别是泌乳奶牛，从小肠吸收的蛋白质数量远大于微生物氮。因此，需要有一定数量的过瘤胃蛋白（RUP）。

（四）酸性洗涤不溶性氮

用来反映瘤胃和肠道中未消化的氮的量，而这些氮通常是干草或青贮饲料过热引起的。少量酸性洗涤不溶性氮是有益的，它可以增加过瘤胃蛋白的数量，但数量过多则降低了总氮的供给。测量方法是根据测定酸性洗涤纤维的容器，从酸性洗涤纤维中取样，采用定氮法测定酸性洗涤纤维残渣中的含氮量。然后根据测定的酸性洗涤纤维不溶性氮含量，乘以系数 6.25，可以计算出酸性洗涤不溶性蛋白质含量（ADICP）。

（五）计算指标

1. 总可消化养分　　从酸性洗涤纤维计算得来。总可消化养分是牧草中能被反刍动物消化的部分，也就是可消化粗蛋白质（DCP）、可消化粗脂肪（DF）、可消化非结构性碳水化合物（DNSC）和可消化中性洗涤纤维（DNDF）的总和。

2. 相对饲用价值　　相对饲用价值（RFV）是用可消化干物质（DDM）和干物质采食量（DMI）估计出来的一个牧草品质指数。

$$相对饲用价值=可消化干物质\times干物质采食量/1.29$$
$$可消化干物质=88.9-(0.779\times酸性洗涤纤维\%DM)$$
$$干物质采食量=120/中性洗涤纤维\%DM$$

三、干草和草捆质量的动物实验评价

（一）消化实验

牧草被动物采食进入消化道后，经过物理、化学、生物学作用，一部分被消化、吸收，另一部分则以粪便的形式排出体外，粪便排出多少，直接影响饲料的营养价值。因此，可通过消化实验测定饲草营养物质的消化率，来评定饲草的营养价值。饲草的消化率越高，表明该饲草的营养价值越高；反之，饲草的消化率越低，饲草的营养价值也愈低。饲草营养物质消化率的高低受动物种类、品种、饲草品质及加工调制方法等影响。

用动物测定饲料养分经过其消化道后的消化率常称体内（in vivo）消化实验。体内消化实验通常分为全收粪法（常规法）和指示剂法。因收粪的部位不同，全收粪法又可分为肛门收粪法和回肠末端收粪法。指示剂法也可分为内源指示剂和外源指示剂法，进一步仍可分为肛门收粪和回肠收粪。消化实验所测定的指标较少，而且指标往往存在含义不确定等缺陷。

（二）饲养实验

通过饲喂动物已知营养物质含量的饲粮或饲料，对其增重、产蛋、产奶、耗料、每千克增重耗料、组织及血液生化指标等进行测定，有时也包括观察缺乏症状出现的程度，确定动物对养分的需要量或比较饲料或饲粮的优劣。是动物营养研究中最广泛、使用最多的综合性实验方法，但由于影响实验结果的因素很多，实验条件难于控制得很理想，实验准确实施比较困难。在生产条件下，用供测试的饲草饲喂畜禽，引起畜禽体重和生产性能的不同变化，据此来评定饲草营养价值的高低，也就是研究动物对实验饲草的反应程度。

四、干草和草捆质量评价标准

（一）我国干草草捆质量评价标准

品质优良的苜蓿干饲草产品，相对饲喂价值应该在 150 以上。简单可行的办法是把握 20～30～40 法则，即：粗蛋白质要高于 20%，酸性洗涤纤维要小于 30%，中性洗涤纤维要小于 40%，此时即可确保产品品质优良。

1. 豆科干草质量分级标准

（1）分级标准。表 7-5 和表 7-6 是我国豆科干饲草产品的质量分级标准（NY/T 1574—2007）

表 7-5 豆科牧草干草质量感官和物理指标及分级

指标	等级			
	特级	一级	二级	三级
色泽	草绿	灰绿	黄绿	黄
气味	芳香味	草味	淡草味	无味
收获期	现蕾期	开花期	结实初期	结实期
叶量/%	50～60	49～30	29～20	19～6
杂草/%	<3.0	<5.0	<8.0	<12.0
含水量/%	15～16	17～18	19～20	21～22
异物/%	0	<0.2	<0.4	<0.6

表 7-6　豆科牧草干草质量的化学指标及分级

质量指标	等级			
	特级	一级	二级	三级
粗蛋白质/%	≥19.0	>17.0	>14.0	>11.0
中性洗涤纤维/%	<40.0	<46.0	<53.0	<60.0
酸性洗涤纤维/%	<31.0	<35.0	<40.0	<42.0
粗灰分/%	<12.5			
β-胡萝卜素/（mg/kg）	≥100.0	≥80.0	≥50.0	≥50.0

注：各项理化指标均以 86％干物质为基础计算。农业行业标准，（NY/T 1574—2007）。

（2）等级判定。

1）综合判定。抽检样品的各项感官指标和理化指标均同时符合某一等级时，则判定所代表的该批次产品为该等级；当有任意一项指标低于该等级标准时，则按单项指标最低值所在等级定级。任意一项低于三级标准时，则判定所代表的该批次产品为等级外产品。

2）分类别判定。豆科牧草干草质量按感官质量（表 7-5）或理化质量（表 7-6）单独判定等级。判定等级的方法与综合判定的方法相同。

3）单项指标判定。豆科牧草干草某一项（或几项）质量指标所在的质量等级，判定为该产品在该项（或几项）指标的质量等级。

2. 苜蓿干草捆质量分级

（1）分级标准。表 7-7 和表 7-8 是我国苜蓿干草捆的质量分级标准（NY/T 1170—2006）

表 7-7　干草捆质量评价感官指标

项目	指标
气味	无异味或有干草芳香味
色泽	暗绿色、绿色或浅绿色
形态	干草形态基本一致，茎秆叶片均匀一致
草捆层面	无霉块、无结块

表 7-8　苜蓿干草捆质量分级　　　　　　　　　　　　　（单位：%）

质量指标	等级			
	特级	一级	二级	三级
粗蛋白质	≥22.0	≥20.0，<22.0	≥18.0，<20.0	≥16.0，<18.0
中性洗涤纤维	<34.0	≥34.0，<36.0	≥36.0，<40.0	≥40.0，<44.0
杂类草含量	<3.0	≥3.0，<5.0	≥5.0，<8.0	≥8.0，<12.0
粗灰分	<12.5			
水分	≤14.0			

（2）等级判断。感官指标符合要求后，再根据理化指标定级；除水分和粗灰分外，产品按单项指标最低值所在等级定级；感官指标不符合要求或有霉变或明显异物（如铁

块、石块、土块等）的为不合格产品。

3. 禾本科干草质量分级标准

（1）分级标准。我国制定的禾本科牧草干草质量等级分级标准中，对不同的等级干草的外部感官性状规定如下。

1）特级。抽穗前刈割，色泽呈鲜绿色和绿色，有浓郁的干草香味，无杂物和霉变，人工草地及改良草地杂类草不超过 1%，天然草地杂类草不超过 3%。

2）一级。抽穗前刈割，色泽呈绿色，有草香味，无杂物和霉变，人工草地及改良草地杂类草不超过 2%，天然草地杂类草不超过 5%。

3）二级。抽穗初期或抽穗期刈割，色泽正常，呈绿色或浅绿色，有草香味，无杂物和霉变，人工草地及改良草地杂类草不超过 5%，天然草地杂类草不超过 7%。

4）三级。结实期刈割，茎粗、叶色淡绿或浅黄，无杂物和霉变，干燥杂类草不超过 8%。

禾本科干草质量分级标准（NY/T 728—2003）（表 7-9）。

表 7-9　禾本科牧草干草质量分级　（单位：%）

质量指标	等级			
	特级	一级	二级	三级
粗蛋白质≥	11	9	7	5
水分≤	14	14	14	14

（2）等级判定。按照粗蛋白质和水分含量测定结果确定相应的质量等级，如特级、一级、二级、三级或不合格产品。

再根据外部感官性状进一步确定各自等级。

对于特级、一级、二级饲草产品，其叶色发黄、发白者降低一个等级；天然草地有毒、有害草不超过 1%时，保留原来等级；达到 1%时，降低一个等级；超过 1%时，如果无法剔除，不能饲喂家畜，为不合格产品；有明显霉变或异物的样品为不合格产品。

（二）美国干草草捆质量评价标准

美国牧草与草地协会干草（含混合草）质量分级标准采用的指标为粗蛋白质、中性洗涤纤维、酸性洗涤纤维和相对饲用价值（表 7-10）。

表 7-10　美国牧草与草地协会干草（含混合草）质量分级标准

等级	粗蛋白质	中性洗涤纤维/%DM	酸性洗涤纤维/%DM	干物质消化率/%	干物质采食量/%BW	相对饲用价值
特级	>19	≤31	≤40	>65	>3.0	>151
一级	17~19	31~35	40~46	62~65	3.0~2.6	151~125
二级	14~16	36~40	47~53	58~61	2.5~2.3	124~103
三级	11~13	41~42	54~60	56~57	2.2~2.0	102~87
四级	8~10	43~45	61~65	53~55	1.9~1.8	86~75
五级	≤8	>45	>65	≤53	≤1.8	≤75

注：1）DDM（%）=88.9−0.779ADF（%DM）；DMI（%BW）=120/NDF（%DM）；RFV=DDM×DMI/1.29；

2）BW 指家畜体重。

思 考 题

1. 简述干草和草捆的营养特征。
2. 简述干草和草捆质量安全控制措施。
3. 简述干草和草捆物理、化学评价过程。
4. 简述我国与美国干草和草捆的质量评价标准的异同点。

第八章 粉状饲草产品

【内容提要】本章重点阐述了粉状饲草产品的质量安全控制，粉状饲草产品物理评价和化学评价方法，以及国内外粉状饲草产品的质量评价标准。

第一节 概 述

粉状饲草产品是指以饲草为原料，经人工或机械干燥后粉碎而成的产品。按照调制部分不同可分为全草粉、叶粉和精叶粉。

一、粉状饲草产品特点

干草体积大，运输、贮存和饲喂均不方便，且易损失。若加工成草粉，可大大减少浪费。除此之外，它还具有以下优点。

1）与青干草相比，草粉不但可以减少咀嚼耗能；而且在家畜体内消化过程中可减少能量的额外消耗，提高饲草消化率。

2）草粉是一些畜禽日粮的重要组成成分，优良豆科牧草，如紫花苜蓿、红豆草草粉是畜禽日粮中经济实惠的植物性蛋白质和维生素资源。苜蓿草粉蛋白质、氨基酸含量远远超过谷物籽实。

3）由于草粉比青干草体积小，与空气接触面小，不易氧化，因而利用草粉可使家畜获得更多的营养物质。例如，同样保存 8 个月的苜蓿干草和草粉，干草粗蛋白质损失 43％，而草粉仅损失 14％～20％。从干草到干草粉仅增加粉碎一道工序，而每 100kg 干草粉比同样质量的干草至少损失粗蛋白质 4kg，可见草粉是一种保存养分的良好途径。

4）日粮结构稳定，饲料适口性好。用草粉调制的饲料很松软、口感好、能促进食欲、比单独喂精料的效果好。季节不同，饲料的种类也有较大差异，把草粉当做日粮，可以使日粮结构保持相对稳定。

二、粉状饲草产品质量安全控制

粉状饲草产品安全是指草粉中不应含有对饲养动物的健康与生产性能造成实际危害的有毒、有害物质或因素，并且这类有毒、有害物质或因素不会在畜产品中残留、蓄积和转移而危害人体健康或对人类的生存环境构成威胁。从加工角度来看，要重点把好原料品质关、原料及成品的贮存关、草粉的配方关和草粉的生产加工关等四关。只有严格控制生产加工过程的各个环节，才能确保饲料安全。

原料饲草采购应进行化验，分析检测，应符合质量管理要求，生产过程中要随时注意清除杂质，原料清理每周一次，机械设备经常检查。严格按照草粉配方生产。干草粉经常掺入植物油（加 0.5％～1％的植物油），以减少粉尘飞扬。换料生产时必须清理设备，产品包装要符合粉状饲草产品质量和安全卫生标准，适宜保存，方便运输和使用，为使干草粉中的胡萝卜素不受光线照射而氧化损失，一般用黑色纸袋包装，仓库也刷成暗色。在草粉运输过程中，也要避免日晒、雨淋和草粉袋损坏等。产品外包装需要有标签，按照要求登记标签内容。

草粉贮存地点应通风、干燥、避光、无鼠害。保存时间以不超过 6 个月为宜。干草粉属于连续使用而又是季节性生产的产品，因此需要延长其贮存时期，为了保持质量，可以把干草粉放在惰性气体中贮藏，或用抗氧化剂处理（需标明）。

第二节　粉状饲草产品评价

一、物理方法

草粉的感官性状包括以下几点。

形状：有粉状、颗粒状等。

色泽：暗绿色、绿色或淡绿色。

气味：具有草香味，无变质、结块、发霉及异味。

触觉：粉状的饲草产品取在手上，用指头捻，通过感觉来觉察其粒度的大小、硬度、黏稠性及水分的多少。

杂物：草粉中不允许含有有毒有害物质，不得混入其他物质，如沙石、铁屑、塑料废品、毛团等杂物。若加入氧化剂、防霉剂等添加剂时，应说明所添加的成分与剂量。

二、化学方法

草粉的质量与营养成分直接相关，草粉以含水量、粗蛋白质、中性洗涤纤维、酸性洗涤纤维、粗纤维、粗脂肪、粗灰分及胡萝卜素的含量作为控制质量的主要指标，按其含量划分等级。不同的原料加工方式可对草粉的营养成分带来较大的影响（表 8-1）。

表 8-1　苜蓿草粉的一般营养成分

指标/种类	日晒草粉	烘干草粉
粗蛋白质/%	16~22	12.5~17
粗脂肪/%	1.8~3.5	1.5~3.5
粗纤维/%	20~31	27~34
粗灰分/%	7.0~10	7~11
钙/%	1.2~1.9	1~1.5
磷/%	0.18~0.30	0.2~0.4
β-胡萝卜素/（mg/kg）	53~238	14~40
维生素 A/（IU/g）	73~409	22~67
叶黄素/（mg/kg）	106~456	—

注：—代表无数据。

资料来源：玉柱等，2004。

评价饲草产品的指标依据目的不同还经常测量，氨基酸、维生素、钙、磷以及其他微量矿物元素。

草粉的含水量一般不得超过 10%，但在我国北方的雨季和南方地区，含水量往往超过 10%，但不得超过 13%。其他质量指标测定值均以干物质为基础进行计算。草粉的种类较多，世界各国都根据不同的原料种类，制定各自不同的质量等级标准。

三、草粉质量评价标准

（一）中国干草粉质量评价

1. 苜蓿干草粉品质评价

（1）感官性状。形状（粉状、无结块）；色泽（暗绿色、绿色或淡绿色）；气味（有草香味、无异味）；其他（无发酵、无发霉、无变质）。

（2）质量分级。干草粉以水分、粗蛋白质、粗纤维、粗灰分及胡萝卜素为质量控制的主要指标，按含量分四个等级（表 8-2）。

表 8-2　中国苜蓿干草粉质量标准

质量指标		等级			
		特级	一级	二级	三级
粗蛋白质/%	≥	19.0	18.0	16.0	14.0
粗纤维/%	<	22.0	23.0	28.0	32.0
粗灰分/%	<	10.0	10.0	10.0	11.0
胡萝卜素/（mg/kg）	≥	130.0	130.0	100.0	60.0

注：各指标含量以干物质为基础。农业行业标准（NY/T 140—2002）。

干草粉的水分含量不得超过 13%，超过此标准则不予定级；各质量指标的测定值均以干物质为基础计算；当各项指标测定值均同时符合某一等级时，则定为该等级；干草粉中有任何一项指标次于该等级标准时，则按单项指标最低值所在等级定级。

2. 白三叶干草粉品质评价

（1）感官性状。形状（粉状、颗粒状或饼状、无结块）；色泽（绿色、暗绿色或褐绿色）；气味（无异味）；其他（无发酵、霉变）。

（2）质量分级。白三叶干草粉的水分含量不得超过 13.0%，按粗蛋白质、粗纤维、粗灰分含量分为三级，见表 8-3。

表 8-3　中国白三叶干草粉质量标准

质量指标	等级		
	一级	二级	三级
粗蛋白质/%	≥22.0	≥17.0	≥14.0
粗纤维/%	<17.0	<20.0	<23.0
粗灰分/%	<11.0	<11.0	<11.0

注：各指标含量以 87% 干物质为基础。国家标准（GB 10390—89）。

三项质量指标必须全部符合相应等级的规定；二级饲料用白三叶草粉为中等质量标准，低于三级者为等外品。

（二）美国干草粉品质评价

美国的苜蓿草粉质量标准是将日晒苜蓿草粉与烘干苜蓿草粉加以区分并划分出 6 个等级，烘干苜蓿草粉的分级依据是粗蛋白质和粗纤维的含量，而日晒苜蓿草粉仅依据粗蛋白质的含量（表 8-4）。

表 8-4　美国的苜蓿草粉质量标准

草粉	成分	一级	二级	三级	四级	五级	六级
烘干苜蓿草粉	粗蛋白质/%	≥22	≥20	≥18	≥17	≥15	≥13
	粗纤维/%	≤20	≤22	≤25	≤27	≤30	≤33
日晒苜蓿草粉	粗蛋白质/%	≥20	≥16	≥15	≥14	≥13	≥12

资料来源：曹致中，2005。

思　考　题

1. 简述粉状饲草产品质量安全控制措施。
2. 简述粉状饲草产品物理、化学评价过程。
3. 简述我国与美国粉状饲草产品的质量评价标准的异同点。

第九章　成型饲草产品

【内容提要】本章重点阐述了成型饲草产品的质量安全控制、物理指标评价和化学指标评价，同时介绍了国内成型饲草产品的质量评价标准。

第一节　概　　述

在畜牧业生产和牧草加工过程中，为了提高牧草报酬、改善适口性、节约牧草饲料、便于贮藏运输以及产业化生产等，越来越多地采用牧草固型化的现代加工生产工艺。

一、牧草成型加工的意义

把干草粉、草段、秸秆和秕壳等原料单独或混合饲料加工成颗粒状、块状、饼状及片状等固型化的牧草饲料即为成型饲草产品。其中以草颗粒应用最广泛。

对于粗饲料特别是秸秆类饲料和干草的成型加工，多以颗粒或草块状饲料的加工为主。近年来，在饲草饲料资源的开发利用中，正在深入研究和重点开发复合型饲草颗粒和草块的加工技术工艺和适用设备，并在奶牛、绵羊和山羊饲养实践中获得了较好的饲喂效果。随着苜蓿草产业的发展，苜蓿草颗粒作为主要的苜蓿成型饲草产品已经得到推广与应用。

成型饲草产品要求的生产工艺条件较高，生产成本有所增加，但由于它具有许多优点，经济效益显著，所以得到了广泛的应用和发展。成型饲草产品与粉、散状饲草产品相比，具有如下明显的优点。

1. 保持了牧草各组成成分的匀质性　粉、散状饲草在贮运和饲喂过程中，常常因各组分的密度、容重和颗粒大小等不同而发生自动离析分级现象，导致混合均匀度下降，影响饲养效果。而固型化后各营养成分被匀质固定，可避免畜禽、鱼虾挑食、择食及贮运过程中的成分离析分级，保证畜禽日粮的全价性，从而提高饲料报酬；饲料成型后不易起尘，减少了环境污染和自然损耗，特别是对于水产养殖，成型饲料减少了水质污染。

2. 可提高牧草的消化率和适口性　在牧草饲料成型加工过程中，由于水分、压力和热力的综合作用，淀粉糊化、蛋白质变性、纤维素和脂肪结构形式有所变化，不仅增加饲草产品的芳香味，改善了适口性，减慢牧草饲料通过肠胃速度，增加消化过程，从而提高饲草产品的消化率 $10\% \sim 12\%$。另外，经高温蒸汽杀菌减少了牧草腐败的可能性。有的原料含有某些有害物质或抑制生长因子，在成型加工过程中由于高温的作用可被破坏解毒。

3. 便于畜禽、鱼虾进食和提高采食量　畜禽、鱼虾进食颗粒饲料的速度明显高于粉料，因而缩短了进食时间，减少进食动作的能量消耗。特别是牧草和秸秆饲料经加工成型后，对反刍动物的饲养效果非常明显，其采食量明显提高，饲草利用率增加，一般可节约饲草 6%～8%。

4. 提高家畜生产性能　　与粉料相比，用颗粒饲料喂蛋鸡可提高产蛋率 15%～20%，喂肉鸡体重增加 10%～15%，喂猪平均昼夜增重提高 10%～14%。鱼虾养殖业应用配合粒状饲料更为普遍，主要有颗粒饲料、碎粒状和膨化颗粒饲料等；用颗粒饲料喂鱼，饲料系数在 2.5 以下，用粉粒则达到 4。用颗粒饲料喂羊，可增加采食量，增重快，产毛量高。并且饲喂方便，便于机械化饲养管理。

5. 可减少贮藏及运输成本，提高贮藏稳定性　　一般来说，牧草经成型加工后具有一定的形状、大小、硬度和光滑的表面，其体积比粉状、散料减少 33%～50%。对于秸秆类粗饲料其体积缩小的程度约是原来的 10%～14%，可减少仓容，有利于贮藏、包装和运输，并减少牧草损失及节约费用。饲草产品吸湿性较小，能够提高贮藏的稳定性。

二、成型饲草产品加工形式和类型

（一）颗粒

制粒是指在机械加工中，对物料施加压力，使其通过压模模孔（或环模），而黏结成颗粒饲料。颗粒饲料一般可用于饲养鸡、猪、牛、羊等畜禽。

（二）干草块（饼）

为了饲喂方便，减少草粉或散干草、碎干草在运输过程中的损失，生产中常将草粉或散干草、碎干草压制成高密度的干草块（饼），这样可以减少与外界环境的接触面积，使营养物质缓慢氧化；在压制过程中，还可以加入抗氧化剂，使干草块（饼）更耐贮藏，营养损失的更少。

1. 草块　　干草块一般不用于制作配合饲料，主要用于牲畜的基础饲料。目前生产中多采用自走式或半固定式的高密度捡拾压捆机和草块机。

草块的加工分为田间压块、固定压块和烘干压块三种类型。田间压块是由专门的干草收获机械——田间压块机完成的，能在田间直接捡拾干草并制成块状产品，产品的密度约为 700～850kg/m³，草块大小为 30mm×30mm×（50～100）mm。田间压块要求干草必须达到 10%～12% 的水分含量。固定压块是由固定压块机强迫粉碎的干草通过挤压钢模，形成大约 32mm×32mm×（37～50）mm 的干草块，密度为 600～1000kg/m³。烘干压块由移动式烘干压块（饼）机完成，由运输车运来原料，并切成 20～50mm 长的草段，由传送带将其输入干燥滚筒，使水分由 75%～80% 降至 12%～15%，干燥后的草段直接进入压块（饼）机压成直径为 55～65mm、厚约 10mm、密度为 300～450 kg/m³ 的草块。草块的压制过程中可根据饲喂家畜的需要，加入尿素、矿物质及其他添加剂。

2. 草饼　　干草饼是将原料不经粉碎直接压制成直径或横截面大于厚度的饼状物，

适合饲喂反刍动物。在田间条件下，直接把牧草压制成饼，是加工青绿饲料的先进工艺。牧草可免受不良气候的影响，减少营养物质的损失。适用于干旱、半干旱地区收获加工各类牧草。

第二节　成型饲草产品评价

一、物理指标评价

（一）感官鉴定

感官鉴定指标包括：颜色、形状、气味。其测定的方法为：a. 颜色和形状，在自然光下视物最清楚的距离范围内目测，必要时可借助显微镜观测；b. 气味，常态下贴近鼻尖嗅闻气味。

合格成型饲草产品的感官质量指标要求为：a. 颜色为深绿色、绿色或浅绿色；b. 表面光滑，大小及质地均匀；c. 有干草芳香味或无异味，无霉变味。

（二）物理指标

1. 混合均匀度　　要求原料混合均匀，经测试其均匀度之变异系数应小于 10%。

2. 含粉率　　要求通过净孔边长 2mm 的标准编织筛的筛下物不超过 5%。测定方法：取试样 500g，放入净孔边长 2mm 的标准编织筛内，用统一型号的电动摇筛机连续筛 2min 或借用测定面粉粗细度的电动筛筛理（或手工筛 1min）。筛完后将筛上物称重。按下式计算：

$$含粉率（\%）＝（试样质量－筛上物重）/试样质量×100$$

3. 粉化率　　成型饲草产品在贮运过程中，往往产生粉末，饲喂家畜（禽）时易损失，喂鱼、虾时会污染水质。因此要求一级品的粉化率不超过 9%，二级品的粉化率不超过 14%。测定方法：根据颗粒直径选用规定的标准筛，用手工将原始样品进行筛选，以筛上物作为试样；然后用粉化率测定仪（回转箱）进行测定。步骤：取试样 500g 放入回转箱中，扣紧箱盖使之密封良好；启动回转箱，转动 10min 后（即累计 500r），再按含粉率测定方法计算出粉化率。

4. 硬度　　成型饲草产品硬度不仅影响耐久性，还影响适口性。测定硬度一般采用片剂硬度计。测定方法为取冷却后的颗粒 30～100 粒，分别测定直径方向上的压碎力，然后取其平均值和标准差。此外，还可以用 Stokes 硬度计和 Pfizer 硬度计等测定。

5. 含水量　　测定含水量时，通常取 3 个有代表性的样品（质量 100～200g），放入干燥的器皿中，置烘箱内，在（105±2）℃下烘干 2h，冷却后称量衡重，求出含水量。

6. 水中稳定性　　鱼、虾用颗粒饵料，应具有低溶性和悬浮性的特点。因此，要求鱼、虾用颗粒饵料在水中有一定的稳定性。

（1）浸泡时间法。在风干样品中称取 50g 完整颗粒，投入盛有 25℃清水或 2.0%食盐水（对虾饲料）的烧杯中，在杯的中部放置 8 目网筛孔，记录投入水中至颗粒溃散从网筛片上开始落下的时间。

（2）浸泡计算失重率法。在样品中称取2份20粒完整样品，1份置于（105±2）℃烘干2～3h，冷却称重，计算含水量。另1份放入盛25℃清水或2.0%食盐水的烧杯中。自颗粒投入杯中时开始计算时间，30min后（对虾饲料60min），用镊子将颗粒镊出（长度大于浸入时50%的皆可镊出。尽量保持镊力一致和出水速度一致），晾干，于（105±2）℃烘干4h，冷却后称重，用下式计算：

$$失重率（\%）=\left[1-\frac{W_1}{W_0（1-a）}\right]\times100$$

式中，W_0——浸泡前颗粒重，单位g；

　　　W_1——浸泡后颗粒重，单位g；

　　　a——该样品含水率，单位%。

此法具有如下特点。

①浸泡一定时间后，颗粒能承受镊子夹出水面，表示其内部尚具有一定的黏结力，能承受住一定程度水波的冲击和对虾的环抱，测出的颗粒溃散程度比较接近实际。

②用额定时间测定失重率较易确定不同成型饲草产品水中稳定性的差异。

③成型饲草产品要求一定的耐水时间，但也不宜过长。限定浸泡时间，既不用长时间地进行观察，又能满足鱼、虾对颗粒牧草饲料耐水时间的要求。

（三）物理指标分级

根据草颗粒的粉化率和含粉率进行物理指标分级，分级标准见表9-1。

表9-1　草颗粒物理指标及质量分级

指标	等级			
	特级	一级	二级	三级
粉化率/%	≤6	≤9	≤14	≤20
含粉率/%	≤3.0	≤4.0	≤5.0	≤5.0

注：农业行业标准（NY/T 1575—2007）。

二、化学指标评价

成型饲草产品的化学测定指标包括：粗蛋白质、中性洗涤纤维、酸性洗涤纤维、粗灰分、水分、β-胡萝卜素和非蛋白氮等。各项指标采用实验室分析手段测定，根据测定的含量依据质量标准进行质量评价。

三、品质分级标准

（一）草颗粒

（1）分级标准。豆科与禾本科草颗粒分级标准见表9-2和表9-3。

表 9-2　豆科草颗粒化学指标及质量分级

指标	等级			
	特级	一级	二级	三级
粗蛋白质/%	≥20.0	≥18.0	≥16.0	≥14.0
中性洗涤纤维/%	<40.0	<46.0	<53.0	<60.0
酸性洗涤纤维/%	<31.0	<35.0	<40.0	<42.0
粗灰分/%	<12.5			
水分/%	≤14.0			
β-胡萝卜素/ (mg/kg)	≥100.0	≥80.0	≥50.0	≥50.0

注：各项化学成分含量均以 86% 干物质为基础计算。农业行业标准（NY/T 1575—2007）。

表 9-3　禾本科草颗粒化学指标及质量分级

指标	等级			
	特级	一级	二级	三级
粗蛋白质/%	≥13.0	≥11.0	≥9.0	≥7.0
中性洗涤纤维/%	<53.0	<60.0	<65.0	<70.0
酸性洗涤纤维/%	<40.0	<42.0	<45.0	<50.0
粗灰分/%	<12.5			
水分/%	≤14.0			

注：各项化学成分含量均以 86% 干物质为基础计算。农业行业标准（NY/T 1575—2007）。

（2）质量等级判定。

1）综合判定。样品的各项理化指标均同时符合某一等级时，则判定所代表的该批产品为该等级；当有任意一项指标低于该等级标准时，则按单项指标最低值所在等级定级。任意一项指标低于三级标准，则判定所代表的该批产品为等级外产品。

2）分类别判定。草颗粒质量按物理质量（表 9-1）或化学质量（表 9-2 或表 9-3）单独判定等级。判定等级的方法与综合判定方法相同。

3）单项指标判定。草颗粒一项（或几项）质量指标所在的质量等级，判定为该产品在该项（或几项）指标的质量等级。

（二）草块

（1）分级标准。草块分级标准见表 9-4。

表 9-4　草块质量分级指标及质量等级表

指标	等级					
	特级	一级	二级	三级	四级	五级
粗蛋白质/%	≥19	≥17	≥14	≥11	≥8	≥5
中性洗涤纤维/%	<40	<48	<55	<62	<69	<73
酸性洗涤纤维/%	<31	<39	<44	<49	<54	<56
水分/%	≤14					

注：除水分以外的其他指标均以 100% 干物质为基础计算。

（2）质量等级判定。有明显异物的判定为不合格产品；不允许添加含有非蛋白氮的物质，人为添加的其他物质应符合《饲料添加剂品种目录（2008）》的规定。所有添加物应作相应的说明，标明名称和含量，如果添加物不符合规定的判定为不合格产品；样品的各项分级指标同时符合某一等级时，则判定所代表的该批次产品为该等级；当有任意一项指标低于该等级标准时，则按单项指标最低值所在等级定级。任意一项指标低于最低级标准，则判定所代表的该批次产品为等级外产品。

思 考 题

1. 简述成型饲草产品加工的意义。
2. 简述成型饲草产品物理、化学评价过程。
3. 简述成型饲草产品的质量评价标准。

第十章 青贮饲料品质检测评价

【内容提要】本章概括介绍了青贮饲料品质检测的意义，影响青贮饲料品质的因素和青贮调制技术对饲草质量的影响。对青贮饲料的现场检测技术、实验室检测和美国、日本以及我国的青贮质量评价体系和质量分级方法进行了详细阐述。

第一节 概　　述

青贮饲料是将植物性原料放置于密闭缺氧条件下贮藏，通过乳酸菌的发酵，抑制各种有害微生物的繁殖，形成的饲用发酵产品。青贮是将植物性原料，装填入密封的青贮设施内，经过乳酸菌为主导的发酵，使原料达到长期良好保存的加工方法。

青贮饲料品质包含广义和狭义两个方面：狭义的青贮饲料品质仅指青贮饲料发酵的优劣状况，即发酵品质；广义的青贮饲料品质除发酵品质外，主要指青贮饲料的营养价值。青贮饲料品质与原料种类、收获时期、青贮技术等密切相关，青贮饲料发酵品质的优劣直接与贮藏过程中养分损失和青贮饲料产品的营养价值有关，同时还对家畜的生产性能有直接与间接的影响。

一、青贮饲料品质检测的意义

在一定的生产条件下，应对青贮饲料品质进行必要的检测与评价，掌握青贮饲料的发酵品质状况，同时明确青贮饲料的营养价值，制定日粮配方。

1. 对青贮生产与管理技术水平的评价　　青贮饲料发酵产品的特性，决定了在品质检测评价时，首先是对发酵品质进行分析、检测与评价，评定青贮加工调制过程与后续管理的技术水平。

青贮饲料的良性发酵，首先保证乳酸菌的增殖占据主导地位，形成以乳酸为主的有机酸环境。常规青贮饲料以 pH 低于 4.2 为典型特征，半干青贮饲料以低氨态氮为特征。随着青贮技术的发展，有氧稳定青贮饲料的生产得到逐步推广。在青贮饲料发酵产生的有机酸中，乙酸、丙酸对青贮饲料有氧稳定的促进作用已被认同。所以针对不同的原料、不同的加工调制措施，需要有与之相匹配的发酵品质分析检测指标与参考值范围，不能一概而论。青贮饲料的管理，主要是确保青贮饲料贮藏期间青贮设施的密封性，避免外界水分等的渗入或混入。

通过对青贮饲料感官评定之后，取样室内分析其 pH，乳酸、乙酸、丙酸、丁酸和氨态氮的含量，科学检测其发酵品质，才能够对不同类型青贮饲料的加工调制技术水平，以及管理方式进行相应的评价，以便于指导青贮饲料的生产实践。

2. 明确青贮饲料的营养价值　　青贮饲料对家畜养殖具有重要的意义，是维持动物畜体健康、提高动物生产性能的重要保障。青绿饲草的生长受气候环境条件的影响较大，尤其是我国北方地区，夏、秋季节饲草过剩，冬、春不足的现象严重。同时，也受年度气候条件变化的影响，饲草生产的丰歉年经常出现。这种青绿饲草供给的不平衡，可以由青贮饲料来弥补。所以青贮饲料的调制加工，是为了保障青绿饲草在年度内和年度间的均衡供应。

青贮饲料在调制加工过程中，既有营养物质损失情况的存在，也有改善物理结构、调节养分组成的益处。通过对青贮饲料中干物质、粗蛋白质、中性洗涤纤维、酸性洗涤纤维等养分，及其可消化状况的分析评定，可以为青贮饲料在动物日粮中的合理利用提供理论依据。

3. 判定青贮饲料质量等级　　青贮饲料品质的分级，在生产实践中，有仅根据感官评定分级方法，也有根据有机酸、氨态氮等含量的分级方法。通过对青贮饲料品质分级，可以评定青贮饲料保存期限、养分保存效果、确定合理的价格而提供依据。

4. 促进饲草青贮产业化发展　　青贮饲料的生产，涉及原料栽培、收获、加工调制、贮藏管理等环节，每个环节都影响青贮饲料的品质。通过青贮饲料取样分析检测，不仅提高了青贮饲料标准化和专业化生产水平，而且能够带动栽培、加工、贮藏、运输、利用等相关产业，从而推动饲草青贮产业化的发展。

二、影响青贮饲料品质的因素

青贮饲料发酵品质取决于青贮原料本身的特性，以及青贮原料的栽培管理、青贮饲料加工调制与贮藏管理等因素。青贮饲料的营养价值通常取决于青贮原料的质量和调制技术。

（一）青贮原料对发酵的影响因素

青贮原料对青贮发酵的影响因素，主要包括水分含量、水溶性碳水化合物含量、缓冲能值等化学因素，中空或有髓等物理因素，附着微生物种类和数量等生物学因素。

1. 牧草水分含量　　饲草的水分含量对青贮发酵非常重要，影响到青贮的发酵、渗出液的产生和有氧变质。青贮发酵发生在饲草的液状部位，饲草植株体内的发酵底物到达植株体表才能被附着的微生物所利用。适宜的含水量有助于青贮原料的压实和形成厌氧环境。水分含量过低会造成霉菌和酵母菌的大量增殖，而水分含量过高则导致渗漏损失和延长发酵。不同饲草水分含量差异较大（表 10-1）。

表 10-1　一些饲草生长期间的干物质含量

饲草	干物质含量/%	饲草	干物质含量/%
苜蓿	30.84	鸭茅	31.39
红豆草	38.72	白羊草	38.72
红三叶	44.37	新麦草	35.84
白三叶	35.98	扁穗冰草	31.57
小冠花	16.78	高冰草	36.25
沙打旺	22.46	苇状羊茅	35.15

饲草	干物质含量/%	饲草	干物质含量/%
鹰嘴紫云英	20.46	无芒雀麦	34.35
百脉根	21.83	菊苣	27.24
胡枝子	41.00	串叶松香草	18.05
柠条	48.64	苦荬菜	28.87
甜高粱	33.31	籽粒苋	17.26
御谷	27.97	反枝苋	21.52
苏丹草	36.17	马齿苋	19.52
谷稗	27.46		

资料来源：许庆方，2010。

2. 碳水化合物 非结构性碳水化合物在饲草体内的含量、组成、部位是一个动态变化过程，反映了合成与分解代谢过程的平衡情况。非结构性碳水化合物是青贮发酵过程中的主要发酵底物，此类物质在青贮发酵的初期和取饲时也可被代谢。结构性碳水化合物（如纤维素、半纤维素、果胶）、有机酸、非蛋白氮等在青贮发酵过程中充当了发酵底物的一小部分。

饲草青贮发酵的过程中，非结构性碳水化合物主要是六碳糖、寡聚糖、多糖（如果聚糖、淀粉）。冷季型 C_3 禾草主要的游离还原糖是葡萄糖和果糖，加上蔗糖一起组成总游离糖。冷季型禾草的葡萄糖、果糖、蔗糖、果聚糖等水溶性碳水化合物是青贮发酵的主要底物，而豆科牧草和 C_4 型禾草中的淀粉也是主要的可发酵底物之一。

饲草植株体内的碳水化合物，由多羟基醛、酮、乙醇、酸及其单体衍生物，及它们的多聚物组成。单糖是最简单的碳水化合物。寡聚糖由 2~10 个单糖组成，易于水解。蔗糖是非还原性双糖，由葡萄糖和果糖组成，是最主要的寡聚糖。淀粉主要以直链淀粉和支链淀粉的形态存在。果聚糖主要由果糖组成，可以作为蔗糖的衍生物。

3. 缓冲能值 缓冲能力是指抗 pH 变化的能力，对饲草青贮而言，一般测定 pH 从 6.0~4.0 的变化范围。缓冲能值有两种测定方法：一是用乳酸滴定至 pH 为 4.0（表示为每千克干物质多少克乳酸），二是首先用盐酸溶液将 pH 滴定至 4.0，然后用氢氧化钠溶液滴定至 pH 为 6.0，计算所用氢氧化钠的量（表示为每千克干物质多少毫摩尔氢氧化钠）。不管用哪种方法，都是对达到理想厌氧状态保存青贮饲料所需发酵酸的指示，也是对所需可发酵底物的指示。所以饲草的非结构性碳水化合物含量和缓冲能值在决定饲草的宜贮性方面非常重要，表 10-2 为一些饲草的缓冲能值。

表 10-2 一些饲草的缓冲能值

饲草		样品量	缓冲能值/（mmol/kg 干物质）	
			范围	平均值
禾本科	梯牧草	2	188~342	265
	鸭茅	5	247~424	335

续表

饲草		样品量	缓冲能值/（mmol/kg 干物质）	
			范围	平均值
豆科	意大利黑麦草	11	265～589	366
	多年生黑麦草	13	257～558	380
	无芒虎尾草	1	—	435
	红三叶	1	—	350
	白三叶	1	—	512
	苜蓿	9	390～570	472
	柱花草	1	—	469
	大翼豆	1	—	621

资料来源：Mcdonal et al., 1991。

4. 附着微生物　　饲草植株上的微生物种群和数量差异很大。饲草植株上乳酸菌、肠细菌、酵母菌数量的范围较宽。在没有被土壤和厩肥污染时，梭菌和杆菌的数量较少。

（二）影响青贮原料质量的因素

影响青贮原料质量的因素很多，最主要的是牧草种类的差异、收获时的成熟度，其次是土壤肥力和施肥情况、牧草种植地区的气温和牧草的不同品种。

1. 牧草种类的差异　　豆科牧草的粗纤维含量低于禾本科牧草，家畜较喜食，其质量通常高于禾本科牧草。以紫花苜蓿和猫尾草为例，初花期紫花苜蓿的粗蛋白质含量远高于猫尾草，且猫尾草的中性洗涤纤维含量高于苜蓿，细胞壁消化速度低于苜蓿，导致在自由采食情况下禾本科牧草的采食量低于豆科牧草。

冷季型牧草的质量通常高于暖季型牧草，其粗蛋白质含量和消化率高于暖季型牧草。一年生牧草的质量高于同种的多年生牧草质量。虽然暖季型牧草的光合效率高于冷季型牧草，但其叶片中的木质素含量相对较高，因而降低了消化率。

2. 牧草成熟度　　牧草收获时的成熟度是决定牧草质量的一个重要因素。牧草质量随植株生长成熟度增加而呈降低趋势。如冷季型禾草在春天返青后 2～3 周，干物质的消化率在 80% 以上。此后每天，消化率降低，直至降到 50% 以下。牧草成熟度也直接影响家畜的采食量。随牧草成熟度增加，其粗蛋白质含量降低，粗纤维含量随之增加，家畜采食量显著下降，消化速度也下降。

3. 茎叶比　　随牧草生长成熟，茎叶比的增加导致牧草质量下降。主要是由于茎秆比例增加，而营养物质含量却低于叶片。如紫花苜蓿下部茎秆的粗蛋白质含量不到 10%，而叶片的粗蛋白质含量都在 20% 以上，牧草茎秆的粗纤维含量也高于叶片。

4. 气温变化　　在牧草的生长季节，气候相对冷凉地区所生产的牧草，质量要高于高温区域所生产的牧草。研究表明，一年生黑麦草在气温 10～15℃ 的地区，可多出 59% 的叶片，而在 20～25℃ 的气候地区仅能长出 36% 的叶片。

5. 施肥状况　　在牧草种植管理过程中，施用肥料的数量和种类也对收获牧草的营养成分带来影响。在牧草生长旺盛时施肥，在提高牧草产量的同时，也可改善牧草的质量。禾本科牧草施用氮肥后可增加产量和粗蛋白质含量。

6. 收获过程　　在牧草收获过程中受机械作业引起的落叶、植物呼吸以及降雨等因素影响，会降低牧草质量。苜蓿干草在雨淋过程中，叶片中60%的干物质、粗蛋白质和粗灰分将损失。雨淋对禾本科牧草的影响要小于豆科牧草。

（三）影响青贮饲料品质的加工调制因素

饲草种类对青贮发酵起决定因素，但是可以随收获、青贮调制、天气条件等因素改变。青贮调制时，装填是一个关键环节，包括压实良好，装填迅速，密封严密，贮藏期保持密封，取饲方法和取用量适当。

1. 晾晒　　晾晒可以减少植株的含水量，达到最佳含水量范围，确保青贮发酵良好，并且减少渗出液的损失。但是在热带降雨较多的地区，饲草收获后宜立即切碎青贮，因为田间机械损失、晾晒损失和淋洗损失加起来，可能超过不良发酵和产生渗出液等带来的损失。

2. 加工调制　　田间切碎包括捡拾、切碎和吹送等作业，捡拾和吹送可引起干物质的损失。切短一般可使乳酸菌的数量增加10倍。当土壤过于潮湿、田间不平整、土壤干燥且尘土较多时，容易污染饲草，梭菌和肠细菌增殖，造成青贮发酵不良。切碎长度和加工程度会影响青贮的密度、渗出液的产生、青贮发酵、有氧变质等。

3. 装填与贮藏　　装填、密封、取饲这三个关键因素影响青贮发酵。最终影响青贮饲料密度的是压实作业，青贮饲料干物质损失率，随着青贮密度的增加而下降。当密封不严或不进行密封时，氧气容易进入青贮设施内。

三、青贮调制技术对产品质量的影响

青贮调制技术是影响青贮饲料质量的另一个主要因素。调制技术不同，其养分损失也有所不同，通常情况下青贮饲草与原料相比，营养物质损失为10%~15%。

1. 干物质　　与其原料相比，青贮饲草的含水量低，而干物质含量高。通常优质青贮饲草的干物质含量为20%~30%。由于原料种类、收割期不同，其变动范围为15%~40%。半干青贮的干物质含量则更高。

2. 蛋白质含量　　青贮饲草中因蛋白质分解而生成的氨化物和游离氨基酸多，即非蛋白氮化合物增加，而且在青贮发酵过程中蛋白质有所损失。因此，与其原料相比青贮料中的粗蛋白质比例减少。一般来说，氨态氮含量越高，说明其发酵品质越差。

3. 碳水化合物　　原料中的碳水化合物通过发酵转化成乳酸，同时一部分淀粉也分解为单糖，使无氮浸出物发生相应的变化，粗纤维成分会因发酵情况的不同而有所变化。

4. 无机物　　虽然青贮过程中钙和磷等矿物质的绝对含量变化很小（加酸青贮时10%~20%的钙和磷损失），但因含水量变小，所以无机物相对含量变大。微量元素在青贮饲料中的变化不大。

5. 维生素 牧草中含有很多维生素 B 族和胡萝卜素。在青贮饲草中维生素 B_1 和烟酸几乎没变化。在新鲜原料中维生素 D 不多，经过凋萎过程可形成较多维生素 D，但一部分维生素 D 因发酵作用而被破坏，因此青贮饲料中其含量也会减半。

第二节　青贮饲料检测

青贮饲料质量检测可分为现场检测和实验室检测两方面。通过检测分析判断青贮饲料的质量及其作为饲料的利用价值。

一、现场检测技术

现场检测是在青贮饲料开封后的生产现场，通过感官鉴定技术和简易测定技术来鉴定青贮饲料的品质。

1. 观察色泽 通过观察青贮饲料的颜色来判断青贮品质的优劣。品质良好的青贮饲料呈青绿色或黄绿色（说明青贮原料收割适时）。中等品质的青贮饲料呈黄褐色或暗褐色（说明青贮原料收割时已有黄色）。品质低劣的青贮饲料多为暗色、褐色、墨绿色或黑色，与青贮原料的原来颜色有显著的差异，这种青贮饲料不宜喂饲家畜。

2. 辨别气味 根据发酵后青贮饲料呈现的气味，可分析青贮饲料的发酵类型，判断发酵品质的好坏。品质优良的青贮饲料，具较浓的酸味、果实味或芳香味。气味柔和、不刺鼻，给人以舒适感，乳酸含量高。品质中等的，稍有乙醇味或浓醋味、丙酸味，芳香味较弱。如果青贮饲料带有刺鼻臭味如堆肥味、腐败味、氨臭味，那么该青贮饲料已变质，不能饲用。

3. 检查质地 品质良好的青贮饲料压得非常紧密，拿在手中却较松散、质地柔软、略带湿润。叶、茎、花瓣能保持原来的状态，能够清楚地看出茎、叶上的叶脉和绒毛。相反，如果青贮饲料黏成一团，好像一块污泥，或者质地松散、干燥、粗硬，这表示水分过多或过少，不是良好青贮饲料。发黏、腐烂的青贮饲料不适于饲喂家畜。

4. 测定 pH pH 是反映青贮发酵好坏的重要指标，可利用广泛 pH 试纸对青贮饲料的 pH 范围进行宽泛测定，从而初步判定青贮饲料的质量。

常用 pH 试纸的适用范围：溴酚蓝 2.8～4.4，溴甲酚绿 4.2～5.6，甲基红 5.4～7.0。常规青贮技术调制的青贮饲料，其 pH 在 4.0 以下可评定为优等，pH4.1～4.3 为良好，pH 在 5.0 以上为劣等。

二、实验室检测

实验室检测青贮品质需从生产现场采集代表性样品带回实验室，然后在实验室完成测试样品制备。并采用实验室分析手段进行具体测定，从而实现青贮质量的科学评价。

实验室检测技术是通过化学分析、仪器分析、动物消化实验、动物饲养实验等手段评价青贮质量的技术。实验室检测包括对青贮饲料的发酵品质、营养价值进行评定。发酵品质主要测定 pH、有机酸（乳酸、乙酸、丙酸、丁酸）和氨态氮；营养指标主要包括常规养分（干物质、粗蛋白质、粗脂肪、粗灰分、中性洗涤纤维、酸性洗涤纤维、酸性洗涤木质素、可溶性碳水化合物、淀粉等)、蛋白质组成、消化率等。

(一) 青贮发酵品质检测

1. pH 实验室测定青贮饲料的 pH 首先需以新鲜青贮样品为材料,制备青贮浸出液。分取 20g 青贮饲料样品,酌情剪短为 5~10mm,置于小型组织捣碎机中,加入蒸馏水 180mL,捣碎,匀质 1min。浆液用四层纱布过滤,残渣充分挤压,再将滤液转移到漏斗上用滤纸过滤,滤液供测定。

采用玻璃电极 pH 计测定青贮浸出液的 pH。pH 计测定的主要灵敏部件是电极,在使用过程中应根据电极使用说明书使用,并注意对电极的保养。

测定前,先对 pH 计进行标定。配制标定用已知 pH 的缓冲液,在测定温度条件下,校正 pH 计的定位和斜率。在测定过程中,pH 计上的标定旋钮应保持不动。

测定时,将 pH 计电极的玻璃泡没入青贮浸出液中,适度搅拌,待读数稳定后记录,即为该青贮样品的 pH。

青贮饲料的乳酸发酵良好时 pH 低,发生不良发酵则使 pH 升高。常规青贮 pH4.2 以下为优、4.2~4.5 为良、4.6~4.8 为可利用、4.8 以上不能利用。但对半干青贮饲料不能以 pH 为标准,需根据营养价值来判断。

2. 有机酸 有机酸总量及其构成可以反映青贮发酵过程及青贮饲料品质的优劣。检测青贮品质时常需对青贮饲料中的乳酸和挥发性脂肪酸进行测定。主要的测定指标包括乳酸、乙酸、丙酸、丁酸。

乳酸的测定有蒸馏法、液相色谱法、酶法等多种方法,乙酸、丙酸、丁酸等挥发性脂肪酸的测定有液相色谱法、气相色谱法、离子色谱法。随着仪器分析技术的发展,有机酸的测定多采用高效液相色谱和气相色谱等分析仪器来进行,具有精确度高、检出限量低、灵敏度高、测定快速等优点。下面介绍采用高效液相色谱仪同时检测乳酸和挥发性脂肪酸的技术。

购置待测有机酸的标准样品,并预先配制成设定浓度的标准液。液相色谱仪可采用选择极性较强、有机酸分离效果好的 Shodex Rspak KC-8ll 色谱柱 (8mm×300mm,色谱柱理论塔板数>17 000,为离子交换柱),采用紫外检测器。测定条件包括进样量 $20\mu L$,流动相为 3mmol/L 高氯酸溶液,流速为 1mL/min,检测波长 210nm,柱温 50℃。

采用外标法,用标准液制作标准曲线测定。分别测定乳酸和挥发性脂肪酸的标样,确定不同有机酸的出峰时间,并根据峰面积以及已知浓度制作标准曲线 (图 10-1)。

将青贮鲜样制成的浸提液用 $0.25\mu m$ 的微孔滤膜过滤,以免杂质过多堵塞色谱柱。根据色谱仪测得的色谱图像,根据试样浸提液中被测物含量情况,选定浓度相近的标准工作曲线,对标准工作溶液与试样浸提液等体积掺插进样测定,标准工作溶液和试样浸提液乳酸、乙酸、丙酸、丁酸的响应值均应在仪器检测的线性范围内。参考标样的图像以及标准曲线即可测得样品中的有机酸含量。

3. 氨态氮 氨态氮 (ammonia nitrogen,AN) 也称作挥发性盐基氮 (volatile basic nitrogen,VBN) 占总氮 (total nitrogen,TN) 的比例 (AN/TN) 作为衡量青贮饲料发酵过程中蛋白质分解状况的指标,可反映青贮饲料的发酵品质。在测定氨态氮含

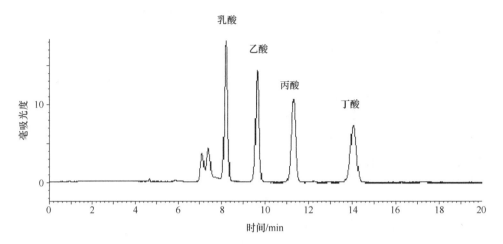

图 10-1　乳酸、乙酸、丙酸、丁酸混合标准品的液相色谱图

量的同时，还必须测定青贮饲料的总氮含量，以确定其比例的大小。

总氮的测定多采用凯式定氮法。青贮饲料中氨态氮的测定，可以采用蒸馏法在试样溶液中加入碱性物质使之放出氨气，再用酸液吸收氨气的方法来测定。也可以采用比色法来测定。由于氨态氮是可挥发的物质，因此，氨态氮的测定应采用青贮鲜样。

（1）比色法。采用苯酚-次氯酸钠比色法测定。

1）所需试剂。苯酚试剂：将 0.15g 亚硝基铁氰化钠溶解在 1.5L 蒸馏水中，再加入 29.7g 结晶苯酚，定容到 3L 后贮存在棕色的玻璃试剂瓶中。次氯酸钠试剂：将 15g NaOH 溶解在 2L 蒸馏水中，再加入 113.6g $Na_2HPO_4 \cdot 7H_2O$，中火加热，并不断搅拌至完全溶解，冷却后加入 44.1mL 含 8.5% 活性氯的次氯酸钠溶液，并混匀，定容到 3L，贮藏于棕色试剂瓶中。标准铵溶液：称取 0.6607g 经 100℃ 24h 烘干的（NH_4）$_2$ SO_4 溶于蒸馏水中，定容至 100mL，其中含 0.1 mol/L NH_3，配制成 100mmol/L 的铵贮备液，将上述贮备液稀释配制成 1.0mmol/L、2.0mmol/L、3.0mmol/L、4.0mmol/L、5.0mmol/L 五种不同浓度梯度的标准液。

2）测定程序。向每支试管中加入 50μL 经适当倍数稀释的样本液或标准液，空白为 50μL 蒸馏水；向每支试管中加入 2.5mL 的苯酚试剂，摇匀；再向每支试管中加入 2mL 次氯酸钠试剂，并混匀；将混合液在 95℃ 水浴中加热显色反应 5min；冷却后，630nm 波长下比色。

3）结果计算。根据标准液的浓度和吸光度，以标准液浓度和吸光度分别作为横纵坐标制作标准曲线，拟合计算方程。将试样测定的吸光度带入计算方程，得到浸出液的浓度，再通过换算浸出液制备过程中对应的样品量，从而获得氨态氮在样品中的比例。样品中的氨态氮含量可由下式计算：

$$X（\%）=\frac{c \times V \times n \times 0.014}{m \times d \times t} \times 100$$

式中，X——试样中被测物的含量，单位%；

c——由标准曲线得出试样液中氨态氮的浓度，单位 mmol/L；

V——试样液总体积，单位 L；

n——稀释倍数；

0.014——每毫克当量氮的克数；

m——试样质量，单位 g；

d——试样干物质含量，单位%；

t——试样总氮含量，单位%。

（2）水蒸气蒸馏法。水蒸气蒸馏法采用凯氏蒸馏装置，将青贮浸提液用弱碱蒸馏，产生的氨用弱酸吸收，再通过盐酸滴定来测定。

1）所需试剂。硼酸缓冲液（pH9.5）：在 4 倍体积的 0.2mol/L 硼酸钠溶液（硼酸 12.4g、NaOH 4g 加水配置成 1L 溶液）中加入 1 倍体积的 0.1mol/L NaOH，调整 pH 到 9.5。2%硼酸乙醇溶液（含有指示剂）：硼酸 40g、甲基红 0.02g、溴甲酚绿 0.06g 溶于 2L 80%乙醇溶液（体积比）中。滴定用 0.01mol/L HCl。

2）测定程序。取青贮浸提液（见上文制备方法）XmL 置于凯氏定氮装置中，加 10mL 硼酸缓冲液蒸馏；2%硼酸乙醇溶液 5mL 作为吸收液；蒸馏约 7min，蒸馏液量大约 50mL；将蒸馏液用 0.01mol/L HCl 滴定至终点，记录滴定的 HCl 用量。

3）结果计算。鲜样中的氨态氮含量（%）可由下式计算：

$$氨态氮（\%）=0.14 \times F \times B \times \frac{1}{X} \times \frac{180+（A \times W）/100}{A} \times \frac{100}{1000}$$

式中，F 为经标定的 HCl 浓度（mol/L）；B 为滴定的 HCl 用量（mL）；X 为青贮浸提液量（mL）；A 为青贮样品量（g）；W 为青贮饲料含水量（%）。为了便于比较与评定，氨态氮含量尽量以占总氮的百分比表示。

（3）微量扩散法。微量扩散法是一种滴定中和法，是在康威皿的外室加入浸提液和碱液，产生的氨被内室的酸吸收。该方法的特点是单个试样的定量需要较长时间，但可以同时分析多个试样。

1）所需设备。康威皿，最小刻度 0.01mL 的滴定管。

2）所需试剂。混合指示剂：溴甲酚绿 0.033g、甲基红 0.066 溶解于 100mL 99%乙醇。含有指示剂的 2%硼酸溶液：20g 硼酸置于 1L 的容量瓶中，加入 200mL 99%乙醇和 700mL 水，溶解硼酸，然后，加入 10mL 混合指示剂，加入少量碱，加水至标线。标准酸：0.01mol/L 盐酸，事先进行标定，装入滴定管。释放剂：K_2CO_3 饱和溶液，110g K_2CO_3 溶于 100mL 水中，煮沸出氨。气密剂：在乳钵中加入 3g 黄蓍胶粉，缓慢加水 34mL，充分搅拌，再向其中加入 15mL 甘油、8mL K_2CO_3 饱和溶液，充分搅拌后，3000r/min 离心 15min，除去搅拌生成的泡沫。

3）测定程序。在康威皿外室的边缘涂上气密剂，用移液管在内室内加入 1mL 硼酸溶液；在外室的一侧精确加入青贮浸出液 1mL，在外室的其他位置加入释放剂 1mL，加入的同时立即盖上盖子；将康威皿水平旋转，使外室的两种液体混合，对照组加入蒸馏水；康威皿室温放置 24h，待氨气完全释放后取出，用标定的盐酸滴定内室溶液，直至变为微红色。

4）结果计算。消耗 1mL 的 0.01mol/L 盐酸，相当于氨态氮 0.14mg。根据制备浸出液中的稀释倍数和样品用量,可计算出氨态氮在样品中所占的比例。

（二）青贮饲料营养成分检测

1. 水分　　比较青贮饲料的营养价值,应测定水分含量的多少。另外测定青贮饲料的水分含量,对于日粮配比具有重要的意义。

青贮饲料水分的测定一般有两种方法,一是烘干法,二是冻干法。烘干法测定时,试样经过 60℃烘干预处理 48h,再于 103℃烘至恒重,计算水分含量或干物质含量。

冻干法测定,需要配备冷冻干燥机。冷冻干燥前,先将样品冰冻,然后将样品迅速放入冷冻干燥机后,机器将空气排空。冷冻干燥机内压力相当低,在这种条件下,升华开始,即样品中的结晶体不变成液体而直接进入气体阶段。这种方法可以防止样品中挥发性物质的损失。

2. 粗蛋白质及含氮物质　　青贮饲料粗蛋白质的测定一般用凯氏定氮法,详见第七章。另外青贮饲料等粗蛋白质的测定可采用杜马斯燃烧法,样品在 900～1200℃高温下燃烧,燃烧过程中产生混合气体,其中的干扰成分被一系列适当的吸收剂所吸收,混合气体中的氮氧化物被全部还原成分子氮,随后氮的含量被热导检测器检测。

青贮饲料非蛋白氮的测定。植物组织中的非蛋白氮主要是氨基酸和酰胺,以及少量无机氮化物,是可溶于三氯乙酸溶液的小分子。可加入三氯乙酸,使其最终浓度为 5%,将蛋白质沉淀出来,以测定非蛋白氮。

测定程序为准确称取风干磨细的样品 0.1～0.5g 两份,或称取鲜样 2～5g,样品含氮量 1～3mg 为宜;研碎后分别放入 100mL 带塞磨口三角瓶中,加入 20mL 5%三氯乙酸,振荡提取或 90℃水浴中浸提 15min 之后,用漏斗直接将样品液滤入凯氏瓶中,并用三氯乙酸将三角瓶中的样品冲洗数次,每次用量 10mL。

将非蛋白氮提取液在小火上浓缩至 3～5mL,加入 5mL 浓硫酸,混合催化剂（Se：CuSO$_4$：K$_2$SO$_4$ ＝ 1：5：50）0.3～0.5g,置于消煮炉上消煮。当消煮液澄清后停止消煮。

采用凯氏定氮装置蒸馏、滴定,测定含氮量,从而得到样品中非蛋白氮的含量。

3. 纤维类物质　　青贮饲料中的纤维类组分主要包括纤维素、半纤维素、木质素等。目前常采用 Van Soest 提出的洗涤纤维体系测定。

4. 粗脂肪及其脂肪酸组成

（1）粗脂肪的测定。粗脂肪的测定方法常用的有油重法、残余法、浸泡法等。

（2）脂肪酸组成的测定。采用气相色谱法。

1）试剂及测定程序。称取 0.1～0.2g 青贮饲料样品加入到 25mL 带盖玻璃试管中。将 8mL 氯仿-甲醇溶液、1mL 浓度为 1μg/mL 的内标溶液（C17：0）加入到玻璃试管中,振荡 1min,盖上试管盖。静置 1～2h 后,用不含脂肪的滤纸过滤匀浆。用 4mL 氯仿-甲醇溶液冲洗滤纸,然后用 2mL 再次冲洗。将滤液过滤到 20mL 带盖试管中。用另外 4mL 氯仿-甲醇溶液再次冲洗容器以保证完全转移。

加入 0.04% MgCl$_2$ 溶液 4mL,与滤液充分混合并盖上盖,放置 30～60min,直到分层为止。弃上清液，小心不要碰触氯仿层。加入 5mL 氯仿-甲醇和 0.04% $MgCl_2$ 溶液并充分混合。溶液分层后，弃掉上清液，并用氮气吹干。在试管中加入 4mL 的甲醇钠溶液，混匀，50℃孵育 30min。再加入 4mL 盐酸-甲醇溶液，80℃孵育 60min，然后加入 1mL 水、6mL 正庚烷，混匀，静置分层。吸取 0.2mL 上清液，与 0.8mL 正庚烷混匀，上气相色谱仪测定各种脂肪酸含量。

2）气相色谱条件。进样后温度于 180℃保持 45min，然后以 10℃/min 上升到 215℃，保持 17min，进样口温度为 250℃，火焰离子检测器温度为 250℃，分流比为 40：1，载气为高纯氮气，进样量是 $1\mu L$。

3）结果计算。测定已知浓度的脂肪酸标样，确定标准样品的保留时间和峰面积。因同一种脂肪酸的保留时间相同，将样品中各组分的保留时间与标样的保留时间对比即可确定脂肪酸种类。以标准样品的峰面积和浓度为横纵坐标制作标准曲线。由于峰面积与样品浓度成正比，因此根据测试样品的峰面积，对照标准曲线即可获得样品中的各种脂肪酸的含量。

5. 可溶性碳水化合物　可溶性碳水化合物（water soluble carbohydrate，WSC）是青贮饲料中容易被家畜利用的重要能量物质。同时，还是乳酸菌增殖的发酵底物，为其提供能量来源。理论上讲，为了促使乳酸菌增殖调制出优质的青贮饲料，原料中的可溶性碳水化合物含量应达到干物质的 10% 以上。因此，测定青贮原料和青贮饲料可溶性碳水化合物含量对青贮调制和评价青贮饲料营养价值均有重要作用。

青贮饲料中的可溶性碳水化合物可采用蒽酮-硫酸比色法测定。在浓硫酸溶液中，可溶性碳水化合物先脱水为糖醛或羟甲基糖醛，再与蒽酮反应生成蓝绿色化合物，其颜色深度与含糖量成正比，其吸收波峰长 620nm。

（1）试剂。蒽酮-硫酸溶液：0.4g 蒽酮溶于 100mL 88% 硫酸（84 份体积 98% 浓硫酸混合 16 份体积蒸馏水），冰箱内保存，现用现配。糖标准溶液：200mg 葡萄糖，溶解并定容至 1000mL。

（2）测定程序。准确称取 20g 样品，加入 200mL 蒸馏水，振荡 5min，过滤，定容至 500mL。取 5mL 定容至 50mL，再取 2mL 于大试管，加入 6mL 蒽酮-硫酸溶液，摇匀，沸水浴 5min。冷却，分光光度计 620nm 比色。

（3）标准曲线的制作。试管中分别加入糖标准液 0mL、0.2mL、0.4mL、0.6mL、0.8mL、1.0mL，相应蒸馏水各管加 2.0mL、1.8mL、1.6mL、1.4mL、1.2mL、1.0mL；再加入 6mL 蒽酮-硫酸溶液，摇匀，沸水浴 5min；冷却后比色。

（4）结果计算。根据糖标准液的浓度和吸光度，以吸光度和标准液浓度分别作为横纵坐标制作标准曲线，拟合计算方程。将试样测定的吸光度带入计算方程，得到浸出液的糖浓度，再通过换算浸出液制备过程中对应的样品量，从而获得可溶性糖的含量。

6. 粗灰分　采用灼烧法测定。

7. 体外消化率　通过体外消化率可在了解青贮饲料营养价值的基础上，检测青贮饲料被家畜利用情况。

对于青贮饲料可采用两步法测体外物质消化率，第一步在缓冲溶液中增加尿素以提供氮素营养，第二步胃蛋白酶消化，时间为 24h。

（1）试剂。缓冲液的配制：9.8g 碳酸氢钠、9.3g 磷酸氢二钠（$Na_2HPO_4 \cdot 12H_2O$）、0.47g 氯化钠、0.57g 氯化钾、1.0g 尿素和 0.06g 氯化镁溶于 1L 蒸馏水中；配制 4% 氯化钙溶液，在缓冲溶液使用前，加 1mL 4% 氯化钙溶液于 1L 缓冲液中。胃蛋白酶溶液：1∶10 000 的胃蛋白酶 2g 和 1mol/L 的盐酸 100mL 用去离子水定容至 1L。瘤胃液：晨饲前采集瘤胃液，用 4 层纱布过滤，迅速加入装有经 CO_2 饱和，并 39℃ 预热缓冲液的玻璃瓶中，配制成混合培养液（瘤胃液与缓冲液配比为 1∶1）。

（2）测定程序。准确称取 0.8g 的样品装在无纺布制作的滤袋中，用封口机封口，放入 100mL 的玻璃培养管中，每个培养管放 2 个滤袋，不加样品的滤袋作为空白。向各培养管加入 70mL 混合培养液，迅速盖好橡胶盖，放入 39℃ 恒温水浴箱中培养 48h。发酵开始后每 8h 摇动 1 次。发酵 48h 后倒去全部培养液，取出滤袋，迅速用冷水冲洗，以终止微生物发酵反应。

在每个含有滤袋的管中加入 60mL 新鲜胃蛋白酶溶液，不需通入 CO_2，在 39℃ 水浴锅厌氧培养 48h，并且每天摇动 3 次。

培养完取出后用水洗净，103℃ 烘干 12～24h，称量和计算样品干物质消化率。

（3）结果计算

$$干物质消化率 = \frac{\omega_0 - \omega_1}{\omega_0} \times 100\% - k$$

式中，ω_0 为样品质量（g）；ω_1 为消化后的样品质量（g）；k 为空白值。

采用同样的程序，可以测得粗蛋白质、中性洗涤纤维、酸性洗涤纤维的体外消化率。

根据测得的养分含量与体外消化情况，同样可以计算出干物质采食量、总可消化养分、相对饲喂价值和相对饲草品质。

第三节　青贮饲料质量分级

青贮饲料质量分级是根据品质检测结果对青贮饲料质量进行等级的划分，依据单一指标或综合多项指标来进行分级。其中常用多项指标进行青贮饲料质量的分级。评价青贮质量的指标主要包括感官鉴定，pH，发酵产物中乳酸、乙酸、丁酸等在有机酸中的比例，氨态氮占总氮的比例等。

国际上，青贮品质评价和质量分级方法各有不同。以美国、日本以及我国的青贮质量评价体系和质量分级方法为例具体阐述。

一、美国青贮饲料的评价与质量分级

（一）青贮原料的评价

根据青贮原料的种类、生育期、感官评定以及蛋白质和纤维含量划分青贮原料的质量等级，并将青贮原料分为特级、优秀、良好、一般和低劣 5 个等级（表 10-3）。

表 10-3　美国青贮前禾本科、豆科牧草的化学评定和感官评定标准

等级	生育期	粗蛋白质/%	酸性洗涤纤/%	感官指标
特级	豆科牧草开花前期	19	<31	叶片含量 40%～50%，外来物质如麦秆和种子的含量≤5%
优秀	豆科牧草开花早期	17～19	<34	豆科牧草叶片含量在 35%～45%，禾本科牧草叶片含量≥50%，外来物质的含量≤5%～10%
良好	≥50%豆科牧草达到了花期；禾本科牧草达到抽穗期	13～17	<39	豆科牧草叶片含量在 25%～40%，禾本科牧草叶片含量≥40%，外来物质含量≤15%
一般	全部豆科牧草都达到了花期；禾本科牧草乳熟期	8～13	<39	豆科牧草叶片含量≤30%，禾本科牧草叶片含量30%～40%，外来物质含量≥10%～15%
低劣	豆科牧草开花后期；禾本科牧草蜡熟期或完熟期	<8	>42	豆科牧草叶片含量≥20%，许多成熟的牧草，叶片含量很少。

资料来源：Government of Alberta Agriculture and Rural Development，2008。

（二）青贮饲料的评价

1. 感官评定　　美国的青贮饲料评定标准中，采取颜色、气味、质地、水分、pH 指标来评定青贮饲料的品质，将青贮饲料划分为优、中、差 3 个等级（表 10-4）。

表 10-4　美国青贮饲料品质的感观评定

等级	优	中	差	
			发酵品质差	温度过高
颜色	鲜艳、浅黄绿色或者棕绿色，依据青贮饲料原料的不同而定	微黄绿色到棕绿色	深绿色、蓝绿色、灰色或棕色	棕色到黑色
气味	有乳酸气味，没有丁酸气味	有轻微的丁酸和氨气气味	有强烈的丁酸、氨水、变质气味	糖或烟叶燃烧的气味
质地	质地坚实，柔软物质不易从纤维上搓落	质地柔软，柔软物质可与纤维分离	质地黏滑，柔软物质容易从纤维上搓落，并有腐臭气味	质地干硬，揉搓易碎，并有腐臭气味
水分	青贮窖：60%～70%　青贮塔：60%～65%　厌氧青贮塔：40%～50%	超过 65%	超过 72%	依据青贮设施的不同，一般低于 55%
pH	高水分青贮：低于 4.2　萎蔫青贮：低于 4.8	4.6～5.2	超过 5.2	pH 不作为有效的判定指标

资料来源：Government of Alberta Agriculture and Rural Development，2008。

2. 实验室评定　　根据 pH 划分不同含水量青贮饲料的等级，同时选择乳酸、丁酸含量，乳酸、乙酸、丁酸占有机酸的比例，氨态氮，酸性洗涤不溶氮为青贮品质的评价指标，将青贮饲料划分为优、中、低 3 个等级（表 10-5）。

表 10-5　美国青贮饲料质量的有机酸评价

项目	等级		
	优	中	低
含水量低于 65% 青贮饲料的 pH	<4.8	<5.2	>5.2
含水量高于 65% 青贮饲料的 pH	<4.2	<4.5	>4.8
乳酸含量（DM 百分比）	3~14	易变的	易变的
丁酸含量（DM 百分比）	<0.2	0.2~0.5	>0.5
占有机酸总量的比例/%			
乳酸	>60	40~60	<40
乙酸	<25	25~40	>40
丁酸	<5	5~10	>10
氨态氮（总氮百分比）	<10	10~16	>16
酸性洗涤不溶氮（总氮百分比）	<15	15~30	>30

资料来源：Government of Alberta Agriculture and Rural Development，2008。

二、日本青贮饲料品质评价与质量分级

日本的青贮饲料评价主要包括感官鉴定、Flieg 评分、McDonald 简易评价以及 V-Score 评价 4 种方法。

（一）感官评定

1. 色泽　将青贮饲料的色泽从优至劣依次区分为亮黄绿色、黄绿色、黄绿色略带褐色、黄褐色、褐色、褐黑色，在评价体系中可对其分配相应不同的得分。

2. 质地　质地标准分为干净清爽、轻微黏性、黏性发热、发霉。

3. 气味　气味反映了发酵产物的组成，可分为舒适的酸香味、刺激性的酸味、氨味和霉味。

（二）Flieg 评分

Flieg 法是德国的 Flieg 于 1938 年提出的，根据有机酸组成评价发酵品质的方法，Zummer 于 1966 年对该方法进行了修订，Flieg 法在日本应用广泛。

Flieg 法是对青贮饲料进行水蒸气蒸馏，获得有机酸，通过换算确定乳酸、乙酸、丁酸的含量，再根据各种有机酸的质量比计算评分（表 10-6）。乳酸、挥发性脂肪酸（volatile fatty acid，VFA）可以通过比色、液相色谱、气相色谱等多种方法实现精确定量，以此为基础获得的评分与传统方法保持良好的一致性。

Flieg 法的使用前提是乳酸发酵旺盛，主要应用于高水分的青贮饲料。在评价低水分青贮饲料、发酵受抑制青贮饲料时，往往评价品质过低。

表 10-6　青贮饲料的 Flieg 评分

乳酸		乙酸		丁酸	
质量比/%	得分	质量比/%	得分	质量比/%	得分
0.0~25.0	0	0.0~15.0	20	0.0~1.0	50
25.1~27.5	1	15.1~17.5	19	1.6~3.0	30
27.6~30.0	2	17.6~20.0	18	3.1~4.0	20
30.1~32.0	3	20.1~22.0	17	4.1~6.0	15
32.1~34.0	4	22.1~24.0	16	6.1~8.0	10
34.1~36.0	5	24.1~25.4	15	8.1~10.0	9
36.1~38.0	6	25.5~26.7	14	10.1~12.0	8
38.1~40.0	7	26.8~28.0	13	12.1~14.0	7
40.1~42.0	8	28.1~29.4	12	14.1~16.0	6
42.1~44.0	9	29.5~30.7	11	16.1~17.0	5
44.1~46.0	10	30.8~32.0	10	17.1~18.0	4
46.1~48.0	11	32.1~33.4	9	18.1~19.0	3
48.1~50.0	12	33.5~34.7	8	19.1~20.0	2
50.1~52.0	13	34.8~36.0	7	20.1~30.0	1
52.1~54.0	14	36.1~37.4	6	30.1~32.0	−1
54.1~56.0	15	37.5~38.7	5	32.1~34.0	−2
56.1~58.0	16	38.8~40.0	4	34.1~36.0	−3
58.1~60.0	17	40.1~42.5	3	36.1~38.0	−4
60.1~62.0	18	42.6~45.0	2	38.1~40.0	−5
62.1~64.0	19	45.0~	0	40.0~	−10
64.1~66.0	20				
66.1~67.0	21				
67.1~68.0	22				
68.1~69.0	23				
69.1~70.0	24				
70.1~71.2	25				
71.3~72.4	26				
72.5~73.7	27				
73.8~75.0	28				
75.0~	30				

资料来源：自給飼料品質評㑩研究会，2001。

（三）McDonald 简易评价

由 McDonald 等提出以 pH 和氨态氮/总氮（VBN/TN）值为基准的评价方法。pH 划分为 3 级：≤4.2 为良，4.3~4.5 为中，≥4.5 为差。氨态氮/总氮值划分为 5 级：≤12.5 为优，12.5~15.0 为良，15.1~17.5 为中，17.6~20.0 为差，≥20.1 为极差。

（四）V-Score 评价

V-Score 评价方法是以氨态氮/总氮和挥发性脂肪酸为指标评价发酵品质，克服了须将青贮饲料按照高水分和低水分分别评价，导致难以准确划分含水量水平的弊端，实现了全水分青贮饲料的评价。在该评价体系中，评价对象是密封良好的青贮饲料，发霉、无法作为饲料用的严重变质青贮饲料不作为评价对象。此外，青贮饲料开封后的好氧稳定性有时与储藏品质相反。因此，好氧稳定性也不在评价范围之内。

为了比较不同青贮饲料的品质，该方法根据计算评分（表 10-7），将青贮饲料划分为 3 个等级，80 分以上为良，60～80 为可，60 分以下为差。

表 10-7　V-Score 分数分配计算式（鲜样重百分比）

氨态氮/总氮/%	X_N:	≤5	5～10	10～20	>20
	计算式	$Y_N=50$	$Y_N=60-2X_N$	$Y_N=80-4X_N$	$Y_N=0$
乙酸+丙酸（C2+C3）	X_A:	≤0.2	0.2～1.5		>1.5
	计算式	$Y_A=10$	$Y_A=(150-100X_A)/13$		$Y_A=0$
丁酸以及挥发性脂肪酸（C4 以上）	X_B:	0～0.5			>0.5
	计算式	$Y_B=40-80X_B$			$Y_B=0$
		V-Score：$Y=Y_N+Y_A+Y_B$			

资料来源：自給飼料品質評佃研究会，2001。

V-Score 评价方法具有较多优点，可适用于草捆青贮等低水分青贮饲料；青贮饲料从低水分到高水分可实现统一评分；水稻、苜蓿等低蛋白质或高蛋白质原料均可适用；采用可定量分析的成分作为评价指标等。

三、中国青贮饲料品质评价与质量分级

（一）青贮原料的评价

除了青贮玉米外，其他原料的分级评价标准还没有制订。青贮玉米原料植株较高，叶量较多，持绿性好，无明显倒伏，无明显大斑病、小斑病、黑粉病、丝黑穗病、锈病等病害症状。水分含量 60%～80%。根据中性洗涤纤维、酸性洗涤纤维、淀粉和粗蛋白质含量，将青贮玉米原料分为一级、二级、三级和等外（表 10-8）。

表 10-8　青贮玉米品质分级及指标

等级	中性洗涤纤维/%	酸性洗涤纤维/%	淀粉/%	粗蛋白质/%
一级	≤45	≤23	≥25	≥7
二级	≤50	≤26	≥20	≥7
三级	≤55	≤29	≥15	≥7

注：1）粗蛋白质、淀粉、中性洗涤纤维和酸性洗涤纤维为干物质（60℃烘干）中的含量；2）三等以下的青贮玉米品质判定为等外。

（二）青贮饲料的评价

1. 现场评定

（1）感官评定。青贮制作完成后，开始开封启用时，从青贮的色泽、气味和质地等进行感官评定。

（2）pH。采用广泛pH试纸测定。青贮pH的判别标准如下：优等，pH4.0以下；良好，pH4.1～4.3；一般，pH4.4～5.0；劣等，pH5.0以上。

（3）综合评分。将青贮饲料水分、感官指标和pH加以综合、量化，以便于科学、简便地评定青贮饲料的质量，分为优等、良好、一般、劣等4级（表10-9）。

表10-9　中国牧草青贮的现场评分标准

项目（总配分）	pH（25）	水分（20）	气味（25）	色泽（20）	质地（10）
优等	3.6（25）	70%（20）	酸香味、舒适感	亮绿色	松散软弱、不黏手
	3.7（23）	71%（19）	（18～25）	（14～20）	（8～10）
	3.8（21）	72%（18）			
	3.9（20）	73%（17）			
	4.0（18）	74%（16）			
		75%（14）			
良好	4.1（17）	76%（13）	酸臭味	黄绿色	（中间）
	4.2（14）	77%（12）	（9～17）	（8～13）	（4～7）
	4.3（10）	78%（11）			
		79%（10）			
		80%（8）			
一般	4.4（8）	81%（7）	刺鼻酸味、	淡黄褐色	略带黏性
	4.5（7）	82%（6）	不舒适感	（1～7）	（1～3）
	4.6（6）	83%（5）	（1～8）		
	4.7（5）	84%（3）			
	4.8（3）	85%（1）			
	4.9（1）				
劣等	5.0以上（0）	86%以上（0）	腐败味、霉烂味（0）	暗褐色（0）	腐烂发黏、结块（0）

资料来源：刘建新，2003。

2. 化学检测评定

（1）单项评定。在实验室内进行评定时，可以根据pH、氨态氮占总氮的比例以及乳酸、乙酸、丁酸在有机酸中所占的比例等指标来进行评价。按照各指标测定结果确定相应的得分。青贮饲料pH得分在0～25（表10-10）。氨态氮/总氮得分在-6～25（表10-11），是反映青贮饲料中蛋白质及氨基酸分解的程度。比值越大，说明蛋白质分解越多，意味着青贮质量不佳。各种有机酸含量得分范围并不完全相同，乳酸和乙酸含量得分都在 0～25，而丁酸含量得分在－10～50（表 10-12）。有机酸总量及其构成可以反映青贮发酵过程的好坏，其中最重要的是乙酸、丁酸和乳酸，乳酸所占比例越大越好。

表 10-10　青贮饲料 pH 的得分标准

pH	得分
<3.80	25
3.81～4.00	20
4.01～4.20	15
4.21～4.40	10
4.41～4.80	5
>4.81	0

资料来源：刘建新，2003。

表 10-11　青贮饲料氨态氮/总氮的得分标准

氨态氮/总氮/%	得分	氨态氮/总氮	得分
<5.0	25	16.1～18.0	9
5.1～6.0	24	18.1～20.0	6
6.1～7.0	23	20.1～22.0	4
7.1～8.0	22	22.1～26.0	2
8.1～9.0	21	26.1～30.0	1
9.1～10.0	20	30.1～35.0	0
10.1～12.0	18	35.1～40.0	－3
12.1～14.0	15	>40.1	－6
14.1～16.0	12		

资料来源：刘建新，2003。

表 10-12　青贮饲料有机酸含量的得分标准

占总酸比例/%	得分			占总酸比例/%	得分		
	乳酸	乙酸	丁酸		乳酸	乙酸	丁酸
<0.1	0	25	50	30.1～35.0	7	19	8
0.1～1.0	0	25	47	35.1～40.0	9	16	6
1.1～2.0	0	25	42	40.1～45.0	12	14	3
2.1～5.0	0	25	37	45.1～50.0	14	11	1
5.1～10.0	0	25	32	50.1～55.0	17	9	－2
10.1～15.0	0	25	27	55.1～60.0	19	6	－4
15.1～20.0	0	25	22	60.1～65.0	22	0	－9
20.1～25.0	2	23	17	65.1～70.0	24	0	－10
25.1～30.0	4	21	12	>70.0	25	0	－10

注：1）各种有机酸占总酸的比例按毫克当量计算；2）鲜样中的有机酸百分含量与毫克当量的换算关系如下：乳酸（毫克当量）＝乳酸（%）×11.105，乙酸（毫克当量）＝乙酸（%）×16.658，丁酸（毫克当量）＝丁酸（%）×11.356。

资料来源：刘建新，2003。

（2）综合评定。青贮饲料的综合评分采取 pH 评分、氨态氮评分和有机酸评分结合，各部分分数在总分中各占 25%、25% 和 50%。具体方法是将有机酸得分数除以 2，作为有机酸的相对得分；再将有机酸相对得分与 pH 得分、氨态氮得分相加，即可获得综合得分。综合得分包含了青贮饲料中蛋白质和碳水化合物两方面的信息，得分越高者质量等级越高。

依据实验室评定综合得分划分青贮饲料的等级，分为优等、良好、一般和劣质 4 个等级（表 10-13）。

表 10-13　中国青贮饲料的等级划分

质量等级	优等	良好	一般	劣质
评定得分	100～76	75～51	50～26	25 以下

资料来源：刘建新，2003。

由此可以看出，目前的评定主要是以发酵品质为主要依据，对青贮饲料品质进行分级评定。但是青贮饲料的调制，其目的并不仅仅为了良好的贮藏，更主要的是为动物提供基础的日粮。所以，需要结合营养成分，对青贮饲料的品质作好更为合理的分级评定。

思 考 题

1. 青贮调制技术对饲草质量的影响。
2. 影响青贮饲料品质的因素。
3. 青贮饲料品质检测的意义。
4. 如何评价青贮饲料品质检测技术？
5. 不同国家如何对青贮饲料品质进行分级？以美国、日本和中国为例。

第十一章　全混合饲料原料的检验

【内容提要】本章主要介绍了全混合日粮中能量饲料原料、蛋白质饲料原料、矿物质饲料原料和维生素饲料原料的主要特征、显微镜检特征、品质判断、质量参考指标等内容。

全混合日粮饲喂技术始于20世纪60年代，首先在英国、美国、以色列等国家应用。目前，奶牛业发达国家如美国、加拿大、以色列、荷兰、意大利等普遍采用全混合日粮（total mixed ration，TMR）饲喂技术。在我国，TMR饲喂技术也越来越多被牛场所使用，国内有近70%的规模化奶牛场采用了该技术。TMR饲喂技术的实质就是按照奶牛各自的产奶量和营养需要，将它们分成不同的组群分别饲喂。TMR的主要技术要点，是在进行日粮设计时，要考虑到奶牛的类别、胎次、泌乳阶段、产奶量、体况、饲料资源及气候等因素，根据不同类群奶牛的营养需要，制订合理的饲料配方。同时，要充分考虑TMR的精粗比、能氮比、钙磷比、粗纤维含量和类型以及可降解和不可降解粗蛋白质、矿物质、维生素添加剂及缓冲剂等。为了保证营养浓度，对各种原料必须准确计量，充分混合，防止分离。

TMR原料包括牧草类、籽实类、粮食加工副产品、食品加工副产品、薯类、植物性蛋白质、动物性蛋白质、非蛋白氮、矿物质元素、维生素、氨基酸等。牧草类原料的检验已经介绍，下面介绍其他原料的检验。

第一节　饲用籽实

一、饲用玉米

玉米是全世界总产量最高的粮食饲料作物，全世界玉米的70%～75%作为饲料。我国粮食作物生产中玉米产量占第三位，仅次于水稻和小麦。

（一）形态特征及显微特征

玉米籽粒为黄、白、紫、红或呈花斑的颖果，其中以黄、白色者居多。形状为牙齿状，略具玉米特有的甜味，初粉碎后有生谷味道。

在显微镜下，正面观察玉米可见清晰的胚芽区，背面皆为胚乳，端面上附有颖片，粉碎后玉米各部分特征都比较明显。在体视镜下观察，玉米皮薄且半透明，内表面常黏附有淀粉，在生物镜下观察，玉米的表皮由一层细长的细胞组成，细胞壁厚而有凹孔。角质胚乳细胞小，淀粉粒小而呈多角形，淀粉粒间充满蛋白质，因而组织致密，呈半透明状。粉质胚乳细胞大，淀粉粒多为圆形，蛋白质含量较低，与淀粉粒结合不紧密，结构疏松呈不透明状。

（二）饲用价值

玉米的粗蛋白质含量 7％～9％，粗纤维低仅为 2％左右，缺乏赖氨酸和色氨酸，钙的含量极低仅为 0.02％，磷含量约为 0.27％，钙磷比极为不平衡(1∶6)。玉米中含较高的 β 胡萝卜素、叶黄素和维生素 B_1，缺乏维生素 D、维生素 K、维生素 B_2 和烟酸。玉米的热能较高。

（三）品质鉴别

1. 水分特征　　水分是影响玉米品质最大的因素。玉米水分的快速感官检验方法见表 11-1。

表 11-1　玉米水分感官检验方法

玉米水分	看脐部	牙齿咬	手指掐	大把握	外观
14％～15％	明显凹下，有皱纹	震牙，清脆声	费劲	有刺手感	
16％～17％	明显凹下	不震牙，有响声	稍费劲		
18％～20％	稍凹下	易碎，稍有声	不费劲		有光泽
21％～22％	不凹下，平	极易碎	掐后自动合拢		较强光泽
23％～24％	稍凸起				强光泽
25％～30％	凸起明显		掐脐部出水		光泽持强
30％以上	玉米粒呈圆柱形		压胚乳出水		

资料来源：姜懋武等，1998。

2. 感官特征　　要求籽粒整齐一致，无发酵、变质、霉变、结块、异味、异嗅等。较好的玉米呈黄色且均匀一致，无杂色玉米。玉米的外表面和胚芽部分可观察到黑色或灰色斑点为霉变，若需观察其霉变程度，可用指甲掐开其外表皮或掰开胚芽作深入观察。区别玉米胚芽的热损伤变色和氧化变色，如为氧化变色，味觉及嗅觉可感氧化（哈喇）味。

国家标准玉米（GB 1353—2009）为强制性标准，规定了玉米质量等级（表 11-2），适用于商品玉米的收购、贮存、运输、加工、销售。国家标准饲料用玉米（GB/T 17890—2008）为推荐性标准，适用于商品饲料用玉米的收购、贮存、运输、加工、销售，并确定了质量等级（表 11-3）。

表 11-2　玉米质量等级标准

等级	容重/（g/L）	不完善粒含量/%		杂质含量/%	水分含量/%	色泽、气味
		总量	其中：生霉粒			
一级	≥720	≤4.0				
二级	≥685	≤6.0				
三级	≥650	≤8.0	≤2.0	≤1.0	≤14.0	正常

续表

等级	容重/（g/L）	不完善粒含量/%		杂质含量/%	水分含量/%	色泽、气味
		总量	其中：生霉粒			
四级	≥620	≤10.0				
五级	≥590	≤15.0				
等外	<590	—				

表 11-3　饲料用玉米等级标准

等级	容重/(g/L)	粗蛋白质（干基）/%	不完善粒/%		杂质/%	水分/%	色泽、气味
			总量	其中：生霉粒			
一级	≥710	≥10.0	≤5.0				
二级	≥685	≥9.0	≤6.5	≤2.0	≤1.0	≤14.0	正常
三级	≥660	≥8.0	≤8.0				

（四）质量参考指标

玉米的质量参考指标见表 11-4。

表 11-4　玉米的质量参考指标

指标	水分/%	粗蛋白质/%	粗脂肪/%	粗纤维/%	粗灰分/%	钙/%	磷/%	黄曲霉毒素 B_1/(μg/kg)	霉菌总数/ (10^3个/kg)
数值	≤14	7.0~9.0	3.0~5.0	1.5~2.5	2.3~3.0	0.01~0.05	0.20~0.55	≤50	<40

资料来源：姜懋武等，1998。

二、饲用大豆

大豆是双子叶植物纲豆科大豆属一年生草本植物，目前使用最多的为黄豆，其次为黑豆。

（一）形态和显微特征

大豆呈椭圆形、球形，颜色有黄色、淡绿色、黑色等，其中黄色居多。齿碎时有明显的豆腥味。在体视显微镜下观察：具有痕和针状小孔，内表面卷曲或呈筒状。种脐比较明显。

（二）饲用价值

大豆的蛋白质含量为 30%～40%，氨基酸组成良好，赖氨酸含量丰富，但缺乏含硫氨基酸。粗脂肪为 17%～20%，碳水化合物含量不高，无氮浸出物仅占 26%，纤维素占 18%。富含 B 族维生素，维生素 A 和维生素 D 含量少。

生大豆中含有多种抗营养因子，包括胰蛋白酶抑制因子、植物血细胞凝集素、抗维生素因子、皂苷、雌激素、胃肠胀气因子、植物十二钠、脲酶等，从而影响生大豆的直接利用。大豆通过加热可破坏大部分的抗营养因子，但皂苷、雌激素、胃肠胀气因子、大豆抗原蛋白等无法破坏。目前应用最为普通的钝化方法是热处理中的干式挤压膨化法，能够显著改善大豆的适口性，去除大部分毒素的活性，应用效果良好。

（三）品质鉴别

1. 水分特征　感官检验大豆水分时，主要应用齿碎法，并且根据不同季节而定；水分相同，季节不同，齿碎的感觉也不同（表 11-5）。

表 11-5　大豆水分含量的齿碎感觉

水分含量	冬季	夏季
12%以下	齿碎后可成4～5瓣	能齿碎并有声响
12%～13%	不能形成多瓣	不易破也没有声响
14%～15%	不能破碎，扁状，四周有裂口，豆粒上有齿痕	没有声响

资料来源：姜懋武等，1998。

2. 感官特征　大豆籽粒整齐，色泽新鲜一致，无发酵、霉变、结团及异味、异嗅等。质量应符合农业行业标准饲料用大豆（NY/T 135—1998）的规定，见表 11-6。

表 11-6　饲料用大豆质量分级（NY/T 135—1998，原 GB 10384—1989）　　（单位：%）

质量指标	一级	二级	三级
粗蛋白质	≥36.0	≥35.0	≥34.0
粗纤维	<5.0	<5.5	<6.5
粗灰分	<5.0	<5.0	<5.0

（四）质量参考指标

大豆质量参考指标见表 11-7。

表 11-7　大豆质量参考指标　　（单位：%）

指标	水分	粗蛋白质	粗脂肪	粗纤维	粗灰分
数值	<14.0	32～40	17～20	5～6.5	4～5

资料来源：姜懋武等，1998。

三、饲用小麦

饲用小麦属于禾本科小麦属植物，是全世界主要粮食作物之一，我国产量居全世界第二位。小麦作为反刍动物饲料，除能量比玉米低外，其他营养指标均优于玉米。

（一）形态和显微特征

小麦为椭圆形，颜色有白色、浅黄色至黄褐色、红色，略有光泽，腹部有较深的腹沟，背部有许多细微的波状皱纹，腹部表面皱纹明显，顶端有毛簇。

（二）饲用价值

小麦的粗蛋白质为 12%～18%，由于小麦品种间蛋白质含量差异很大，配方计算上应注意。粗脂肪为 1.7% 左右，比玉米低。粗纤维含量为 2% 左右。钙少磷多，且磷多为植酸磷（约占总磷的 58.1%）。B 族维生素和维生素 E 较多，而维生素 A、维生素 C 和维生素 D 含量低。

（三）品质鉴别

1. 水分特征　小麦水分要达到本地区的安全水分，以便于贮存和安全使用。

2. 感官特征　浅橙黄色颗粒，籽粒整齐、色泽新鲜一致，无发酵、虫蛀、霉变、结块及异味、异嗅等，无污染。

小麦有可能感染霉菌等微生物而造成中毒或利用率的降低，应控制黄曲霉毒素和霉菌的数量，避免使用等级差的小麦。另外由于小麦中含有阿拉伯木聚糖、β-葡聚糖等抗营养因子，限制了在猪和家禽等动物饲料中大量使用，在反刍动物中也要控制用量。此外，小麦容易污染麦角毒碱，籽实生长异常者，应注意检验。

（四）质量参考指标

饲用小麦的质量参考指标见表 11-8。

表 11-8　饲用小麦的质量参考指标

指标	水分/%	杂质/%	黄曲霉毒素 B_1/(μg/kg)	霉菌总数/(10^3 个/kg)
数值	≤13.5	≤1.9	≤30	<40

质量等级应符合中华人民共和国国家标准饲料用小麦（GB 10366—89）的质量标准，见表 11-9。

表 11-9　我国饲料用小麦的质量标准　　　　　　　　（单位:%）

等级	指标			
	水分	粗蛋白质	粗纤维	粗灰分
一级	13	≥14.0	<2.0	<2.0
二级	13	≥12.0	<3.0	<2.0
三级	13	≥10.0	<3.5	<3.0

四、饲用燕麦

燕麦是一种品质优良的一年生禾本科牧草，在禾谷类作物中燕麦产量居第 6 位。我国以大粒裸燕麦为主，俗称莜麦、玉麦，占燕麦面积的 90%。主要分布在华北、西北和西南的高寒地区。

（一）形态和显微特征

燕麦种子为纺锤形，颜色有白色、灰黄色、黑色及混合色，表面光滑。粉碎后为淡灰色直至黄灰色，具有新鲜带甜的燕麦味。在显微镜下观察为淡黄色，有麦芒，有腹沟。

（二）饲用价值

燕麦的蛋白质含量为 12%～18%，在禾谷类作物中蛋白质含量很高，且含有人体必需的 8 种氨基酸，其组成也较平衡。脂肪含量为 4%～6%。与谷物相比，钙、磷、铁和核黄素的含量也很高。

（三）品质鉴别

1. 水分特征　　水分要达到本地区的安全水分，以保证其安全贮存和安全使用。

2. 感官特征　　籽粒应整齐，色泽新鲜一致，无发酵、霉变、结块及异味、异嗅等。

3. 营养指标特征　　燕麦的质量分级见表 11-10。

表 11-10　燕麦的质量分级

纯粮率/%		杂质/%	水分/%	色泽、气味
等级	最低指标			
一级	97.0			
二级	94.0	1.5	14.0	正常
三级	91.0			

资料来源：姜懋武等，1998。

4. 物理特征　　千粒重 20～40g，皮燕麦稃壳率 25%～40%。燕麦品种不同其成分差异很大，主要在于壳的比例，壳的比例越大，容重自然降低，品质较差。燕麦所含脂肪比其他谷物高，但多属易变质的不饱和脂肪酸，粉碎后甚至易氧化酸败，故耐贮性较差，粉碎后也不宜久置。

（四）质量参考指标

燕麦的质量参考指标见表 11-11。

表 11-11　燕麦的质量参考指标　　　　　　　　　（单位：%）

指标	水分	粗蛋白质	粗脂肪	粗纤维	粗灰分	钙	磷
数值	9.0～14.0	9.0～13.5	3.75～5.5	9.5～13.0	3.0～4.0	0.07～0.13	0.30～0.50

资料来源：姜懋武等，1998。

五、饲用水稻

水稻是一年生禾本科植物，饲用水稻有两种，一种是普通水稻，一种是饲料稻。

（一）形态和显微特征

稻谷主要是由内颖、外颖、种皮、种胚、胚乳等组成，形状为细长形，外表粗糙，颜色由浅黄至金黄色。在体视显微镜下稻谷壳呈较规则的长形块状，有交错的纹理凹陷使得突起部分呈格状排布，可见刚毛。

（二）饲用价值

稻谷和糙米含蛋白质分别为8%和10%左右，稻谷的养分消化率明显低于糙米。稻谷含粗纤维8.94%，而糙米为1.19%。稻谷和糙米分别含赖氨酸0.29%和0.44%，蛋氨酸0.10%和0.18%，苏氨酸0.26%和0.30%。

（三）品质鉴别

1. 感官特征　　籽粒整齐，色泽新鲜一致，无发酵、霉变、结块、异味、异嗅。

2. 水分特征　　水分含量不得超过14.0%。

（四）质量参考指标

饲料稻稻谷质量等级指标见表11-12。

表 11-12　饲料稻稻谷质量等级指标

等级	糙米率/%	粗蛋白/%	粗纤维/%	水分/%	杂质/%	色泽气味
一级	≥82.0	≥12.0	≤9.0			
二级	≥80.5	≥11.0	≤10.0	≤13.5	≤1.0	正常
三级	≥79.0	≥10.0	≤11.0			

注：农业行业标准（NY/T 1580—2007）。

六、饲用大麦

大麦有两种，即普通大麦和裸大麦。其中普通大麦种植面积最广，占总大麦产量的2/3。我国饲用大麦用量不大，用量最大的是欧洲和美国，分别占大麦总产量的70%～90%和60%。

（一）形态和显微特征

大麦颗粒呈黄褐色，有光泽，呈卵形或长椭圆形，具有新鲜带甜的大麦味。颖果与内外稃愈合，罕有分离者，颖果背有沟。显微镜下观察：椭圆形，黄褐色，有凸起的五条脉，皮较小麦皮薄而光泽也较差。

（二）饲用价值

大麦的无氮浸出物含量为67%以上，主要成分为淀粉，其他糖主要是非淀粉多糖。普通皮大麦的粗蛋白质为11%～13%，蛋白质品质较好，氨基酸中赖氨酸、蛋氨酸、色氨酸含量高于玉米，尤其是赖氨酸达 0.43%，矿物质元素中钙少磷多，钙磷比例不恰当，微量元素中铁含量高，铜含量低。皮大麦比裸大麦的纤维素含量高。

（三）品质鉴别

1. 水分特征　　水分要达到本地区的安全水分，以便于贮存和安全使用。

2. 感官特征　　籽粒整齐、色泽新鲜一致，无发酵、霉变、结块、异味、异嗅等。大麦有可能感染霉菌、麦角毒碱等微生物而造成中毒或利用率的降低，应避免使用等级差的大麦。

3. 营养指标　　质量等级应符合国家标准饲料用皮大麦（GB 10367—89），见表 11-13。

表 11-13　饲料用皮大麦质量分级　　　　　　　　（单位：%）

质量指标	等级		
	一级	二级	三级
粗蛋白质	≥11.0	≥10.0	≥9.0
粗纤维	<5.0	<5.5	<6.0
粗灰分	<3.0	<3.0	<3.0

（四）质量参考指标

大麦质量参考指标见表 11-14。

表 11-14　大麦质量参考指标　　　　　　　　　（单位：%）

指标	水分	粗蛋白质	粗脂肪	粗纤维	粗灰分	钙	磷
数值	≤13	9.0～13.0	1.5～3.0	2.0～3.0	2.5～3.5	0.03～0.08	0.30～0.55

资料来源：姜懋武等，1998。

第二节　饲用糠麸类

一、小麦麸与次粉

（一）小麦麸

小麦麸俗称麸皮，是面粉厂用小麦加工面粉时得到的副产品，由种皮、糊粉层、一部分胚及少量的胚乳组成。小麦麸质地松软，适口性好，有轻泻的作用，是反刍动物的优良饲料。

1. 形态和显微特征　　小麦麸为淡褐色直至红褐色，细碎屑状。在体视镜下观察小麦麸为片状结构，片状大小由于制粉程度的不同而不同。麸皮的外表面有细皱纹，内表面黏附有许多不透明的白色淀粉粒。小片麸皮片状结构小，淀粉含量高。在低倍显微镜下观察：麸皮由多层组成，具有明显链珠状的细胞壁，仅一层管状细胞例外，在管状细胞上整齐地排列一层横纹细胞。在高倍显微镜下可见，麸皮由多层组成，链珠状的细胞壁清晰可见，淀粉颗粒较大，近圆形，侧视形似凸透镜，无明显脐眼。

2. 饲用价值　　小麦麸皮的蛋白质含量高，为 12.5%～19%，氨基酸组成较平衡，其中赖氨酸、色氨酸和苏氨酸含量高，特别是赖氨酸可高达 0.7%。麦麸的粗纤维含量较高，能量值较低，脂肪含量约为 4%，并以不饱和脂肪酸居多，易变质生虫。小麦麸皮 B 族维生素、维生素 E 含量高，维生素 A、维生素 D 含量低。矿物质含量较丰富，但钙磷比例不平衡（1∶8）。

3. 品质控制

（1）水分控制。控制小麦麸皮水分达到本地区的安全水分，以便于贮存和安全使用。

（2）感官特征。要求色泽新鲜一致，无发酵、霉变、结块、异味及异嗅。小麦麸掺假鉴别：常见掺杂物有锯末、稻糠等，用手抓起一把麸皮使劲搓，如果麸皮成团，则为纯正麸皮；而搓时手有涨的感觉，则掺有稻谷糠；如果将麸皮攥在手心有滑腻的感觉，将手从麸皮中抽出，如手上粘有白色粉末且不易抖落，则掺有滑石粉。

（3）营养指标。小麦麸质量分级采用国家标准（GB 10368—89），见表 11-15。

表 11-15　小麦麸质量分级　　　　　　　　　　（单位：%）

质量指标	等级		
	一级	二级	三级
粗蛋白质	≥15.0	≥13.0	≥11.0
粗纤维	<9.0	<10.0	<11.0
粗灰分	<6.0	<6.0	<6.0

注：各项质量指标含量均以 87% 干物质为基础计算。

4. 质量参考指标　　小麦麸的质量参考指标见表 11-16。

表 11-16　小麦麸的质量参考指标　　　　　　　　（单位：%）

指标	水分	粗蛋白质	粗脂肪	粗纤维	粗灰分	钙	磷
数值	≤13	11～17.5	3～5	7～10	3.5～6	0.05～0.15	0.8～1.25

资料来源：姜懋武等，1998。

（二）次粉

又称黑面、黄粉、下面或三等粉等，是以小麦籽实为原料磨制各种面粉后获得的副产品之一。

1. 形态和显微特征　　次粉有麦香味，为灰白色到淡褐色的粉状物，通常颜色较深者容重小，含麸皮较多，质量也较差。

2. 饲用价值　　次粉中含粗蛋白质为 11%～18%，粗脂肪为 0.4%～5.0%，粗灰分含量为 2%～3%，无氮浸出物为 53%～73%。

3. 品质鉴别

（1）水分特征。控制小麦次粉水分达到本地区的安全水分，以便于贮存和安全使用，通常应小于12％。

（2）感官特征。要求色泽新鲜一致，无发酵、霉变、结块、异味及异嗅。次粉如果看上去很白，则可能掺假（滑石粉、石粉）；如果看上去麸皮很多，则掺入超微粉碎的麸皮。

（3）次粉的掺假识别。次粉掺砂、滑石粉、石粉的测定方法：称样品10g，放于250mL分液漏斗内，加四氯化碳100～150mL，充分摇动2min，放置静止30min，观察沉淀物的多少，如有少许沉淀物，可忽略不计，若有许多，则将沉淀物放出，在已知质量的烧杯内，水浴（通风处）蒸干四氯化碳，再放到80～90℃的烘箱内烘30min，称重，计算掺杂物的质量，并可根据掺杂物的外观，做定性实验，确认掺假物为何物质。如果沉淀物为白色、灰白色物质，而且不溶于盐酸，则为滑石粉；如果沉淀物溶于盐酸，且放出大量气泡，则为石粉；如果沉淀物外观很白，且有荧光性，则为增白剂。

4. 质量参考指标 饲料用次粉的质量参考指标见表11-17。

表11-17 饲料用次粉质量标准 （单位:％）

质量指标	等级		
	一级	二级	三级
粗蛋白质	≥14.0	≥12.0	≥10.0
粗纤维	<3.5	<5.5	<7.5
粗灰分	<2.0	<3.0	<4.0

注：农业行业标准（NY/T 211—92）。

二、米糠

（一）全脂米糠

全脂米糠（rice bran）为糙米精制过程中所脱除的果皮层、种皮层及胚芽等混合物。

1. 形态和显微特征 全脂米糠为淡黄色或淡褐色碎屑粉状，略呈油感，色泽新鲜一致，具有米糠特有的风味。在体视显微镜下可见稻谷壳呈不规则片状，外表面具有光泽的横纹线和绒毛，可见团块，除可见稻壳外，还可看见碎米粒。在生物镜下观察，可见管细胞上纵向排列的弯曲细胞，细胞壁厚，这种特有的细胞排列方式是稻壳在生物镜下的主要特征。

2. 营养价值 米糠的蛋白质、赖氨酸、粗纤维、脂肪含量均高于玉米，尤其是脂肪含量可达16.5％，最高可达22.4％，粗蛋白质含量12.1％～12.8％。粗脂肪中含3％糠腊，44％～46％油酸，35％～36％亚油酸，但亚麻酸较少，为1.3％～2.5％。B族维生素丰富。全脂米糠的抗营养因子主要是胰蛋白酶抑制因子和脂肪酶，脂肪中所含的糠腊对适口性有负面影响。全脂米糠极易酸败，全脂米糠酸价控制在6mg KOH/g以下，大量饲喂会引起腹泻。

3. 品质鉴别

（1）水分特征。全脂米糠的成分随所用糙米原料而异，影响最大的是水分含量，高水分糙米制成的全脂米糠，含水量也高，水分如果超过 13% 则加速氧化的进行，变质十分迅速，尤其高温多雨的夏季，4～5 天内酸价即呈直线上升，接收时必须控制水分在 12% 以内。

（2）感官特征。无发酵、发热、结块、霉变、虫蛀现象，无异味、异嗅，不酸败。不得掺入除米糠以外的物质。

（3）其他的特征。测定其游离脂肪酸含量，可知酸败程度或新鲜度。利用相对密度分离法可知米糠中其稻壳及碳酸钙的含量多少，从而判断质量好坏。

4. 质量参考指标　　全脂米糠的质量参考指标见表 11-18。

表 11-18　饲用米糠的质量参考指标　　　　　　（单位：%）

等级	指标					
	水分	粗蛋白质	粗纤维	粗灰分	钙	磷
一级	≤14.0	≥13.0	<6.0	<8.0	0.05～0.15	1.0～1.8
二级	≤14.0	≥12.0	<7.0	<9.0	0.05～0.15	1.0～1.8
三级	≤14.0	≥11.0	<8.0	<10.0	0.05～0.15	1.0～1.8

（二）脱脂米糠

脱脂米糠（defatted rice bran）是全脂米糠经溶剂或压榨提油后残留的米糠，主要分为两种，即米糠饼和米糠粕。

1. 形态和显微特征　　脱脂米糠为黄色或褐色，烧烤过度时色深，具浓郁的香米味和特殊烤香，粉状，含有微量碎米、粗糠。在体视显微镜下观察可见稻谷壳呈不规则片状，外表面有光泽的横纹线，可见到绒毛，脱脂米糠不成团。除可见稻壳外，还可见碎米粒。在生物镜下观察同全脂米糠。

2. 饲用价值　　粗蛋白质的含量为 15%～17%。与全脂米糠相比，脱脂米糠粗脂肪含量较低，尤其是米糠粕脂肪含量仅为 2.0%。粗纤维含量较高为 7.4%。粗灰分为 9%。营养丰富均衡，蛋白质、氨基酸平衡，富含维生素 B 和维生素 E。价格低廉、适口性好、消化率高。

3. 品质鉴别

（1）水分特征。控制脱脂米糠水分达到本地区的安全水分，以便于贮存和安全使用。低于 13% 的水分，耐贮存，放置安全，贮存时间可达 6 个月。

（2）感官特征。色泽新鲜一致，无发酵、霉变、虫蛀、结块、异味及异嗅等现象。脱脂米糠成分受原料、制法影响很大，各批次间成分也有差别。要注意检查粗糠多少，如果粗糠含量多，则粗纤维含量高，粗蛋白质低，品质差。可用水漂法检查粗糠的含量。

4. 质量参考指标　　我国制定了饲料用米糠饼（NY/T123—1989）和饲料用米糠

粕（NY/T124—1989）标准，见表 11-19。

表 11-19　米糠饼和米糠粕的质量标准　　　　　　（单位：%）

指标	米糠饼			米糠粕		
	一级	二级	三级	一级	二级	三级
粗蛋白质	≥14.0	≥13.0	≥12.0	≥15.0	≥14.0	≥13.0
粗纤维	<8.0	<10.0	<12.0	<8.0	<10.0	<12.0
粗灰分	<9.0	<10.0	<12.0	<9.0	<10.0	<12.0

注：干物质为 86%。

三、其他糠麸

（一）玉米麸

玉米麸又称玉米麸料、玉米面面筋麸料、玉米蛋白质饲料，是以玉米为原料湿法加工生产淀粉或玉米糖浆时，原料玉米中除去淀粉、蛋白筋粉及胚芽后，所剩余的副产品。玉米麸是由玉米皮（40%～60%）、玉米蛋白粉（15%～25%）和玉米浸渍液（干）（25%～40%）组成，有时混有少量的玉米浸渍物或玉米胚芽粕。它是介于能量饲料和蛋白质饲料之间的一种产品。

1. 形态和显微特征　玉米麸为淡黄色直至褐色，似玉米烤过并混合发酵的玉米味道，略酸，片状、粗碎、细碎均有，且以细粉状态为最好。在体视镜下可明显见玉米种皮的条纹，为金黄色；在生物镜下可见玉米种皮以伸长、扁平细胞为主，为黄绿色。

2. 饲用价值　粗蛋白质占 19.3%，最高可达 25%，粗脂肪 7.5%，而粗纤维含量却较低，一般不超过 10%，无氮浸出液 48%，粗灰分 5.4%，钙磷含量各为 0.15% 和 0.7%。玉米麸中矿物质元素以铁含量 282mg/kg 为最高，是原料玉米的 8 倍，其他微量元素含量也都高于原料玉米，但与原料玉米相比缺乏硒元素。赖氨酸、蛋氨酸与原料玉米相似，即其含量较低。容重轻，适口性较差，主要供乳牛、肉牛、绵羊饲用，牛对玉米麸的蛋白质消化率可达 80%，可消化养分达 75%。

3. 品质鉴别

（1）水分特征。控制玉米麸水分达到本地区的安全水分，以便于贮存和安全使用。含水量不超过 15%。

（2）感官特征。色泽应新鲜一致，具有正常的气味，无酸败、发霉及焦化的味道。如有粒度大、片状物多、相对密度小等现象，表示玉米皮含量多，成分也较差（粗蛋白质低、粗纤维高）。一般容重为 0.34～0.45kg/L。玉米外壳及外皮比例高，颜色较淡，品质也较差。原料色素含量少或成品色素已氧化时颜色也淡；色深细粒多时是过热情形严重；黑褐色则可能加工过程不良或变质。通常颜色越趋向黄色，表示品质越佳。含霉菌毒素的玉米，制成淀粉后，其毒素均残留于副产品中。制造过程中是否加入浸渍液或胚芽粕及添加量的多少，对成品成分影响很大。通常混合浸渍液含磷量会增加（约 0.9%），否则含量甚微。

4. 质量参考指标　　玉米麸的质量参考指标见表 11-20。

表 11-20　玉米麸的质量参考指标　　　　　　（单位:%）

指标	水分	粗蛋白质	粗脂肪	粗纤维	粗灰分	钙	磷
数值	10.0~12.0	20.0~25.0	1.0~4.0	7.0~10.0	5.5~7.5	0.2~0.6	0.5~1.0

资料来源：姜懋武等，1998。

（二）高粱糠

高粱经湿磨法制造淀粉或糖浆时，把高粱所含的淀粉及胚芽去除后所剩下的部分即为高粱麸。

1. 形态和显微特征　　高粱糠为红褐色至褐色，味道类似玉米麸但无刺激味，粉状。在体视镜下呈红色片状，并黏附有淀粉。在生物镜下观察色彩丰富，主要呈红褐、红橙等色，有深色条纹和斑，可见圆形细胞。

2. 饲用价值　　高粱糠的单宁含量高于高粱，淀粉较低而油脂和蛋白质较高，易发酸。粗蛋白质为 11.0%~15.0%，粗纤维为 1.0%~10.0%，灰分为 2.0%~7.0%，单宁含量为 0.1%~10.0%，粗脂肪为 3.5%~9.5%。由于含有单宁，适口性较差，用于奶牛、肉牛效果较好。

3. 品质鉴别

（1）水分特征。水分控制到 10% 以下有利于贮存。

（2）感官特征。色泽新鲜一致，具有正常的气味，无酸败、发霉及焦化的气味。本品如较粗，容重较轻（通常为 0.40~0.50kg/L），说明含高粱皮较多，品质差。

高粱所含单宁酸大部分进入高粱麸内，应检测单宁酸含量。

4. 质量参考指标　　高粱麸的质量参考指标见表 11-21。

表 11-21　高粱麸的质量参考指标　　　　　　（单位:%）

指标	水分	粗蛋白质	粗脂肪	粗纤维	粗灰分	无氮浸出物	钙	磷
数值	10.0	9.3	8.9	3.9	4.8	63.1	0.3	0.44

资料来源：中国农业科学研究院，1998。

第三节　饲用薯类

一、饲用木薯

木薯（cassava）又称为树薯，为热带多年生灌木的块茎，是世界三大薯类作物（木薯、马铃薯、甘薯）之一，依品种可分为苦味木薯和甜味木薯。木薯中含有氢氰酸，尤其皮中含量较多。用于饲料的有新木薯、木薯干、木薯粉、木薯渣等。木薯渣是生产木薯淀粉或乙醇加工后的副产品。

（一）感官和显微特征

木薯块外皮为黑褐色，其内淀粉质为白色，木薯粉为灰白色，略具甜味。在体视显微镜下观察木薯表皮如树皮，棕红色，断面可见白色淀粉。

（二）饲用价值

新鲜木薯的含水量为70%左右，干物质含量为25%～30%。粗蛋白质的含量较低为2.5%，且品质较差；粗脂肪含量为0.7%；粗纤维含量为2.5%左右；无氮浸出物含量丰富为79.4%；维生素含量非常丰富。由于鲜木薯中含有大量的氢氰酸毒性物质，直接饲喂就会造成动物中毒现象，一般不宜鲜喂。木薯加工副产品及其茎叶的营养成分见表11-22。木薯渣粗蛋白质、粗脂肪、无氮浸出物含量低于玉米、麦麸、米糠，粗纤维、粗灰分含量则高于玉米、麦麸和米糠。

表 11-22　木薯加工副产品及其茎叶营养成分　　　（单位：%）

营养及名称	木薯渣	木薯茎	木薯叶片	木薯酒糟
干物质	17.3	89～90	91～92	80.2
粗蛋白质	2.0（干）	21	17～18	14.3
脂肪	2.0	6～7	5～6	3.59
粗纤维	18.5～25.0	20～24	17～18	23.0
灰分	11.7	8～10	9～10	9.04
无氮浸出物	30～45	27～35	39～44	29～45
钙	0.55	1.0～1.4	1.75	0.53
磷	0.46	0.25～0.28	0.32	0.13

注：物料为干物料。

（三）品质鉴别

1. 水分特征　木薯含水量高，如不及时干燥，贮存3～4天甚至更长时即开始发酵，品质下降，甚至滋生霉菌，产生毒素。当有异常气味时，应检验霉菌。

2. 感官特征　木薯或木薯粉色泽新鲜一致，没有发霉变质。

3. 有毒有害成分　木薯含氢氰酸，尤其皮部较多，苦味较甜味多。但饲料用木薯多经洗涤、切块、干燥或打粒等处理，已去除部分氢氰酸。

（四）质量指标

饲料用木薯质量标准见表11-23。

表 11-23　饲用木薯干质量标准　　　（单位：%）

质量指标	含量
粗蛋白质	<5.0
粗灰分	<4.0

注：各项质量指标含量均以87%干物质为基础计算。农业行业标准（NY/T 120—1989，原GB 10369—89）。

木薯质量参考指标见表11-24，木薯渣的营养成分见表11-25。

表 11-24　木薯质量参考指标

指标	水分/%	粗蛋白质/%	粗脂肪/%	粗纤维/%	粗灰分/%	钙/%	磷/%	氢氰酸/(mg/kg)
数值	≤13.0	2.0~4.2	0.5~1.0	<4.0	<5.0	0.25~0.4	0.05~0.1	10~50

资料来源：姜懋武等，1998。

表 11-25　烘干木薯渣的营养成分　　　　　　　　（单位：%）

项目	干物质	粗蛋白质	粗脂肪	粗纤维	粗灰分	无氮浸出物	钙	总磷
木薯渣（烘干）	86	1.8~3.53	0.3~0.6	6.0~13.0	1~3	72~78	0.55	0.46

二、饲用甘薯

甘薯（sweet potato）又称为番薯、山芋、红薯、地瓜等，为蔓生植物的块根，是我国四大粮食作物之一。我国是世界第一大甘薯生产国，甘薯生产占世界总产量的 80%。

（一）感官和显微特征

甘薯块根皮有白色、黄色、淡紫红色，肉色有黄白、橘黄、深红色等，饲料用均先制丝后再晒干。削皮后制丝为特白丝，未削皮制丝为普通丝，色泽及气味应具有甘薯的气味，无尘土及黏结物。在体视显微镜下可见有橘红色甘薯外皮和白色淀粉粒。

（二）饲用价值

可以饲用的部分包括甘薯块根、甘薯藤和叶。甘薯味道甜美，含有丰富的糖、淀粉、纤维素和多种维生素营养，其中 β-胡萝卜素、维生素 E 和维生素 C 尤其多，维生素 B_1、维生素 B_2 的含量分别比大米高 6 倍和 3 倍。含有丰富的赖氨酸以及镁、磷、钙等矿物元素和亚油酸等。甘薯茎蔓，粗蛋白质与粗纤维含量分别为 7.2% 和 36.9%，茎叶的胡萝卜素含量仅次于优质苜蓿草粉。

（三）品质鉴别

1. 感官特征　　甘薯粉要求色泽及气味应正常，无异嗅及虫蛀，水分的含量不超过 12.5%。甘薯丝泥土、细砂附着者不超过 20%。薯丝多以人工晒制而成，雨季或贮存不良时，生霉机会多，禽畜食后易造成下痢，影响饲料效果。接收时，必须。

2. 抗营养因子处理　　甘薯含有胰蛋白酶抑制因子，不利于蛋白质的消化。该因子加热可去除。

（四）质量参考指标

甘薯质量参考指标见表 11-26。

表 11-26　甘薯的质量参考指标　　　　　　　（单位：%）

指标	种类	
	甘薯丝	鲜甘薯
水分	15.0	68.0
粗蛋白质	3.54	1.35
粗脂肪	2.11	0.24
粗纤维	2.94	0.55
粗灰分	3.33	0.67
钙	0.31	0.08
磷	0.10	0.12

资料来源：姜懋武等，1998。

三、饲用马铃薯

马铃薯（potato）又称为土豆、洋芋、洋番芋、山药蛋，是茄科茄属植物，多年生草本。

（一）感官和显微特征

马铃薯块茎为圆、卵圆或长圆形，薯皮的颜色为白、黄、粉红、红或紫色；薯肉为白、淡黄或黄色。

（二）饲用价值

马铃薯的营养成分比较全面，营养结构也较合理，淀粉含量 18%，干粉中粗蛋白质达到 9%。赖氨酸含量高，蛋氨酸含量少。粗纤维、钙、磷含量较低。马铃薯含有一些有毒的生物碱，主要是茄碱和毛壳霉碱。发芽变绿色的马铃薯不能用作饲料，这是因其含龙葵碱量高而有毒的缘故。发芽的马铃薯在饲喂前应把芽及发绿部分去掉。

（三）品质鉴别

1. 感官特征　　要求马铃薯个体均匀、味正、个大、皮薄、色鲜。马铃薯中的龙葵素在发芽、未成熟和霉烂的马铃薯中含量比较高。

2. 去毒加工　　目前常用的脱毒方法主要有切皮、去芽、浸泡等方法。对于局部发芽变青的土豆，如果情况不太严重，只要厚厚地剜去芽眼，削去发青部分，除去嫩芽，并将芽眼周围挖掉，剩下的薯块放在水中浸泡（30～60min 后将水弃去），并充分蒸煮。

（四）质量参考指标

质量参考指标见表 11-27。

表 11-27　马铃薯质量参考指标　　　　　　　　　（单位：%）

类别	水分	蛋白质	碳水化合物	粗脂肪	粗纤维	粗灰分	钙	磷
鲜马铃薯	75~80	1.5~2.3	9~20	0.1~1.1	0.6~0.8	0.8	—	—
马铃薯干粉	11.4	4.0~6.0	79.0~83.0	0.5	3.5	1.7	0.1	0.2

注：一代表无数据。

第四节　饲用食品加工副产物

一、糖蜜

糖蜜是甘蔗、甜菜等榨糖后的一种副产品，分成甘蔗糖蜜、甜菜糖蜜、葡萄糖蜜、精制糖蜜等。

（一）形态和显微特征

糖蜜为黏稠、黑褐色、呈半流动的物体，略甜，带硫磺或焦糖味，味道不佳。

（二）饲用价值

糖蜜的主要成分是糖类，一般为 40%~46%，并含有蛋白质、天然矿物质和维生素等多种营养成分。蛋白质为 3%~6%，多属于非蛋白氮类，如氨、酰胺及硝酸盐等，而氨基酸态氮仅占 38%~50%，而且非必需氨基酸如天冬氨酸、谷氨酸含量较多。在各种糖蜜中，甘蔗糖蜜含蔗糖 24%~36%，含其他糖类 12%~24%；甜菜糖蜜所含糖类几乎全为蔗糖，约 47%。糖蜜的矿物质含量较高，达 8%~10%；钙、磷含量不高，但钾、氯、钠、镁含量高，因此糖蜜具有轻泻性。一般糖蜜维生素含量低，但甘蔗糖蜜中泛酸含量较高，达 37mg/kg。

（三）品质鉴别

（1）颜色、味道、黏度要正常，不可太黏、太稀、有焦糖味。

（2）优质的糖蜜有一股浓烈的香甜味，同时夹杂着一股淡淡的焦味；可以用一个手指沾一点糖蜜，另一个手指按在上面后轻轻拿起会明显感觉黏稠不易断；质量好的糖蜜在进行转装时黏结不容易流动。

（3）糖蜜的含水量和含糖量作为判定质量常用的指标，灰分和含胶物越低越好。

（四）质量参考指标

糖蜜的质量参考指标见表 11-28。

表 11-28　蜜糖的质量参考指标　　　　　　　　　（单位：%）

指标	甘蔗糖蜜	甜菜糖蜜	柑橘糖蜜	淀粉糖蜜
水分	20.0~30.0	18.0~28.0	29~36	27
粗蛋白质	2.5~4.0	6.0~8.0	4.1~6.1	微量

续表

指标	甘蔗糖蜜	甜菜糖蜜	柑橘糖蜜	淀粉糖蜜
粗灰分	8.0~12.5	8.0~12.0	4.3~4.7	9.0~13.0
钙	0.4~0.75	0.05~0.15	0.8	—
磷	0.05~0.15	0.01~0.06	0.6	—
总糖量	48~51	49	>45	>50

资料来源：姜懋武等，1998。

注：一代表无数据。

二、甘蔗渣

甘蔗渣是制糖的一种副产品，是甘蔗榨糖后的渣粕，占榨量的24%~27%。

（一）形态特征

甘蔗渣为褐色，质地粗硬，有清香味和甜味。甘蔗渣粒度较大，如不进行粉碎，其中的木质素易损伤和刺激反刍类动物的消化系统。

（二）营养特点

含干物质90%~92%，粗蛋白质2.0%，粗纤维44%~46%（其中46%为纤维素，25%半纤维素、20%的木质素，以及约9%的其他物质），粗脂肪0.7%，无氮浸出物42%，粗灰分2%~3%。直接饲用适口性差，消化率低，能量也较低。

（三）品质鉴别

（1）甘蔗渣水分较高，容易发生腐败。贮存时水分高于15%。

（2）甘蔗渣颜色、味道正常，无霉味、酸味等。

三、甜菜渣

甜菜渣或称甜菜粕是甜菜块根、块茎经过浸泡，压榨提取糖液后的残渣，是制糖工业的副产品。甜菜渣是家畜良好的多汁饲料，对母畜还有催乳作用，多用于喂牛。

（一）形态特征

甜菜渣为淡灰色、深灰色，稍具甜味及芳香味，粉状。

（二）饲用价值

甜菜渣的主要成分为无氮浸出物和粗纤维，矿物质中钙多磷少，维生素中烟酸含量高；甜菜渣中有较多游离酸，如草酸；甜菜渣中还含有甜菜碱。甜菜、甜菜叶、鲜甜菜渣、干甜菜渣中的干物质、粗蛋白质、粗脂肪、粗纤维等的含量见表11-29。

表 11-29　甜菜、甜菜叶、甜菜渣营养成分　　　　　（单位：%）

项目	干物质	粗蛋白质	粗脂肪	粗纤维	无氮浸出物	灰分	钙	磷
甜菜	15.00	2.00	0.40	1.70	9.10	1.80	0.06	0.04
甜菜叶	15.90	2.80	0.40	1.70	7.70	3.30	0.16	0.04
湿甜菜渣	6.20	1.18	0.20	1.10	3.49	0.23	0.06	0.01
干甜菜渣	87.00	7.76	1.51	26.25	48.10	3.45	0.90	0.06

（三）品质鉴别

颜色、气味正常；无焦糖味，若有焦糖味则是干燥时加热过度，利用率降低，不可饲用。含水量在 18% 以上的袋装甜菜渣易引起结块现象，水分在 16% 以下者，即使结块，也可轻易打散。

（四）质量参考指标

甜菜渣质量参考指标见表 11-30。

表 11-30　甜菜渣质量参考指标　　　　　（单位：%）

指标	水分	粗蛋白质	粗脂肪	粗纤维	粗灰分
数值	9.1～15.5	8.1～9.0	0.2～1.4	15.5～19.5	2.6～5.0

资料来源：姜懋武等，1998。

四、酒糟类

（一）啤酒糟

啤酒糟，是啤酒工业的主要副产品，是以大麦或混合其他谷物酿造啤酒过程中产生的残渣，主要由麦芽的皮壳、叶芽、不溶性蛋白质、半纤维素、脂肪、灰分及少量未分解的淀粉和未洗出的可溶性浸出物组成。

1. 形态和显微特征　啤酒糟为浅至中等巧克力色的粉状，具有谷物发酵味道，无光泽、不透明的块状。在体视显微镜下可见呈三角形，外表面为淡黄色，较光滑，有光泽，内表面发白，无光泽，有细皱纹的大麦皮。

2. 饲用价值　啤酒糟中的主要营养成分为可溶性固形物。啤酒糟含有丰富的粗蛋白质和微量元素，具有较高的营养价值。啤酒糟的各项营养成分均高于麦麸和米糠，用到配合饲料中，可与谷物类粮食相媲美（表 11-31）。

表 11-31　啤酒糟与其他物质的营养成分比较　　　　　（单位：%）

名称	干物质	粗蛋白质	粗脂肪	粗纤维	无氮浸出物	灰分	钙	磷
小麦麸	88.4	14.4	4.1	9.2	56.2	5.1	0.2	0.8
米糠	90.7	15.2	7.3	8.9	49.3	10.0	0.1	1.4
啤酒糟	92.0	25.2	6.9	16.1	40.0	3.8	0.3	0.5
湿啤酒糟	20～25	5.0	2.0	5.0	10.0	1.0	—	—

注：一代表无数据。

3. 品质鉴别

（1）水分特征。要注意水分的控制，符合的安全水分，保证安全贮存及使用。在高温、高湿状况下，水分超过12％的产品不耐贮存，易生霉变质。

（2）感官特征。啤酒糟不可有发霉、发酵及焦味或臭味。啤酒糟含大麦皮较多时，可依据大麦皮的多少大致估计质量情况。

4. 质量参考指标　啤酒糟质量参考指标见表11-32。

表 11-32　啤酒糟质量参考指标　（单位：％）

指标	水分	粗蛋白质	粗脂肪	粗纤维	粗灰分	钙	磷
数值	6.5～12	22～27	4～8	14～18	2.5～4.5	0.15～0.35	0.35～0.55

资料来源：姜懋武等，1998。

（二）白酒糟

白酒糟是利用谷物或不同谷物混合物（高粱、玉米、甘薯、大麦等）酿造白酒的副产物。

1. 形态特征　白酒糟为淡褐色直至深褐色，可溶物含量越高，颜色越深。具有令人舒适的发酵谷物味，略具烤香及麦芽味，微酸，粗细度差异大。

2. 饲用价值　白酒糟除含有粗蛋白质、粗纤维、粗脂肪、钙、磷等成分外，还含有丰富的发酵产物，如酵母和活性因子等。白酒糟中粗蛋白质比玉米和麦麸高，粗脂肪含量比玉米高而与麦麸相近。粗纤维和粗灰分含量分别高达20.9％和10.5％，钙和磷含量比较高。白酒糟加工工艺、酿酒原料种类、使用填充剂数量与质量、发酵工艺、生产季节不同，导致其营养成分含量有一定的差异。

3. 品质鉴别

（1）水分特征。水分含量需控制在12％以下，保存在阴凉处，可长期保存不变质。如果含水量高或不一致，并贮存在高温、多湿、温差大的场所，容易变质。

（2）感官特征。颜色、气味、味道要正常，无过热气味。在制造过程中，一般均添加粗糠，粗糠量的多少，对品质有影响，依此判别品质的好坏。

4. 质量参考指标　白酒糟质量参考指标见表11-33。

表 11-33　白酒糟质量指标　（单位：％）

指标	水分	粗淀粉	粗蛋白质	粗脂肪	粗纤维	灰分	无氮浸出物	酸度
白酒糟	7～10	10～13	14.3～21.8	4.2～6.9	16.8～21.2	3.9～15.1	41.7～45.8	3

（三）酒精糟

酒精糟是用固体或者液体发酵法制取乙醇后的副产品，原料主要有玉米，主要分为脱水酒精糟（distillers dried grains，DDG）、酒精糟可溶物（distillers dried grains with solubles，DDGS）和二者混合物（distiller dired solubles，DDS）。

1. 形态特征　浅黄色或黄褐色，粉状或颗粒状，无发霉、结块，具有发酵气味，无异味。

2. 营养特点 DDS 的营养价值较高，DDG 的营养价值较差，DDGS 的营养价值取决于 DDG 和 DDS 的比例，玉米原料的 DDG、DDS、DDGS 蛋白质约为 27%，粗纤维分别为 12%、4% 和 7% 左右。

3. 品质鉴别

(1) 水分控制。DDGS 水分含量需控制在 12% 以下，水分一致，保存在阴凉处。另外，DDGS 容易酸败，夏季高温、多湿季节容易变质，因此夏季保质期一个月。

(2) 感官特征。颜色浅黄色或黄褐色，碎屑状，含有较多玉米皮状物，无焦糊，无霉变、结块，无异味。

(3) 有毒物质。DDG、DDS、DDGS 的有毒物质主要来自于原料、运输或者贮藏过程中的霉菌毒素的污染，如黄曲霉毒素的污染等，要控制好质量。

4. 质量参考指标 质量参考指标见表 11-34。

表 11-34 酒精糟质量参考指标 （单位：%）

指标	玉米酒糟	玉米可溶酒糟
水分	6.0～12.0	5.0～8.0
粗蛋白质	25.0～28.0	24.4～28.0
粗脂肪	7.0～10.0	7.0～10.0
粗纤维	10.0～13.5	2.5～5.5
粗灰分	2.5～4.5	6.0～9.0
钙	0.07～0.12	0.15～0.40
磷	0.35～0.45	1.2～1.4

资料来源：姜懋武等，1998。

干酒精糟国家标准（GB/T 25866—2010）质量参考指标见表 11-35。

表 11-35 饲料用玉米干全酒糟质量参考指标

指标	高脂型		低脂型	
	浅黄色	黄褐色	浅黄色	黄褐色
水分/%			$\leqslant 12$	
粗蛋白质/%	$\geqslant 28$	$\geqslant 24$	$\geqslant 30$	$\geqslant 26$
粗脂肪/%		$\geqslant 7$		$\geqslant 2$
粗纤维/%			$\leqslant 12$	
粗灰分/%			$\leqslant 7$	
黄曲霉毒素 B_1（$\mu g/kg$）			$\leqslant 50$	
玉米赤霉烯酮/（$\mu g/kg$）			$\leqslant 500$	
T-2 霉素/（$\mu g/kg$）			$\leqslant 100$	
赭曲霉毒素 A/（$\mu g/kg$）			$\leqslant 100$	
霉菌总数/（个/g）			$\leqslant 10 \times 10^3$	

第五节 饼 粕 类

一、大豆饼粕

大豆饼粕为大豆籽实经取油后，经适当处理与干燥后的产品。由于制油工艺不同，分为大豆饼和大豆粕。大豆饼是大豆经压榨取油后的副产品，大豆粕为浸提法取油后的副产品。

（一）形态和显微特征

豆粕一般呈不规则碎片状，颜色为浅黄色至浅褐色，味道具有烤大豆香味。在体视显微镜下观察，可见豆粕皮外表面光滑，有光泽，可看见明显凹痕和针状小孔。内表面为白色多孔海绵状组织，并可看到种脐。豆粕颗粒形状不规则，一般硬而脆，颗粒无光泽、不透明奶油色或黄褐色。在生物镜下观察豆粕皮，是鉴定豆粕的主要依据，在处理后的大豆种皮表面，可见多个凹陷的小孔及向四周呈现的辐射状，同时还可见表皮的"I"字形细胞。

（二）饲用价值

大豆饼粕粗蛋白质含量高，一般为 40%～50%。由于浸提法油的提取率较压榨法高 4%～5%，大豆饼中含有的残脂较高为 5%～7%，而豆粕中含有的残脂较低为 1%～2%，因此大豆饼的能量较高。氨基酸含量丰富，组成合理。大豆饼粕中赖氨酸的能量高达 2.4%～2.8%，赖氨酸与精氨酸的比例约为 100∶130，比例合适，而蛋氨酸含量不足。大豆饼粕中粗纤维和无氮浸出物的含量较低，矿物质中钙少磷多。

（三）品质鉴别

1. 水分特征 大豆饼粕的水分含量对于大豆的贮藏至关重要。目前常用的简易水分检测方法为用手捏或用牙咬豆粕，感觉较绵的，水分较高；感觉扎手的，水分较低。两手用力搓豆粕，若手上粘有较多油腻物，则表明油脂含量较高（油脂高会影响水分判定）。

2. 感官特征

1）呈浅黄褐色或浅黄色不规则的碎片状或粗粉状，色泽一致，无发酵、霉变、结块、虫蛀、异味及异嗅。

2）豆粕不应焦化或有生豆味，否则为加热过度或烘烤不足。加热过度导致赖氨酸、蛋氨酸及其他必需氨基酸的变性反应而失去利用性。烘烤不足，不足以破坏生长抑制因子，蛋白质利用性差。可用感官方法（根据颜色深浅）鉴别，也可利用快速测定尿素酶法进行鉴定。

3. 大豆饼粕的掺假识别 豆粕中常见的掺假物有泥沙、碎玉米或石粉等，掺假豆粕的蛋白质含量会降为 30% 左右。大豆饼粕的掺假识别的方法主要有以下两种：

水浸法：取样品 25g，放入盛有 250mL 水的玻璃杯中浸泡 2～3h，轻轻搅动，分层后上层为豆粕，下层为泥沙。

碘酒鉴别法：取少许样品放在干净的白瓷盘中，铺薄铺平，上面滴几滴碘酒，几分钟后观察，若有的物质变成蓝黑色，说明有掺假物质，变色物质越多，掺假物质越多。此法可分辨出玉米麸皮、稻壳等掺假物。

（四）质量标准

豆粕质量标准及参考指标见表 11-36 和表 11-37。

表 11-36　饲用大豆饼粕质量标准　　　　　　　　（单位：%）

指标	大豆饼			大豆粕		
	一级	二级	三级	一级	二级	三级
粗蛋白质	≥41.0	≥39.0	≥37.0	≥44.0	≥42.0	≥40.0
粗纤维	<5.0	<6.0	<7.0	<5.0	<6.0	<7.0
粗灰分	<6.0	<7.0	<8.0	<6.0	<7.0	<8.0
粗脂肪	<8.0	<8.0	<8.0			

注：农业行业标准（NY/T 130—1989，NY/T 131—1989）。

表 11-37　豆粕质量参考指标　　　　　　　　（单位：%）

指标	数值	指标	数值
水分	10.0～14.0	粗灰分	5.0～7.0
粗蛋白质	43.0～46.0	钙	0.15～0.35
粗脂肪	0.5～1.5	磷	0.50～0.85
粗纤维	5.0～7.0	尿素酶活性（pH 增值法）	0.05～0.25

资料来源：姜懋武等，1998。

二、棉籽饼粕

棉籽饼粕是棉籽经脱壳取油后的副产品，分为棉仁饼粕、棉籽饼和棉籽粕。棉籽饼粕主要由棉籽仁、少量的棉籽壳、棉纤维组成。

（一）形态和显微特征

棉仁碎粒为黄色或黄褐色，含有许多黑色或红褐色的棉酚色素腺。棉籽饼粕一般为黄褐色、暗褐色至黑色，略带棉籽油味道，通常为粉状（棉籽粕）或呈小瓦片饼状（棉籽饼）。

在体视镜下可见短纤维附着在外壳及饼粕的颗粒中，棉纤维中空、扁平、卷曲、半透明、有光泽、白色，较易与其他纤维区别，棉籽壳碎片为略呈凹陷的块状物，呈弧形弯曲，棕色或红棕色，厚且硬，沿其边沿方向有淡褐色和深褐色的不同色层，并带有阶梯似的表面，棉籽仁碎片为黄色或黄褐色，含有许多圆形扁平的黑色或红褐色油腺体或棉酚色腺体。在生物镜下可见到棉籽种皮细胞壁厚，似纤维，带状，呈不规则的弯曲，细胞空腔较小，多个相邻细胞排列成花瓣状。

（二）饲用价值

棉籽饼粕蛋白质含量约为 34％，其中棉仁饼粕的粗蛋白质含量更高，可高达 41％～44％。氨基酸中精氨酸含量较高，赖氨酸含量较低，二者的比例在 100：270 以上，蛋氨酸含量较低。矿物质含量中钙少磷多。维生素 B_1 含量较多，维生素 A、维生素 D 含量少。棉籽饼粕含有抗营养因子棉酚、环丙烯脂肪酸、单宁等。由于游离棉酚可使雄性动物生殖细胞发生障碍，因此要限制棉酚在种畜中的用量。另外，考虑到环丙烯脂肪酸对动物的不良影响，棉籽饼粕中脂肪含量越低越安全。

（三）品质鉴别

1. 水分特征　棉籽饼粕的水分判断：①用力抓一把棉粕，再松开，若棉粕被握成团块状，则水分较高，若成松散状，则水分较低；②将棉粕倾倒，观察手中残留量，若残留较多，则水分较高，反之较少；③用手摸棉粕感觉其湿度，在一般情况下，温度较高，水分较高，若感觉烫手，大量堆放很可能会自燃。

2. 感官特征

1）要求饲料用棉籽饼无发酵、霉变、结块、虫蛀、异味及异嗅，也不可有过热的焦味。过热的棉籽饼粕，造成赖氨酸、胱氨酸、蛋氨酸及其他必需氨基酸的破坏，利用率很差，影响蛋白质的品质。

2）棉籽饼粕通常为黄褐色，色泽新鲜一致，淡色者品质较佳，黑色碎片状棉籽壳少，棉绒少。贮存太久或加热过度均会加深色泽。具坚果味，略带棉籽油味道，但是溶剂提油者无类似坚果味道。

3）棉籽饼粕含有棉纤维及棉籽壳，它们所占比例的多少，直接影响其质量。所占比例多，营养价值相应降低，根据棉纤维和棉籽壳的多少大致估测其结果，过量外壳、棉纤维，影响饲喂效果。

3. 有毒有害物质

棉籽饼粕感染黄曲霉毒素的可能性高。必要时可做黄曲霉毒素的检验。

棉籽饼粕中含有棉酚，棉酚含量是品质判断的重要指标。含量太高，则利用程度受到很大限制，生产过程中必须进行脱毒处理。

（四）质量分级标准

棉籽饼粕质量标准见表 11-38。

表 11-38　棉籽饼粕质量标准　（单位：％）

质量指标	一级	二级	三级
粗蛋白质	≥40.0	≥36.0	≥32.0
粗纤维	<10.0	<12.0	<14.0
粗灰分	<6.0	<7.0	<8.0

注：农业行业标准（NY/T 129—1989）。

三、饲用菜籽饼粕

菜籽饼粕是菜籽榨油或浸提后的副产物，是一种良好的蛋白质饲料，由于含有有毒物质，应用受到限制。

（一）形态和显微特征

菜籽饼粕颜色因品种而异，有黑褐色、黑红色或黄褐色，具有淡淡的菜籽压榨后特有的味道。其中菜籽粕呈黄色或浅褐色粉末或碎片状，而压榨的菜粕颜色较深，有焦糊物，多碎片或块状，杂质也较多，掰开块状物可见分层现象。

在体视显微镜下可见扁平种皮，很薄，易碎，黄褐色至红棕色。表面有油光泽，可见凹陷的刻窝，形成网状结构。种皮内表面有柔软的半透明白色薄片附着，籽仁（子叶）为小碎片状，形状不规则，黄色无光泽，质脆。生物镜下，菜籽饼最典型的特征是种皮上的栅栏细胞，有褐色色素，为四或五边形，细胞壁深褐色，壁厚，有宽大的细腻内腔，其直径超过细胞壁宽度；表面观察，这些栅栏细胞在形状、大小上都较近似，相邻两细胞间总以较长的一边相对排列，细胞间连接紧密。

（二）饲用价值

菜籽饼的粗蛋白质含量约36%，菜籽粕约38%。菜籽饼粕的蛋氨酸和赖氨酸含量较高，分别为0.7%和2.0%～2.5%；精氨酸含量为2.32%～2.45%。菜籽饼粕的钙磷含量较高，但所含磷有65%属于植酸态磷，利用率低。

（三）品质鉴别

1. 水分特征 菜籽饼粕的水分含量过高，容易发生霉变，因此确定本地区的安全水分，以保证安全贮存及安全使用。

2. 感官特征

菜籽饼褐色，呈小瓦片状、片状或饼状，具有菜籽饼油香味，色泽新鲜一致，花生粕呈碎片、粗粉状，黄色或浅褐色。二者均应无发酵、霉变、虫蛀、结块、异味及异嗅。外观新鲜，无焦糊味。

种皮的多少决定着其质量的好坏，根据皮的多少大致估测其结果。

3. 有毒有害物质 菜籽饼粕中含有硫甙葡萄糖苷（芥子苷），在芥子水解酶的作用下，产生异硫氰酸丙烯和噁唑烷硫酮等毒物，长期饲喂菜籽饼粕可能造成消化道黏膜损害，引起下痢。因此，应对异硫氰酸丙烯酯进行检验。菜籽饼粕中异硫氰酸丙烯酯的简易检验方法有以下两种：

硝酸显色反应：取菜籽饼粕20g，加等量蒸馏水，混合搅拌，静置过夜，取浸出液5mL，加浓硝酸3～4滴，如迅速呈明显的红色，即为阳性。

氨水显色反应：取菜籽饼粕20g，加等量蒸馏水，混合搅拌，静置过夜，取浸出液5mL，加浓氨水3～4滴，如迅速呈明显的黄色，即为阳性。

（四）质量分级标准

菜籽饼、菜籽粕质量标准见表 11-39 和表 11-40。

表 11-39　菜籽饼和菜籽粕质量标准　　　　　　（单位:%）

质量指标	棉籽饼			棉籽粕		
	一级	二级	三级	一级	二级	三级
粗蛋白质	≥40.0	≥37.0	≥33.0	≥37.0	≥34.0	≥30.0
粗纤维	<14.0	<14.0	<14.0	<14.0	<14.0	<14.0
粗灰分	<8.0	<8.0	<8.0	<12.0	<12.0	<12.0
粗脂肪	<10.0	<10.0	<10.0			

注:农业行业标准（NY/T 126—1989，原 GB 10374—1989 和 NY/T 125—1989，原 GB 10375—1989）。

表 11-40　饲料用低硫苷菜籽饼（粕）的质量指标及分级标准

质量指标	低硫苷菜籽饼			低硫苷菜籽粕		
	一级	二级	三级	一级	二级	三级
ITC+OZT/（mg/kg）	≤4000	≤4000	≤4000	≤4000	≤4000	≤4000
粗蛋白质/%	≥37.0	≥34.0	≥30.0	≥40.0	≥37.0	≥33.0
粗纤维/%	<14.0	<14.0	<14.0	<14.0	<14.0	14.0
粗灰分/%	<12.0	<12.0	<12.0	<8.0	<8.0	8.0
粗脂肪/%	<10.0	<10.0	<10.0			

注:ITC（异硫氰酸酯）＋OZT（恶唑烷硫酮）质量指标以饼（粕）感中为基础计算。农业行业标准（NY/T 417—2000）。

四、花生饼粕

花生饼粕是花生脱壳后，经过机械压榨或溶剂浸提油后的副产物。花生饼粕以碎花生为主，但仍有不少花生种皮、果皮存在。

（一）形态和显微特征

花生饼粕为淡褐色或深褐色，压榨饼颜色深，浸提粕颜色浅;压榨饼呈烤过的花生香，而浸提饼为淡淡的花生香。形状为块状或粉状，花生饼粕中含有少量的壳。

在体视显微镜下能见到破碎外壳上成束的纤维脊，或粗糙的网格状纤维，还能看见白色柔软有光泽的小块。粉红色、红色或深紫色的种皮，附着在子叶的碎块上。

在生物镜下，可见到花生壳上纵横交错的纤维，带有小孔的内果皮和薄壁组织的中果皮，种皮的表皮细胞有 4～5 个边的厚壁，壁上有孔和许多指状突起物。子叶的细胞大，细胞壁有孔，含有油滴。

（二）饲用价值

花生饼粕的营养价值较高，代谢能是饼粕类饲料中最高的。粗蛋白质含量可达

44%～49%，所含蛋白质以不溶性的球蛋白为主，可溶性的白蛋白仅占 7%。花生饼粕具有香味，适口性极好。氨基酸组成不佳，赖氨酸含量低仅为大豆饼粕的一半左右，蛋氨酸含量也较低，而精氨酸含量高达 5.2%，是所有动、植物饲料中最高的，赖氨酸与精氨酸的比例为 100∶380 以上。维生素及矿物质含量与其他饼、粕类饲料近似。花生饼粕含胰蛋白酶抑制因子和黄曲霉毒素。

（三）品质鉴别

1. 水分特征　花生饼粕含水量在 9% 以上，在 30℃、相对湿度为 80% 时，容易有黄曲霉繁殖，所以花生饼粕的水分控制尤为重要。

2. 感官特征

花生饼呈小瓦片状或圆扁块状，黄褐色或浅褐色，色泽新鲜一致，花生粕呈碎屑状，无发酵、霉变、虫蛀、结块、异味及异嗅，不可发酸，不得有太多外壳及过热颗粒。

花生粕不能焦糊，否则会影响其赖氨酸等必需氨基酸利用率。

在生产过程中，花生壳的混入量对花生粕的饲养价值影响较大，所以可以依据花生壳的多少来鉴别其品质的好坏。

花生饼粕在制作过程中容易污染黄曲霉菌，国家卫生标准规定允许量应低于 0.05mg/kg。

（四）质量分级标准

饲料用花生饼粕质量标准见表 11-41。

表 11-41　饲料用花生饼粕的质量指标及分级标准　　　　（单位：%）

质量指标	花生饼			花生粕		
	一级	二级	三级	一级	二级	三级
粗蛋白质	≥48.0	≥40.0	≥36.0	≥51.0	≥42.0	≥37.0
粗纤维	<7.0	<9.0	<11.0	<7.0	<9.0	<11.0
粗灰分	<6.0	<7.0	<8.0	<6.0	<7.0	<8.0

注：农业行业标准（NY/T 132—1989，NY/T133—1989）。

第六节　非蛋白氮

非蛋白氮指饲料中蛋白质以外的含氮化合物的总称，又称非蛋白态氮，包括游离氨基酸、酰胺类、蛋白质降解的含氮化合物、氨以及铵盐等简单含氮化合物。目前，在反刍动物养殖业中的非蛋白氮主要分为三类，即尿素及其衍生物、氨及铵盐类、酰胺化合物。

一、尿素

尿素别名碳酰二胺、碳酰胺、脲，分子式为（NH₂）₂CO。

（一）形态特征

尿素为白色、无臭、结晶状物质，略有苦咸味，溶于水、醇，不溶于乙醚、氯仿，吸湿性强。

（二）营养特点

纯尿素含氮量高达46%，1kg尿素相当于2.6～2.8kg粗蛋白质，即相当于7kg豆粕所含蛋白质的量，但尿素在瘤胃内的分解速度太快，利用效率低，还容易出现氨中毒。饲喂方法不当，就会使氨大量进入血液，造成血氨的浓度超过动物的耐受程度，使家畜中毒。

（三）品质判断

感官评价。无色或白色结晶体，颗粒状。

尿素在酸、碱、酶作用下（酸、碱需加热）能水解生成氨和二氧化碳，能够使澄清的石灰水变浑浊。

（四）质量参考指标

尿素的质量参考指标见表11-42。

表 11-42 尿素的质量参考指标 （单位：%）

项目		农业用		
		优等品	一等品	合格品
总氮（N）（以干基计）		≥46.4	≥46.2	≥46.0
缩二脲		≤0.9	≤1.0	≤1.5
水分		≤0.4	≤0.5	≤1.0
亚甲基二脲（以 HCHO 计）		≤0.6	≤0.6	≤0.6
粒度	d0.85～2.80mm			
	d1.18～3.35mm	≥93	≥90	≥90
	d2.00～4.75mm			
	d4.00～8.00mm			

注：若尿素生产工艺中不加甲醛，可不做亚甲基二脲含量的测定；国家标准（GB 2440—2001）。

二、硫酸铵

硫酸铵别名为硫铵，分子式为 $(NH_4)_2SO_4$。

（一）形态特征

纯品为无色斜方晶体，工业品为白色至淡黄色结晶体，易溶于水。

（二）营养特点

硫酸铵的含氮量为 20%。

（三）品质鉴别

硫酸铵在碱性溶液中蒸馏出的氨，用过量的硫酸标准滴定溶液吸收，在指示剂存在下，以氢氧化钠标准滴定溶液回滴过量的硫酸。

（四）质量参考指标

硫酸铵质量参考指标见表 11-43。

表 11-43　硫酸铵质量参考指标　　　　　　　　　　　（单位：%）

项目	优等品	一等品	合格品
外观	白色结晶，无可见机械杂质	无可见机械杂质	无可见机械杂质
氮（N）含量（以干基计）	≥21.0	≥21.0	≥20.5
水分（H_2O）	≤0.2	≤0.3	≤1.0
游离酸（H_2SO_4）含量	≤0.03	≤0.05	≤0.20
铁（Fe）含量	≤0.007		
砷（As）含量	≤0.000 05		
重金属（以 Pb 计）含量	≤0.005		
水不溶物含量	≤0.01		

注：国家标准（GB 535—1995）。

三、氨水

氨水的分子式为 $NH_3 \cdot H_2O$。由于氨使用时有危险和难闻的气味，现在的用量比较少。

（一）形态特征

弱碱性。具有挥发性，热稳定性差，容易分解释放氨气。其中液氨又称为无水氨，含氮 82%，氨水的含氮量为 15%～17%。

（二）品质鉴别

（1）感官评价。由于氨水具有挥发性，可嗅到氨气的气味。

（2）无色酚酞试液变红色，紫色石蕊试液变蓝色，湿润红色石蕊试纸变蓝。

（3）能与酸反应，生成铵盐。浓氨水与挥发性酸（如浓盐酸和浓硝酸）相遇会产生白烟。

（三）质量参考指标

质量参考指标见表 11-44。

表 11-44　氨水质量参考指标　　　　　　　　　（单位：ω/％）

名称		化学纯	
含量（NH_3）	$25\sim28$	钠（Na）	
蒸发残渣	$\leqslant0.004$	钾（K）	
氯化物（Cl）	$\leqslant0.0001$	钙（Ca）	$\leqslant0.0005$
硫化物（S）	$\leqslant0.00005$	铁（Fe）	$\leqslant0.00005$
硫酸盐（SO_4）	$\leqslant0.0005$	铜（Cu）	$\leqslant0.00002$
碳酸盐（以 CO_2 计）	$\leqslant0.002$	铅（Pb）	$\leqslant0.0001$
磷酸盐（PO_4）	$\leqslant0.0002$	还原高锰酸钾物质（以 O 计）	$\leqslant0.0008$
镁（Mg）	$\leqslant0.0005$		

注：国家标准（GB/T 631—2007）。

第七节　矿物质原料

矿物质饲料是补充动物矿物质需要的饲料，包括天然生成的矿物质和工业合成的单一化合物以及混有载体的多种矿物质化合物配成的矿物质饲料。

一、石粉

石粉又称为石灰石粉、重质碳酸钙，是天然的碳酸钙，含钙 38％ 左右，是补钙最简单、最廉价的矿物质饲料，也可作为矿物质添加剂的稀释剂和载体。

（一）理化特征

白色、灰白色或者浅粉色粉末，为天然的石灰石经过粉碎、研磨、淘选而成，也可制成石灰后加水成消石灰，在加二氧化碳成碳酸钙，其纯度可达 95％ 以上。石粉的生物利用效率较高，成本低廉，货源充足，应用最普遍。

（二）品质鉴别

1. 感官特征　　色泽一致、粒度均匀的粉状，无结块、无异味、无异物。
2. 有毒有害物质　　有毒元素铅、砷、氟等的含量不得超过安全限量。一般饲料级石粉中镁的含量不宜超过 0.5％，重金属如铅等含量有更严格限制。

（三）质量参考指标

质量参考指标见表 11-45 和表 11-46。

表 11-45　石粉的粉碎粒度　　　　　　　　　（单位:%)

指标	粉碎粒度		
	矿物质预混料	预混料载体	药物饲料添加剂和兽药片剂载体
石粉	30～40	40～80	80～100

表 11-46　石粉质量标准

项目	钙/%			水分/%	砷（以总砷计）/ (mg/kg)	铅（以 Pb 计）/ (mg/kg)	汞（以 Hg 计）/ (mg/kg)	氟（以 F 计）/ (mg/kg)	镉（以 Cd 计）/ (mg/kg)
	一级	二级	三级						
含量	38.0	36.0	34.0	5.0	≤2	≤10	≤0.1	≤2000	≤0.75

注：国家标准（GB 13078—2001）。

二、贝壳粉

贝壳粉为各种贝类外壳（牡蛎壳、蚌壳、蛤蜊壳等）经加工粉碎而成的粉状和颗粒状产品，优质贝壳粉含钙高为 33%～38%，主要成分为碳酸钙。

（一）理化特征

白色、灰色或者浅粉色的粉状或颗粒状。在体视镜下可见贝壳粉颗粒，表面光滑，有些颗粒表面具有同心的或平行的线纹或者带有明暗交错的线束，有些碎片的边缘呈锯齿状。

（二）品质鉴别

1. 感官特征　灰白色、杂质少，杂菌污染少，无腐臭发霉。

2. 掺假识别　贝壳粉常掺有沙砾、铁丝、塑料品等异物。贝壳粉中掺杂砂子的检测方法为：取被检物 1g 置于小烧杯中，加 5mL 25% 的盐酸溶液，如果有大量气泡迅速产生，并发出"吱吱"响声，表明有石粉、贝壳粉存在。若烧杯底部有一定量的不溶物，可能掺有细砂。

（三）质量参考指标

贝壳粉质量参考指标见表 11-47。

表 11-47　贝壳粉质量参考指标　　　　　　　　（单位:%)

指标	水分	钙	磷	镁	钾	钠	氯	铁	锰
数值	≤1.0	≥33	0.07	0.3	0.1	0.21	0.01	0.29	0.01

注：姜懋武等，1998

三、磷酸氢钙

磷酸氢钙分子式为 $CaHPO_4 \cdot nH_2O$，相对分子质量为 172.09。

（一）理化特征

白色或灰白色三斜晶系结晶型粉末，无臭、无味，吸湿性小，不结块，易溶于稀盐酸、稀硫酸、乙酸，不溶于水或乙醇。

（二）品质鉴别

饲料用磷酸氢钙常掺入的杂质有石粉、高氯磷酸三钙和高氯磷酸一钙、农用过磷酸钙、磷矿石粉等。常用的鉴别方法有以下几种。

1. 感官鉴别　磷酸氢钙手感柔软，粉粒均匀，白色或灰白粉末；异常的则手感粗糙，有颗粒，粗细不均匀，灰黄色或灰黑色粉末。

2. 化学鉴别

（1）酸溶鉴别。取试样 1～5g，加 10％盐酸溶液 10～20mL，加热溶解。正常试样溶解不发泡，溶液呈深黄色透明清晰，经过滤有微量沉淀。若掺有石粉等含碳酸钙类原料，则出现发泡。对不发泡的试样，再取少量加入硝酸银，如全部变为鲜黄色沉淀则为磷酸氢钙；如变成鲜黄色无明显沉淀则再取少量试样放入小烧杯中加乙酸溶解，再加入少量酒石酸和钼酸铵溶解，放入 60～70℃保温箱中数分钟，如析出黄色沉淀即存在磷酸三钙。

（2）容重法。将样品放入 1000mL 量筒内，直到正好达到 1000mL 为止，用药匙调整容积，不可用药匙向下压样品，随后将样品从量筒中倒出称重，每一样品反复测量三次，将其平均值作为容重，一般磷酸氢钙容重为 905～930g/L，如超过此范围，可判定有质量问题。

（3）钙磷的测定。结果钙为 21％～23.2％甚至更多、磷为 16％～18％甚至更多，说明样品有假。

（三）质量参考指标

磷酸氢钙质量参考指标见表 11-48。

表 11-48　磷酸氢钙质量参考指标

指标	磷/%	钙/%	重金属（Pb）/%	氟与磷之比（F/P）/%	砷/（mg/kg）
数值	≥16	≥21	≤0.002	≤1/100	≤0.003

资料来源：姜懋武等，1998。

四、碳酸氢钠

碳酸氢钠俗称小苏打，分子式为 $NaHCO_3 \cdot nH_2O$。

（一）理化特征

碳酸氢钠为白色细小晶体或不透明单斜晶系细微结晶，无臭、味咸，易溶于水，微溶于乙醇，水溶液呈微碱性，受热易分解，在潮湿空气中缓慢分解。在水中的溶解度小于碳酸钠。固体 50℃以上开始逐渐分解生成碳酸钠、二氧化碳和水，270℃时完全分解。碳酸氢钠是强碱与弱酸中和后生成的酸式盐，溶于水时呈现弱碱性。

（二）品质鉴别

1. 感官特征　　碳酸氢钠为白色结晶粉末，无臭、味咸、易溶于水。

2. 铵盐含量和澄清度检测　　①将 1g 碳酸氢钠溶于 20mL 水中，应为清澈无色。②少量碳酸氢钠逐渐加热，优良制品应无氨味出现。

3. 质量参考指标　　碳酸氢钠质量参考指标见表 11-49。

表 11-49　碳酸氢钠质量参考指标

指标项目	数值
总碱量（以 $NaHCO_3$）/%	99.0～100.5
干燥减量/%	≤0.20
pH（10g/L 水溶液）	≤8.5
砷（As）/%	≤0.0001
重金属（以 Pb 计）/%	≤0.0005
氯化物（以 Cl 计）/%	≤0.40
白度/%	≥85

五、硫酸镁

硫酸镁通常指七水硫酸镁，七水硫酸镁在空气（干燥）中易风化为粉状，加热时逐渐脱去结晶水变为无水硫酸镁，分子式为 $MgSO_4$（或 $MgSO_4 \cdot 7H_2O$）。

（一）理化特征

本品为无色结晶或白色粉末，易溶于水，有咸味和苦味。

（二）品质鉴别

1. 感官特征　　无色结晶或白色粉末，无杂质，有咸味和苦味。

2. 简易检验方法　　①澄清度实验：称取 5g 试样，加 20mL 水溶解，溶液应清澈透明，无白色浑浊。②定性检验：取 0.5g 样品，溶于 10mL 水中，加入氨水即生成白色沉淀，加适量氯化铵，沉淀易溶解；加入 5% 磷酸氢二钠溶液，即生成白色沉淀，该沉淀不溶于氨溶液。

（三）质量参考指标

硫酸镁质量参考指标见表 11-50。

表 11-50　硫酸镁质量参考指标　　　　　　　　（单位：%）

指标	数值	指标	数值
$MgSO_4 \cdot 7H_2O$	≥99.0	氯化物（以 Cl 计）	0.014
镁	≥9.7	钙	0.10
硫	≤21.50	锌	0.20
砷	≤0.0002	重金属（Pb）	≤0.001

注：化学行业标准（HG 2933-2000）

资料来源：姜懋武等，1998。

六、硫酸铜

俗称蓝矾、胆矾，分子式 $CuSO_4$（纯品）或 $CuSO_4 \cdot 5H_2O$（水合物）。

（一）理化特征

硫酸铜为深蓝色大颗粒状结晶体或浅蓝色颗粒状结晶粉末，无臭，有毒，带有金属涩味。在干燥空气中会缓慢风化。溶于水，水溶液呈弱酸性，不溶于乙醇。

（二）品质鉴别

1. 感官特征　　浅蓝色颗粒状粉末，颜色正常，无臭，无结块。

2. 简易检验方法　　①样品中加入少量氨水试液，生成淡黄色沉淀，加入过量的氨水溶液后，沉淀溶解，生成深蓝色溶液。②取少量的硫酸铜溶于水中，通入硫化氢出现黑色沉淀。

（三）质量参考指标

硫酸铜质量参考指标见表 11-51。

表 11-51　硫酸铜质量参考指标

指标	组别	
	五水盐	一水盐
纯度/%	98.5	≥96.5
铜/%	25.1～25.4	>34.0
$CuSO_4$/%	—	>85.0
砷/（mg/kg）	<4	<10
铅/（mg/kg）	<10	<20
银/%	0.01	—
铝/%	0.0013	—
钙/%	0.002	—
铁/%	0.03	—

指标	组别	
	五水盐	一水盐
镁/%	0.025	—
硅/%	0.015	—
细度（通过 800μm 实验筛）/%	≥95	

注：一代表无此项内容；化工行业标准（HG 2932—1999）。

资料来源：姜懋武等，1998。

七、硫酸亚铁

硫酸亚铁为含二价铁的无机化合物，分子式 $FeSO_4$，最常使用的为七水化合物。分子式为 $FeSO_4 \cdot 7H_2O$。

（一）理化特征

无水硫酸亚铁是白色粉末，含结晶水的是浅绿色晶体，俗称绿矾，溶于水，水溶液为浅绿色。硫酸亚铁可溶于水、不溶于乙醇。

（二）品质鉴别

1. 感官特征　色泽正常，无结块。

2. 定性检验　取 1.0g 样品，溶于 10mL 水中，加入 2～3 滴 10％铁氰化钾溶液，生成深紫色沉淀，该溶液不溶于稀盐酸。

（三）质量参考指标

硫酸亚铁质量参考指标见表 11-52。

表 11-52　硫酸亚铁质量参考指标　　　　　　　　（单位：%）

指标	七水硫酸亚铁	一水硫酸亚铁
纯度	≥98	≥91.4
铁	≥19.7	30
砷	≤0.0002	≤0.0002
铅	≤0.002	≤0.002
重金属（Pb）	≤0.002	—
细度（180μm 实验筛）	—	≥95

注：一代表无数据；化工行业标准（HG/T 2935—2006）。

八、硫酸锰

硫酸锰别名硫酸亚锰，分子式为 $MnSO_4 \cdot H_2O$，相对分子质量为 169。

（一）理化特征

本品为白色或略带粉红色的结晶粉末，无臭，易溶于水，不溶于乙醇，具有中等潮解性，稳定性高。

（二）品质鉴别

1. 感官品质 颜色均一，无结块，易溶于水。水中溶解性的高低可容易判断出品质的优劣，低者属非正常产品。

2. 定性鉴定 取 0.2g 硫酸锰，溶于 50mL 水中，取 3 滴样品溶液置于白瓷板上，加入 2 滴硝酸，再加少许铋酸钠粉末即生成紫红色为真品。

（三）质量参考指标

硫酸锰质量参考指标见表 11-53。

表 11-53 硫酸锰质量参考指标 （单位：%）

指标	数值	指标	数值
$MnSO_4 \cdot H_2O$	≥98.0	砷	≤0.0005
水不溶物含量	≤0.05	锰	≥31.8
SO_4	60～62	硫酸铜	0.1～0.5
硫	17～18	硫酸镁	1～2
细度（通过 250μm 筛）	≥95	铅（Pb）	≤0.001

注：化工行业标准（HG 2936—1999）。

九、碘化钾

碘化钾为碘酸的钾盐，分子式为 KI，相对分子质量为 166。

（一）理化特征

本品为白色结晶，无臭，具苦味及咸味，味咸、带苦。本品稳定性差，易潮解，极易溶于水、乙醇、丙酮和甘油，水溶液遇光变黄，并析出游离碘。

（二）品质鉴别

1. 感官特征 颜色正常，为白色结晶，无结块。由于碘化钾稳定性差，贮存太久会有结块现象，高温多湿条件下很易潮解，部分碘会形成碘酸盐，故避免暴露于日照下，长期暴露于大气中会释放出碘而呈黄色。

2. 定性检验 溶解实验：称取 0.5g 样品置于 50mL 烧杯中用 5mL 水溶解，再加 1mL（1：1）盐酸溶液，加入 1mL 1%淀粉溶液，溶液呈蓝色为真品。

（三）质量标准及参考指标

碘化钾质量标准及参考指标见表 11-54。

表 11-54　碘化钾质量标准及参考指标　　　　　　　（单位：%）

项目	含量	项目	含量
碘化钾（KI）（以干基计）	≥98.0	钾	20.9
碘化钾（以 I 计）（以干基计）	≥74.9	钠	0.010
砷（As）	≤0.0002	氯	0.05
重金属（以 Pb 计）	≤0.001	铁	0.003
钡（Ba）	≤0.001	重金属（Pb）	≤0.001
干燥减量	≤1.0	—	—
细度（通过 800μm 筛）	95	—	—

注：—代表无数据；化工行业标准（HG 2939—2001）。

第八节　维生素原料

一、维生素 A 乙酰酯微粒

所有 β-紫萝酮衍生物的总称。一种在结构上与胡萝卜素相关的脂溶性维生素。有维生素 A_1 及维生素 A_2 两种。维生素 A_1 分子式为 $C_{20}H_{30}O$，维生素 A_2 分子式为 $C_{20}H_{28}O$。

（一）理化特征

本品为灰黄色至淡褐色颗粒，易吸潮，遇热、遇酸性气体或吸潮后易分解，并使含量下降。镜下为白色或极淡黄色结晶，维生素 A 胶囊为红棕色，球形颗粒，似草莓，半透明，表面无光泽，用镊子夹破，为厚壁中空的"球"。

（二）品质鉴别

1. 感官鉴别　　称取维生素 A 样品 100g，观察其颜色为淡褐色或灰黄色颗粒，再用 24 目筛测定粒度。

2. 定性检测　　称取 0.1g 样品，用少量无水乙醇润湿，研磨数分钟，加入 10mL 三氯甲烷，振摇过滤，分取 2mL 溶液，加入 0.5mL 三氯化锑溶液（称取 1g 三氯化锑，用 4mL 三氯甲烷溶解），立即呈蓝色，并即刻褪色为真品。

3. 定量检测　　采用分光光度比色法（饲料添加剂 维生素 A 乙酸酯微粒 GB 7292—87）。

（三）质量标准

维生素 A 质量参考指标见表 11-55。

表 11-55　维生素 A 质量标准　　　　　　　（单位：%）

指标	含量（以 $C_{22}H_{32}O_2$ 计）	颗粒度（通过 2 号筛，24 目）	干燥失重
数值	90.0～120.0	100.0	≤5.0

注：国家标准（GB 7292—87）。

二、维生素 D_3 微粒

维生素 D（vitamin D）为固醇类衍生物胆钙化固醇，分为维生素 D_2 和维生素 D_3。维生素 D_3，又名烟碱酸胺、胆骨化醇，由 7-脱氢胆固醇经紫外线照射后生成。实际上它是一种激素原，本身无活性，需先在肝中代谢成 25-羟胆钙化醇，再在肾中进一步羟基化后才有活性。

（一）理化特征

维生素 D_3 是脂溶性的，颜色为米黄色至黄棕色微粒，具有流动性，遇热、见光或吸潮后易分解降解，不溶于水，溶解于脂肪或脂肪溶剂中，在中性及碱性溶液中能耐高温和氧化。

（二）品质鉴别

1. 感官鉴别　米黄色至黄棕色，具有流动性。

2. 定性检验　称取样品 0.1g，加三氯甲烷 10mL，研磨数分钟，过滤。取滤液 5mL，加乙酸酐 0.3mL，硫酸 0.1mL，初显黄色，渐变红色，迅速变为紫色，最后呈绿色。

3. 定量检验　维生素 D_3 的测定采用高效液相色谱法。

（三）质量标准

维生素 D_3 微粒标准见表 11-56。

表 11-56　饲料添加剂 维生素 D_3 微粒

项目		指标
维生素 D_3 的含量（为指标量的）/%		90.0～120.0
颗粒度	实验筛 Φ200×50−0.85/0.5	100% 通过孔径为 0.85mm 的实验筛
	实验筛 Φ200×50−0.425/0.28	85% 以上通过孔径为 0.425mm 的实验筛
干燥失重/%		≤5.0

注：国家标准（GB/T 9840—2006）。

三、维生素 E 粉

维生素 E（vitamin E）又称生育酚，是脂溶性维生素，是最主要的抗氧化剂之一。它包括生育酚类、三烯生育酚类。分子式为 $C_{31}H_{52}O_3$。

（一）理化特征

维生素 E 溶于脂肪和乙醇等有机溶剂中，不溶于水，对热、酸稳定，对碱不稳定，对氧敏感，对热不敏感。镜下为白色圆形颗粒或者微绿黄色或黄色的黏稠液体，遇光色渐变深。

（二）品质鉴别

1. 感官鉴别　　肉眼观察其颜色为黄白色或淡黄色粉末，再用 50 目筛测定粒度。

2. 定性鉴别

称取试样约 30mg，加无水乙醇 10mL 溶解后，加硝酸 2mL，摇匀，在 75℃加热约 15min，溶液成橙红色。

称取试样约 10mg，加氢氧化钾乙醇溶液 2mL 煮沸 5min，放冷，加水 4mL，乙醚 10mL，振摇，静置使其分层，取乙醚液 2mL，加 2，2-联吡啶乙醇溶液数滴与三氯化铁的乙醇溶液数滴，应显血红色。

3. 定量鉴别　　常用的方法有气相色谱法。

（三）质量标准

维生素 E 质量参考指标见表 11-57。

表 11-57　维生素 E 质量标准

项目	指标
干燥失重/%	≤5.0
粒度	90%以上通过孔径为 0.84mm 分析筛
含量（以 $C_{31}H_{52}O_3$ 的质量分数计）/%	≥50.0
重金属（以 Pb 计）/%	≤0.001
砷（As）/%	≤0.0003

注：国家标准（GB/T 7293—2006）。

第九节　氨基酸原料

一、DL-蛋氨酸

蛋氨酸（methionine）又称甲硫氨酸，化学名称为 2-氨基-4-甲硫基丁酸，分子式为 $C_5H_{11}NO_2S$。

（一）理化特征

蛋氨酸微溶于水，溶于稀盐酸及氢氧化钠溶液。

（二）品质鉴别

1. 感官鉴别　　纯品蛋氨酸呈纯白色或微带黄色，为有光泽的结晶体，有甜味，手感滑腻无粗糙感。假蛋氨酸一般手感粗糙、不滑腻，入口中略带甜味，口无涩感。掺假蛋氨酸颜色为黄色或灰色，闪光结晶体极少，有怪味，口感发涩。

2. 简易检测方法

（1）溶解法。蛋氨酸易溶于稀盐酸和氢氧化钠，略难溶于水，难溶于乙醇，不溶于乙醚。方法是取约 1g 样品加 50mL 蒸馏水溶解，2～3min 后，溶液透明物残留，即是真蛋氨酸。

（2）颜色反应法。称取约 0.5g 样品加入 20mL 硫酸铜饱和溶液，如果溶液呈黄色，则样品为真蛋氨酸。

称取 5mg 样品，用 5mL 水溶解，加入 2mL/mol 氢氧化钠溶液和 0.3mL 0.05％亚硝基铁氰化钠溶液，35～40℃恒温水浴中保持 10min，取出，在冰浴中保持 2min，加入 2mL 10％盐酸溶液，混匀，溶液显红色为真品。

（3）灼烧法。蛋氨酸灼烧产生的烟为碱性气体，并有特异臭味，可使湿的广泛试纸变蓝色。假蛋氨酸灼烧无烟、或者产生的烟使湿的广泛试纸变红。

以上检验均正常，可继续做纯度检验或含氮量检验、灰分检验。

3. 质量标准　　DL-蛋氨酸质量标准见表 11-58。

表 11-58　DL-蛋氨酸质量标准　　　　　　　（单位：％）

指标	数值
纯度	≥98.5
干燥失重	≤0.5
砷（以 As 计）	≤0.0002
重金属（以 Pb 计）	≤0.002
氯化物	≤0.20

注：国家标准（GB/T 17810—1999）。

二、L-赖氨酸盐酸盐

L-赖氨酸盐酸盐（L-lysine hydrochloride）是赖氨酸的 L 型旋光异构体，分子式为 $C_6H_{14}N_2O_2 \cdot HCl$。

（一）理化特征

L-赖氨酸盐酸盐通常较稳定，264℃熔化并分解。湿度 60％以上则生成二水合物。易溶于水，水溶液呈中性至微酸性。

（二）品质鉴别

1. 感官鉴别　　赖氨酸为白色或淡褐色小颗粒或粉末，无味或微有特异气味，有酸味，无涩感。用 100mL 水，加少许赖氨酸，搅拌 5～10min，完全溶解，无沉淀物。赖氨酸点燃后，立刻散发出难闻的特殊臭味，且能迅速燃尽，基本无残渣。

2. 简易检测法　　赖氨酸通常掺有淀粉、石粉、石膏粉等物质。常用的快速识别赖氨酸真假的方法有以下几种：

（1）溶解性检验。赖氨酸易溶于水，难溶于乙醇、乙醚。称取 1g 赖氨酸样品放入烧杯中，加入 50mL 的蒸馏水，轻轻搅拌，真赖氨酸溶解完全，溶液澄清无沉淀物。若溶解不完全，溶液浑浊或有沉淀残渣，则是假冒或掺假赖氨酸。将烧杯再放在电炉上加热，若溶液变稠成糊状，说明样品为以淀粉类物质冒充或掺有淀粉类物质的伪劣赖氨酸。

（2）茚三酮检验。取样品 0.5～1g，放于 100mL 水中，取此溶液 5mL，加入 1mL 0.1％茚三酮溶液，加热 3～5min，再加水 20mL，静置 1min，溶液呈红紫色即为真品。

（3）灼烧法。取 1g 左右赖氨酸样品放入瓷质坩埚中，在电炉上灼烧，真赖氨酸灼烧时会散发出有类似燃烧羽毛时产生的难闻气味。而假赖氨酸一般不具有这种气味，或气味较淡。当灼烧至无烟后，再移入高温炉中，550℃灼烧 2～3h，真赖氨酸的灼烧残渣应在 0.3％以下，肉眼几乎看不见残渣，若残渣较多，则为伪劣赖氨酸。

（4）透光性检验。称取试样 5g（称准至 0.1g），加适量水溶解，移入 50mL 容量瓶，加水稀释至刻度，混匀。将上述样液注入 10mm 比色杯，在波长 430nm 下，以水作空白，测定其透光率。

（5）定性检测法。L-赖氨酸盐酸盐样品水溶液中加入硝酸银溶液应产生不溶于稀硝酸，而溶于氨水的白色沉淀。

（6）试纸法。赖氨酸燃烧产生的烟为碱性气体，可使湿的广谱试纸变蓝色。

（三）质量标准

L-赖氨酸质量标准如表 11-59。

表 11-59　L-赖氨酸盐酸盐质量标准

指标	数值
含量（以 $C_6H_{14} \cdot HCl$ 干基计）/％	≥98.5
比旋光度（α）20D	＋18.0°～＋21.5°
干燥失重/％	1.0
灼烧残渣/％	0.3
铵盐（以 NH_4^+ 计）/％	0.04
重金属（以 Pb 计）/％	0.003
砷（以 As 计）/％	0.0002

注：化工行业标准（NY 39—1987）。

思　考　题

1. 采购饲料用玉米时，如何把握品质？
2. 豆粕和棉籽粕质量控制关键点有哪些，如何识别掺假豆粕和棉粕？
3. 常用的矿物质添加剂有哪些，如何鉴别磷酸氢钙的掺假？
4. 如何控制全混合日粮原料中维生素 A、维生素 E、蛋氨酸和赖氨酸的品质？

第十二章 饲草产品安全检验

【内容提要】饲草产品安全性直接影响食品安全和人们的生产生活，本章详细介绍了饲草产品中硝酸盐和亚硝酸盐、重金属、氰化物、细菌、沙门菌、霉菌毒素的检验方法，概括介绍了饲草产品中农药的检验方法。

饲草产品中有毒有害物质的种类，目前知道的有 50 余种，按其来源划分，可分为天然、次生和外源性有毒有害物质；按其性质划分，可分为有机有毒有害物质和无机有毒有害物质两类。有机有毒有害物质主要包括饲草产品中甙类、生物碱、有害微生物和有机农药等。无机有毒有害物质主要包括铅、砷、镉、汞等重金属。加大对饲草产品的有毒有害物质检测，消除或减少超标的饲草产品中的有毒有害物质进入饲料，对保护人类健康有重要的意义。

第一节 硝酸盐及亚硝酸盐检验

硝酸盐广泛存在于饲料、食品和环境中，它本身基本上是无毒的，当还原成亚硝酸盐时便有毒。硝酸盐主要蓄积在植物体内，而且含量幅度变化很大。它不仅与植物的种类、品种、植株部位及生育阶段有关，而且还与外界环境条件如土壤肥料、水分、温度、光照等密切相关。一些牧草和饲料作物如玉米、狼尾草、石茅高粱、燕麦草和苜蓿，在一定条件下均可能蓄积硝酸盐。植物中硝酸盐还原酶（nitrate reductase）在亚硝酸盐蓄积中被认为是关键因素。在转为氨态氮前，硝酸盐首先还原为亚硝酸盐（$NO^{3-} \rightarrow NO^{2-} \rightarrow N_2O \rightarrow NH_2OH \rightarrow NH_3$）。植物在短期干旱时硝酸盐含量增加，阴天或光照不足时也可造成光合作用减弱，造成氮的富集。另外，大量施用氮肥、土壤中缺钼、过施除草剂或病虫害也会造成硝酸盐的积累。

饲料中硝酸盐转化为亚硝酸盐，可发生在动物摄食硝酸盐以前（体外转化），也可发生在摄入体内之后（体内转化）。自然界中很多细菌和真菌都含有硝酸盐还原酶，这类微生物种类很多，广泛存在于土壤、水等外界环境中，也存在于动物的胃肠道和口腔等器官中。因此，只要条件适宜，硝酸盐便可大量地还原为亚硝酸盐，引起动物中毒。

硝酸盐及亚硝酸盐对动物引起的危害，主要表现为动物的急性和亚急性中毒。临床症状为呼吸加强、心率加快、肌肉震颤、衰弱无力、行走摇摆，皮肤及可视黏膜出现发绀。体温下降，严重者发生阵发性惊厥或昏迷，甚至死亡。病理解剖可见血液凝固不良，呈黑红色或咖啡色。胃肠黏膜多有充血，心肌、气管有出血点，全身血管扩张，肝、肾淤血肿大。而慢性中毒表现多种多样，如采食量下降，增重迟缓，精神萎靡。妊娠动物受胎率低，分娩无力。动物出现腹泻，维生素 A 的缺乏和甲状腺肿。长期积累可能出现胃部和肝部的肿瘤。由硝酸盐及亚硝酸盐导致畜禽的慢性损害已经引起人们关注。

一、硝酸盐的测定

（一）原理

在浓酸条件下，NO_3^- 与水杨酸反应，生成硝基水杨酸。其反应式如下：

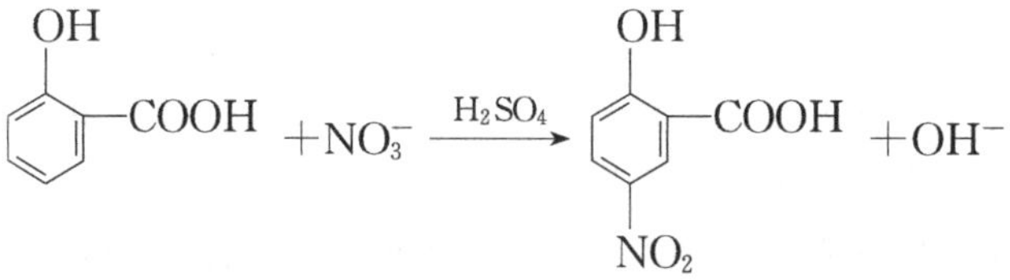

生成的硝基水杨酸在碱性条件下（pH＞12）呈黄色，最大吸收峰的波长为 410nm，在一定范围内，其颜色的深浅与含量成正比，可直接比色测定。

（二）试剂

500mg/L 硝态氮标准溶液：精确称取烘至恒重的 KNO_3 0.7221g 溶于蒸馏水中，定容至 200mL。

5％水杨酸-硫酸溶液：称取 5g 水杨酸溶于 100mL 相对密度为 1.84 的浓硫酸中，搅拌溶解后，贮于棕色瓶中，置冰箱保存一周有效。

8％氢氧化钠溶液：80g 氢氧化钠溶于 1L 蒸馏水中即可。

（三）仪器与设备

分光光度计；天平（感量 0.1mg）；20mL 刻度试管；刻度吸量管 0.1mL、0.5mL、5mL、10mL 各 1 支；50mL 容量瓶；小漏斗 3 个；玻璃棒；洗耳球；电炉；铝锅；玻璃泡；7cm 定量滤纸若干。

（四）步骤

1. 标准曲线的制作

吸取 500mg/L 硝态氮标准溶液 1mL、2mL、3mL、4mL、6mL、8mL、10mL、12mL 分别放入 50mL 容量瓶中，用无离子水定容至刻度，使之成 10mg/L、20mg/L、30mg/L、40mg/L、60mg/L、80mg/L、100mg/L、120mg/L 的系列标准溶液。

吸取上述系列标准溶液 0.1mL，分别放入刻度试管中，以 0.1mL 蒸馏水代替标准溶液作空白。再分别加入 0.4mL 5％水杨酸-硫酸溶液，摇匀，在室温下放置 20min 后，再加入 8％ NaOH 溶液 9.5mL，摇匀冷却至室温。显色液总体积为 10mL。

绘制标准曲线。以空白作参比，在 410nm 波长下测定光密度。以硝态氮浓度为横坐标，光密度为纵坐标，绘制标准曲线并计算出回归方程。

2. 样品中硝酸盐的测定

（1）样品液的制备。取一定量的样品剪碎混匀，用天平精确称取材料 2g，重复 3 次，分别放入 3 支刻度试管中，各加入 10mL 无离子水，用玻璃泡封口，置入沸水浴中提取 30min。到时间后取出，用自来水冷却，将提取液过滤到 25mL 容量瓶中，并反复冲洗残渣，最后定容至刻度。

（2）样品液的测定。吸取样品液 0.1mL 分别于 3 支刻度试管中，然后加入 5％水杨酸-硫酸溶液 0.4mL，混匀后置室温下 20min，再慢慢加入 9.5mL 8％ NaOH 溶液，待冷却至室温后，以空白作参比，在 410nm 波长下测其光密度。在标准曲线上查得或用回归方程计算出硝态氮浓度，再用以下公式计算其含量。

$$NO_3^- N\ (mg/g) = \frac{CV}{1000W}$$

式中，C——标准曲线上查得或回归方程计算得 $NO_3^- N$ 浓度；

　　　V——提取样品液总量；

　　　W——样品鲜重；

　　　100——单位换算系数。

二、亚硝酸盐的测定

（一）原理

样品在弱碱性条件下除去蛋白质，在弱酸性条件下试样中的亚硝酸盐与对氨基苯磺酸反应，生成重氮化合物，再与 N-1-萘基乙二胺偶合形成紫红色化合物，进行比色测定。

（二）试剂

试剂不加说明者，均为分析纯试剂。

1）氯化铵缓冲液。1000mL 容量瓶中加入 500mL 水，加入 20mL 盐酸，混匀，加入 50mL 氢氧化铵，用水稀释至刻度。用稀盐酸和稀氢氧化铵调节 pH 为 9.6～9.7。

2）硫酸锌溶液（0.42mol/L）。称取 120g 硫酸锌（$ZnSO_4 \cdot 7H_2O$），用水溶解，并稀释至 100mL。

3）氢氧化钠溶液（20g/L）。称取 20g 氢氧化钠，用水溶解，并稀释至 1000mL。

4）60％乙酸溶液。量取 600mL 乙酸于 1000mL 容量瓶中，用水稀释至刻度。

5）对氨基苯磺酸溶液。称取 5g 对氨基苯磺酸，溶于 700mL 水和 300mL 冰醋酸中，置棕色瓶保存，一周内有效。

6）N-1-萘基乙二胺溶液（1g/L）。称取 0.1g N-1-萘基乙二胺，加乙酸溶解并稀释至 100mL，混匀后置棕色瓶中，在冰箱内保存，1 周内有效。

7）显色剂。临用前将 N-1-萘基乙二胺溶液和对氨基苯磺酸溶液等体积混合。

8）亚硝酸钠标准溶液。称取 250.0mg 经（115±5）℃烘至恒重的亚硝酸钠，加水溶解，移入 500mL 容量瓶中，加 100mL 氯化铵缓冲液，加水稀释至刻度，混匀，在 4℃避光保存，此溶液每毫升相当于 500μg 亚硝酸钠。

9）亚硝酸钠标准工作液临用前。吸取亚硝酸钠标准溶液 1.00mL，置于 100mL 容量瓶中，加水稀释至刻度，此溶液每毫升相当于 5.0μg 亚硝酸钠。

（三）仪器与设备

分光光度计（有 1cm 比色杯，可在 550nm 处测量），小型粉碎机，分析天平（感量 0.0001g），恒温水浴锅，容量瓶，烧杯，吸量管，移液管，容量瓶，长颈漏斗（直径 75～90mm）。

（四）试样的制备

采集有代表性的样品，四分法缩分至约 250g，粉碎，过 1mm 孔筛，混匀，装入密闭容器中，低温保存备用。

（五）测定步骤

1. 试液制备　　称取约 5g 试样，精确到 0.001g，置于 200mL 烧杯中，加 70mL 水和 1.2mL 氢氧化钠溶液混匀，用氢氧化钠溶液调至 pH 为 8～9，全部转移至 200mL 容量瓶中，加 10mL 硫酸锌溶液，混匀，如不产生白色沉淀，再补滴氢氧化钠溶液，直至产生沉淀为止，混匀，置 60℃ 水浴中加热 10min，取出后冷却至室温，加水至刻度，混匀。放置 0.5h，用滤纸过滤，弃去初滤液 20mL，收集滤液备用。

2. 亚硝酸盐标准曲线的制备　　吸取 0mL、0.5mL、1.0mL、2.0mL、3.0mL、4.0mL、5.0mL 亚硝酸钠标准工作液（相当于 $0\mu g$、$2.5\mu g$、$5\mu g$、$10\mu g$、$15\mu g$、$20\mu g$、$25\mu g$ 亚硝酸钠），分别置于 25mL 容量瓶中。在各瓶中分别加入 4.5mL 氯化铵缓冲液，加 2.5mL 乙酸后立即加入 5.0mL 显色剂，加水至刻度，混匀，在避光处静置 25min，用 1cm 比色杯（灵敏度低时可换 2cm 比色杯），以零管调节零点，于波长 538nm 处测吸光度，以吸光度为纵坐标，各溶液中所含亚硝酸钠质量为横坐标，绘制标准曲线或计算回归方程。含亚硝酸盐低的试样以制备低含量标准曲线计算，标准系列为：吸取 0mL、0.4mL、0.8mL、1.2mL、1.6mL、2.0mL 亚硝酸钠标准工作液（相当于 $0\mu g$、$2\mu g$、$4\mu g$、$6\mu g$、$8\mu g$、$10\mu g$ 亚硝酸钠）。

3. 测定　　吸取 10.0mL 上述试液于 25mL 容量瓶中按"亚硝酸盐标准曲线的制备"自"分别加入 4.5mL 氯化铵缓冲液"起，进行显色和测量试液的吸光度（A_1）。

另取 10.0mL 试液于 25mL 容量瓶中，用水定容至刻度，以水调节零点，测定其吸光度（A_0）。从试液吸光度值 A_1 中扣除吸光度值入后得吸光度值 A，即 $A=A_1-A_0$，再将 A 代入回归方程进行计算。

测定结果为

$$X=\frac{m_2\times V_1\times 1000}{m_1\times V_2\times 1000}$$

式中，X——试样中亚硝酸盐（以亚硝酸钠计）的含量，单位 mg/kg；

　　　m_1——试样质量，单位 g；

　　　m_2——测定对样液中亚硝酸盐（以亚硝酸钠计）的质量，单位 μg；

　　　V_1——试样处理液总体积，单位 mL；

V_2——测定用样液体积，单位 mL；

1000——单位换算系数。

4. 结果表示　　每个试样取两个平行样进行测定，以其算术平均值为结果。结果表示到 0.1mg/kg。

5. 重复性　　同一分析者对同一试样同时或快速连续地进行两次测定，所得结果之间的相对偏差：在亚硝酸盐（以亚硝酸钠计）含量小于或等于 20mg/kg 时，不得大于 10%；在亚硝酸盐（以亚硝酸钠计）含量大于 20mg/kg 时，不得大于 5%。

第二节　重金属检验

有毒金属元素主要是指重金属元素。重金属是指相对密度在 4.0 以上的约 60 种金属元素或相对密度在 5.0 以上的 45 种金属元素。由于砷和硒的毒性及某些性质与重金属相似，因此将砷和硒列入了重金属范围。各种重金属元素在生物体内的正常含量均小于体重的 0.01%，属于微量元素。少量即可导致动物中毒的金属元素叫做有毒金属元素，也称为金属毒物，已发现并确定危害较大的有毒金属元素有汞、铅、镉、砷、铬、硒和钼等。过去一般认为有毒的铬、硒和钼，现在发现它们是动物所需的元素；而在动物营养上所必需的金属元素铁、铜、钴、锌、锰等摄入量过多，也会产生毒性作用。迄今为止，对汞、铅、镉的生理功能尚不清楚，常被认为是单纯的有毒金属元素。有毒金属元素污染饲料的主要原因有以下几点。

（1）工业"三废"的排放和农业化学物质的使用。

（2）某些地区自然地质条件特殊，土壤或岩石中的有毒金属元素含量较高。

（3）饲料生产加工过程中使用的机械、管道、容器等可能含有某些有毒金属元素。

（4）生活废弃物处置不当等均会造成污染。有毒金属元素在环境中极为稳定，不能分解，难以消除，一旦从其矿物进入环境中，将一直循环，不会消失，产生巨大的毒性作用。

一、砷

砷本身无毒，但其化合物有毒，其毒性随价态的增高而降低，如砷化氢＞三氧化二砷＞五氧化二砷，硫化砷的毒性更小。其中以三氧化二砷中毒最为常见，它是无色、无臭、无味的白色粉末，俗称砒霜或白砒。农业上用其粗制品，呈微红色，俗称红砒。其他还有巴黎绿、甲基砷酸锌、砷酸钙、亚砷酸铜、阿斯凡纳明，新阿斯凡纳明等。

生物体内都含有微量的砷。多数陆生植物的自然含砷量为 1.0mg/kg，豆类为 0.02~0.56mg/kg，蔬菜类为 0.001~0.039mg/kg，木本植物为 0.03~0.78mg/kg，海洋植物含砷量很高，如海藻为 17.5mg/kg，海带为 56.7mg/kg。

大量摄入无机砷致急性中毒，表现为严重的胃肠炎。动物突然表现痛苦，病畜呻吟、流涎、呕吐、腹痛不安、胃肠膨胀、腹泻、粪便恶臭。慢性中毒主要表现为消化功能紊乱和神经功能障碍等症状。

饲料中总砷的测定方法有砷斑法、二乙基二硫代氨基甲酸盐法（银盐法）、氢化物原子荧光光度法及硼氢化物还原光度法。砷斑法是半定量法，操作简单，可测定痕量砷，最低检出量为 $0.5\mu g$；银盐法为仲裁法，其检出限为 $0.04mg/kg$；硼氢化物还原光度法为快速法，检出限为 $0.04mg/kg$；氢化物原子荧光光度法为快速方法，其检出限为 $0.01mg/kg$。本节着重介绍银盐法。

（一）测定原理

样品经酸消解或干灰化破坏有机物，使砷呈离子状态存在。经碘化钾、氯化亚锡将高价砷还原为三价砷，然后被锌粒和酸产生的新生态氢还原为砷化氢。在密闭装置中，被二乙基二硫代甲酸银（AgDDTC）的三氯甲烷溶液吸收，形成黄色或棕红色银溶胶，其颜色深浅与砷含量成正比，用分光光度计比色测定。形成胶体银的反应如下：

$$AsH_3 + 6AgDDTC \longrightarrow 6Ag + 3HDDTC + AsDDTC$$

（二）试剂和溶液

以下试剂除特别说明外，均为分析纯，水应符合 GB/T 6682 二级要求。

硝酸；硫酸；高氯酸；盐酸；乙酸；碘化钾；L-抗坏血酸；无砷锌粒，粒径（3.0± 0.2）mm。

混合酸溶液（A）：$HNO_3 + H_2SO_4 + HClO_4 = 23 + 3 + 4$。

盐酸溶液（1mol/L）：量取 84.0mL 盐酸倒入适量水中，用水稀释到 1L。

盐酸溶液（3mol/L）：量取 250.0mL 盐酸倒入适量水中，用水稀释到 1L。

乙酸铅溶液：200g/L。

硝酸镁溶液（150g/L）：称取 30g 硝酸镁 $[Mg(NO_3)_2 \cdot 6H_2O]$ 溶于水中，并稀释至 200mL。

碘化钾溶液（150g/L）：取 75g 碘化钾溶于水中，定容至 500mL，贮存于棕色瓶中。

酸性氯化亚锡溶液（400g/L）：称取 20g 氯化亚锡（$SnCl_2 \cdot 2H_2O$）溶于 50mL 盐酸中，加入数颗金属锡粒，可用一周。

二乙氨基二硫代甲酸银（AgDDTC）-三乙胺-三氯甲烷吸收溶液（AgDDTC）（2.5g/L）：称取 2.5g（精确到 0.0001g）AgDDTC 于干燥的烧杯中，加适量三氯甲烷待完全溶解后，转入 1000mL 容量瓶中，加入 20mL 三乙胺，用三氯甲烷定容，于棕色瓶中存放在冷暗处。若有沉淀应过滤后使用。

乙酸铅棉花：将医用脱脂棉在乙酸铅溶液（100g/L）中浸泡约 1h，压除多余溶液，自然晾干，或在 90～100℃下烘干，保存于密闭瓶中。

砷标准贮备溶液（10mg/mL）：精确称取 0.66g 三氧化二砷（110℃，干燥 2h），加 200g/L 氢氧化钠溶液 5mL 使之溶解，然后加入 60mL/L 硫酸溶液 25mL 中和，定容至 500mL。此溶液每毫升含 100mg 砷，于塑料瓶中冷贮。

砷标准工作溶液（10μg/mL）：准确吸取 5.00mL 砷标准贮备液于 100mL 容量瓶中，加水定容，此溶液含砷 50μg/mL。准确吸取 50μg/mL 砷标准溶液 2.00mL，于 100mL 容量瓶中，加 1mL 盐酸，加水定容，摇匀，此溶液每毫升相当于 10μg 砷。

硫酸溶液（60mL/L）：吸取 6.0mL 硫酸，缓慢加入约 80mL 水中，冷却后用水稀释至 100mL。

氢氧化钠溶液：200g/L。

（三）仪器和设备

（1）砷化氢发生及吸收装置。砷化氢发生器：100mL 带 30mL、40mL、50mL 刻度线和侧管的锥形瓶。导气管：管径为 8.0～8.5mm；尖端孔为 2.5～3.0mm。吸收瓶：下部带 5mL 刻度线。

（2）分光光度计。波长范围 360～800nm。

（3）分析天平。感量 0.0001g。

（4）可调式电炉。

（5）瓷坩埚。30mL。

（6）高温炉。温控 0～950℃。

（四）分析步骤

1. 样品消化

（1）混合酸消解法。配合饲料及单一饲料，宜采用硝酸-硫酸-高氯酸消解法。称取试样 3～4g（精确到 0.001g），置于 250mL 凯氏瓶中，加水少许湿润试样，加 30mL 混合酸（A），放置 4h 以上或过夜，置电炉上从室温开始消解。待棕色气体消失后，提高消解温度，至冒白烟（SO_3）数分钟（务必赶尽硝酸），此时溶液应清亮无色或淡黄色，瓶内溶液体积近似硫酸用量，残渣为白色；若瓶内溶液呈棕色，冷却后添加适量硝酸和高氯酸，直到消解完全。冷却，加 1mol/L 盐酸溶液 10mL 煮沸，稍冷，转移到 50mL 容量瓶中，用水洗涤凯氏瓶 3～5 次，洗液并入容量瓶中，然后定容，摇匀，待测。

试样消解液含砷小于 10μg 时，可直接转移到砷化氢发生器中，补加 7mL 盐酸，加水使瓶内溶液体积为 40mL，从加入 2mL 碘化钾起，以下按分析步骤 3 进行。

同时在相同条件下，做试剂空白实验。

（2）盐酸溶样法。矿物元素饲料添加剂不宜加硫酸，应用盐酸溶样。称取试样 1～3g（精确到 0.0001g）于 100mL 高型烧杯中，加水少许湿润试样，慢慢滴加 3mol/L 盐酸溶液 10mL，待激烈反应过后，再缓慢加入 8mL 盐酸，用水稀释至约 30mL，煮沸。转移到 50mL 容量瓶中，洗涤烧杯 3 或 4 次，洗液并入容量瓶中，定容，摇匀，待测。

试样消解液含砷小于 10μg 时，可直接转移到发生器中，用水稀释到 40mL 并煮沸，从加入 2mL 碘化钾起，以下按分析步骤 3 进行。

另外，少数矿物质饲料富含硫，严重干扰砷的测定，可用盐酸溶解样品后，往高型杯中加入 5mL 乙酸铅溶液并煮沸，静置 20min，形成的硫化铅沉淀过滤除去，滤液定容至 50mL，以下按分析步骤 3 进行。

同时在相同条件下，做试剂空白实验。

（3）干灰化法。添加剂预混合饲料、浓缩饲料、配合饲料、单一饲料及饲料添加剂可选择干灰化法。

　　称取试样 2～3g（精确至 0.0001g）于 30mL 瓷坩埚中，加入 5mL 硝酸镁溶液，混匀，于低温或沸水浴中蒸干，低温炭化至无烟后，转入高温炉 550℃恒温灰化 3.5～4h。取出冷却，缓慢加 3mol/L 盐酸溶液 10mL，待激烈反应过后，煮沸并转移到 50mL 容量瓶中，洗涤坩埚 3～5 次，洗液并入容量瓶中，定容，摇匀，待测。所称试样含砷小于 10μg 时，可直接转移到发生器中，补加 8mL 盐酸，加水至 40mL 左右，加入 1g 抗坏血酸溶解后，按分析步骤 3 进行。

　　同时在相同条件下，做试剂空白实验。

　　2. 标准曲线绘制　　准确吸取砷标准工作溶液（1.0μg/mL）0mL、1.0mL、2.0mL、4.0mL、6.0mL、8.0mL、10.0mL 于砷化氢发生瓶中，加 10mL 盐酸，加水稀释至 40mL。从加入 2mL 碘化钾起，以下按分析步骤 3 操作，测其吸光度，求出回归方程各参数或绘制出标准曲线。当更换锌粒批号或者新配制 AgDDTC 吸收液、碘化钾溶液和氯化亚锡溶液时，均应重新绘制标准曲线。

　　3. 还原反应与比色测定　　从消化处理好的待测液中，准确吸取适量溶液（含砷量应≥1.0μg）于砷化氢发生瓶中，补加盐酸至总量为 10mL，并用水稀释到 40mL，使溶液盐酸浓度为 3mol/L，然后向试样溶液、试剂空白溶液、标准系列溶液各发生器中，加入 2mL 碘化钾溶液，摇匀，加入 1mL 氯化亚锡溶液，摇匀，静置 15min。准确吸取 5.00mL AgDDTC 吸收液于吸收瓶中，连接好发生吸收装置（勿漏气，导管塞有蓬松的乙酸铅棉花）。从发生器侧管迅速加入 4g 无砷锌粒，反应 45min。当室温低于 15℃时，反应延长至 1h。反应中轻摇发生瓶两次，反应结束后，取下吸收瓶，用三氯甲烷定容至 5mL 摇匀，测定。以原吸收液为参比，在 520nm 处，用 1cm 比色池测定。

（五）结果计算

　　1. 计算公式　　样品中总砷含量 X（mg/kg）按下式计算。

$$X = \frac{(A_1 - A_2) \times V_1 \times 1000}{m \times V_2 \times 1000}$$

式中，V_1——试样消解液定容总体积，单位 mL；

　　　　V_2——分取试液体积，单位 mL；

　　　　A_1——测试砷试液中含砷量，单位 μg；

　　　　A_2——试剂空白液中含砷量，单位 μg；

　　　　m——试样质量，单位 g。

　　若样品中砷含量很高，可用下式计算。

$$X = \frac{(A_2 - A_3) \times V_1 \times V_3 \times 1000}{m \times V_2 \times V_4 \times 1000}$$

式中，V_1 为试样消解液定容总体积，单位 mL；

　　　　V_2——分取试液体积，单位 mL；

　　　　V_3——分取液再定容体积，单位 mL；

　　　　V_4——测定时分取 V_3 的体积，单位 mL；

　　　　A_2——测定用试液中含砷量，单位 μg；

A_3——试剂空白液中含砷量，单位 μg；

m——试样质量，单位 g。

2. 结果表示　每个样品应做平行样，以其算术平均值为分析结果，结果精确到 0.01mg/kg。当每千克试样中含砷量≥1.0mg 时，结果取 3 位有效数字。

3. 允许差　分析结果的相对偏差，应不大于表 12-1 所列允许差。

表 12-1　砷含量测定分析结果允许差

饲料中含砷量/（mg/kg）	允许相对偏差/%	饲料中含砷量/（mg/kg）	允许相对偏差/%
≤1.00	≤20	5.00～10.00	≤5
1.00～5.00	≤10	≥10.00	≤3

二、铅

植物中的铅主要来源于土壤和工业污染。植物饲料中铅的含量都较低，一般为 0.2～3mg/kg。工业污染是造成植物饲料含铅量上升的重要原因。饲料中铅的含量依土壤中铅含量的不同而变化，其变化范围较大，豌豆中铅含量为 1～12mg/kg，玉米为 0.2～0.34mg/kg，从工业区收获的牧草含铅量为 0.3～1.5mg/kg。

动物长期摄入铅，在齿龈边缘可见到"铅线"，它是深灰或蓝黑色带状或不规则的斑块，在齿龈发炎部位特别明显。铅中毒在临床上以消化障碍和神经功能紊乱为特征，多见犊牛、羊、成年牛和猪，鸟类也可中毒。它可分为急性和慢性两种，动物急性中毒现象少见，大多为慢性和亚慢性中毒，牛以神经症状为主，羊以消化道症状为主。

饲料中铅含量的测定多采用原子吸收分光光度计法和双硫腙比色法等。原子吸收分光光度计法快速、准确、干扰因素少，是饲料中铅测定广泛应用的方法。其中干灰化法适用于含有有机物较多的饲料原料、配合饲料、浓缩饲料中铅的测定。湿消化法分盐酸消化法和高氯酸消化法。盐酸消化法适用于不含有机物质的添加剂预混料和矿物质饲料中铅的测定。

（一）原理

1. 干灰化法　将试料在马福炉（550±15）℃温度下灰化之后，在酸性条件下溶解残渣、沉淀和过滤，定容制成试样溶液，用火焰原子吸收光谱法，测量其在 283.3nm 处的吸光度，与标准系列比较定量。

2. 湿消化法　试料中的铅在酸的作用下变成铅离子，沉淀和过滤去除沉淀物，稀释定容，用原子吸收光谱法测定。

（二）试剂和材料

除特殊规定外，本方法所用试剂均为分析纯。

稀盐酸溶液（0.6mol/L）；盐酸溶液（6mol/L）。

硝酸溶液（6mol/L）：吸取 43mL 硝酸，用水定容至 100mL。

铅标准贮备液：准确称取 1.598g 硝酸铅 $[Pb(NO_3)_2]$，加硝酸溶液 10mL，全部溶解后，转入 1000mL 容量瓶中，加水至刻度，该溶液含铅为 1mg/mL。标准贮备液贮存在聚乙烯瓶中，4℃保存。

铅标准工作液：吸取 1.0mL 铅标准贮备液，加入 100mL 容量瓶中，加水至刻度，此溶液含铅为 10μg/mL。工作液当天使用当天配制。

乙炔：符合 GB 6819 的规定。

（三）仪器设备

所用的容器在使用前用稀盐酸煮。如果使用专用的灰化皿和玻璃器皿，每次使用前不需要用盐酸煮。

马福炉，温度能控制在（550±5）℃；分析天平（称量精度到 0.0001g）；实验室用样品粉碎机；原子吸收分光光度计配带测定铅的空心阴极灯；无灰（不释放矿物质的）滤纸；瓷坩埚（内层光滑没有被腐蚀），使用前用盐酸煮；可调电炉；平底柱型聚四氟乙烯坩埚（60cm^2）。

（四）试样的制备

将实验室样品粉碎，过 1mm 尼龙筛，混匀装入密闭容器中，低温保存备用。

（五）分析步骤

1. 试样溶解

（1）干灰化法。称取约 5g 制备好的试样（精确到 0.001g），置于瓷坩埚中。将瓷坩埚置于可调电炉上，100～300℃缓慢加热炭化至无烟，要避免试料燃烧。然后放入已在 550℃下预热 15min 的马福炉中，灰化 2～4h，冷却后用 2mL 水将炭化物润湿。如果仍有少量炭粒，可滴入硝酸使残渣润湿，将坩埚放在水浴上干燥，然后再放到马福炉中灰化 2h，冷却后加 2mL 水。

取 5mL 盐酸，开始慢慢一滴一滴加入坩埚中，边加边转动坩埚，直到不冒泡，然后再快速放入，再加入 5mL 硝酸，转动坩埚并用水浴加热直到消化液为 2～3mL 时取下（注意防止溅出），分次用 5mL 左右的水转移到 50mL 容量瓶。冷却后，用水定容至刻度，用无灰滤纸过滤，摇匀，待用。同时制备试样空白溶液。

（2）湿消化法。盐酸消化法：依据预期含量，称取 1～5g 制备好的试样（精确到0.001g），置于瓷坩埚中。用 2mL 水将试样润湿，取 5mL 盐酸，开始慢慢一滴一滴加入到坩埚中，边加边转动坩埚，直到不冒泡，然后再快速放入，再加入 5mL 硝酸，转动坩埚并用水浴加热直到消化液 2～3mL 时取下（注意防止溅出），分次用 5mL 左右的水转移到 50mL 容量瓶。冷却后，用水定容至刻度，用无灰滤纸过滤，摇匀，待用。同时制备试样空白溶液。

2. 标准曲线绘制　　分别吸取 0mL、1.0mL、2.0mL、4.0mL、8.0mL 铅标准工作液，置于 50mL 容量瓶中，加入盐酸溶液 1mL，加水定容至刻度，摇匀，导入原子吸收分光光度计，用水调零，在 283.3nm 波长处测定吸光度，以吸光度为纵坐标，浓度为横坐标，绘制标准曲线。

3. 测定　　试样溶液和试剂空白，按绘制标准曲线步骤进行测定，测出相应吸光值与标准曲线比较定量。

（六）结果计算

1. 测定结果　　按下式计算。

$$X=\frac{(\rho_1-\rho_2)\times V_1\times 1000}{m\times 1000}=\frac{(\rho_1-\rho_2)\times V_1}{m}$$

式中，X——试料中铅含量的数值，单位 mg/kg；

　　　m——试料的质量的数值，单位 g；

　　　V_1——试料消化液总体积的数值，单位 mL；

　　　ρ_1——测定用试料消化液铅含量的数值，单位 μg/mL；

　　　ρ_2——空白试液中铅含量的数值，单位 μg/mL。

2. 结果表示　　每个试样取两个平行样进行测定，以其算术平均值为结果，结果表示到 0.01mg/kg。

3. 重复性　　同一分析者对同一试样同时或快速连续地进行两次测定，所得结果与允许相对偏差见表 12-2。

表 12-2　铅含量测定分析允许相对偏差

铅含量分析/（mg/kg）	分析允许相对偏差/%	铅含量分析/（mg/kg）	分析允许相对偏差/%
≤5	≤20	15～30	≤10
5～15	≤15	>30	≤5

三、镉

在正常情况下，植物性饲料中镉含量都很低，不超过 1mg/kg，不会给动物带来危害；但随土壤 pH 降低或有些植物对镉有选择性吸收和蓄积能力，例如，苋菜、芜菁、菠菜等对镉有较强的吸收能力，从而导致饲料中的镉含量较高。植物不同部位吸收和累积镉的量也存在差异，一般是新陈代谢旺盛的器官蓄积的镉量多，而营养贮存器官的含镉量少。镉在植物各部分的分布基本上是：根>叶>茎>花、果、籽粒。

镉作为一种重金属有毒元素，生物半衰期长，排泄缓慢，少量、持续进入体内可因长期积累而对各组织器官造成不同程度的损伤，造成动物性食品的污染，对人类的健康造成极大的威胁。动物镉中毒后，主要是对机体的肾、肝、骨骼、生殖系统、心血管系统、胃肠系统造成损伤。

饲料中镉的测定方法有比色法、原子吸收光谱法、原子荧光法等。比色法干扰因素多，灵敏度较低，目前已较少使用；原子吸收光谱法和原子荧光法灵敏度均较高，是目前普遍采用的分析方法。原子吸收光谱法样品处理前较麻烦，原子荧光法样品处理前相对较简单，但需要原子荧光光谱仪。此处介绍原子吸收光谱法。

（一）原理

以干灰化法分解样品，以干灰化法分解样品，在酸性条件下，有碘化钾存在时，镉离子与碘离子形成络合物，被甲基异丁酮萃取分离，将有机相喷入空气-乙炔火焰，使镉原子化，测定其对特征共振线 228.8nm 的吸光度，与标准系列比较而求得镉的含量。

（二）试剂和溶液

除特殊规定外，本标准所用试剂均为分析纯，水为重蒸馏水。

硝酸（GB 626），优级纯；盐酸（GB 622），优级纯。

2mol/L 碘化钾溶液：称取 332g 碘化钾，溶于水，加水稀释至 1000mL。

5% 抗坏血酸溶液：称取 5g 抗坏血酸（$C_6H_8O_6$），溶于水，加水稀释至 100mL（临用时配制）。

1mol/L 盐酸溶液：量取 10mL 盐酸，加入 110mL 水，摇匀。

甲基异丁酮 [$CH_3COCH_2CH(CH_3)_2$]。

镉标准贮备液：称取高纯金属镉（Cd，99.99%）0.1g（精确到 0.0001）于 250mL 三角烧瓶中，加入 10mL 1：1 硝酸，在电热板上加热溶解完全后，蒸干，取下冷却，加入 20mL 1：1 盐酸及 20mL 水，继续加热溶解，取下冷却后，移入 1000mL 容量瓶中，用水稀释至刻度，摇匀，此溶液每毫升相当于 100μg 镉。

镉标准中间液：吸取 10mL 镉标准贮备液于 100mL 容量瓶中，以 1mol/L 盐酸稀释至刻度，摇匀，此溶液每毫升相当于 10μg 镉。

镉标准工作液：吸取 10mL 镉标准中间液于 100mL 容量瓶中，以 1mol/L 盐酸稀释至刻度，摇匀，此溶液每毫升相当于 1μg 镉。

（三）仪器与设备

分析天平（感量 0.0001g）；马福炉；原子吸收分光光度计；硬质烧杯（10mL）；容量瓶（50mL）；具塞比色管（25mL）；吸量管（1mL、2mL、5mL、10mL）；移液管（5mL、10mL、15mL、20mL）。

（四）试样制备

采集具有代表性的饲料样品，至少 2kg，四分法缩分至约 250g，磨碎，过 1mm 筛，混匀，装入密闭广口试样瓶中，防止试样变质，低温保存备用。

（五）测定步骤

1. 试样处理　　准确称取 5~10g 试样于 100mL 硬质烧杯中，置于马福炉内，微开炉门，由低温开始，先升至 200℃保持 1h，再升至 300℃保持 1h，最后升温至 500℃灼烧 16h，直至试样成白色或灰白色，无碳粒为止。

取出冷却，加水润湿，加 10mL 硝酸，在电热板或砂浴上加热分解试样至近干，冷后加 10mL 1mol/L 盐酸溶液，将盐类加热溶解，内容物移入 50mL 容量瓶中，再以

1mol/L 盐酸溶液反复洗涤烧杯，洗液并入容量瓶中，以 1mol/L 盐酸溶液稀释至刻度，摇匀备用。

若为石粉、磷酸盐等矿物试样，可不用干灰化法，称样后，加 10～15mL 硝酸或盐酸，在电热板或砂浴上加热分解试样至近干，其余同上处理。

2. 标准曲线绘制　　精确分取镉标准工作液 0mL、1.25mL、2.50mL、5.00mL、7.50mL、10.00mL，分别置于 25mL 具塞比色管中，以 1mol/L 盐酸溶液稀释至 15mL，依次加入 2mL 碘化钾溶液，摇匀，加 1mL 抗坏血酸溶液，摇匀，准确加入 5mL 甲基异丁酮，振动萃取 3～5min，静置分层后，有机相导入原子吸收分光光度计，在波长 228.8nm 处测其吸光度，以吸光度为纵坐标，浓度为横坐标，绘制标准曲线。

3. 测定　　准确分取 15～20mL 待测试样溶液及同量试剂空白溶液于 25mL 具塞比色管中，依次加入 2mL 碘化钾溶液，其余同标准曲线绘制测定步骤。

（六）结果计算

1. 计算公式　　测定结果按下式计算。

$$X = \frac{A_1 - A_2}{\dfrac{mV_2}{V_1}} = \frac{V_1 (A_1 - A_2)}{mV_2}$$

式中，X——试样中镉的含量，单位 mg/kg；

　　　A_1——待测试样溶液中镉的质量，单位 μg；

　　　A_2——试剂空白溶液中镉质量，单位 μg；

　　　m——试样质量，单位 g；

　　　V_2——待测试样溶液体积，单位 mL；

　　　V_1——试样处理液总体积，单位 mL。

2. 结果表示　　每个试样取两个平行样进行测定，以其算术平均值为结果。结果表示到 0.01mg/kg。

3. 重复性　　同一分析者对同一试样同时或快速连续地进行两次测定，所得结果之间的差值：在镉的含量小于或等于 0.5mg/kg 时，不得超过平均值的 50%；在镉的含量大于 0.5mg/kg 而小于 1mg/kg 时，不得超过平均值的 30%；在镉的含量大于或等于 1mg/kg 时，不得超过平均值的 20%。

四、汞

植物中都含有微量汞，其自然含量一般为 1～100μg/kg。木本植物含汞量较高，其次是粮食作物和叶菜类，块根、块茎类含汞量较低。汞在植物各部位的含量是根>茎、叶>籽实。普通土壤中的植物一般不富集汞，但如用含汞废水灌溉农田或作物，施用含汞农药，可使作物含汞量增高。尤其是用含汞农药作种子消毒或作物生长期杀菌时，粮食中汞的污染可达相当严重程度。

汞在自然界主要以元素汞和汞化合物两种状态存在，汞化合物又分为无机汞和有机汞两类。汞对动物的毒性很大，它是一种蓄积性毒物，因此可通过食物链危害人体健康。甲基汞除能蓄积于肝和肾外，更重要的是它可通过血脑屏障蓄积于脑内，引起严重的神经系统症状，而且甲基汞从体内的排出要比无机汞慢得多，因此其蓄积性和毒性更大。幼畜中毒发生进行性消瘦、厌食、生长阻滞，动作不协调、无目的地行走、失明、空嚼、呆滞、昏睡状态下死亡。有些动物中毒后皮肤发痒，出现啃咬皮肤、擦痒和疹痒等现象，继而皮肤增生，脱毛和皮屑增多。长期摄入汞化合物，由于汞由唾液腺排泄，形成汞的硫化物，对黏膜有刺激腐蚀作用，可引起齿龈红肿及出血，口腔黏膜充血、上皮细胞坏死以致形成溃疡。有时齿龈可见到排列成线状的蓝黑色硫化汞细小颗粒沉着，称为汞线。这是机体吸收汞的标识之一。

饲料中汞的测定方法有冷原子吸收法和双硫腙比色法。双硫腙比色法是经典方法，干扰因素多，需分离或掩蔽干扰离子，要求严格，适合于汞含量大于 1mg/kg 的饲料样品测定。冷原子吸收法灵敏度较高、干扰少、应用简便，对汞含量低于 1mg/kg 的饲料样品也可进行测定，因而应用较广，为国家标准方法。

（一）原理

在原子吸收光谱中，汞原子对波长为 253.7nm 的共振线有强烈的吸收作用。试样经硝酸-硫酸消化使汞转为离子状态，在强酸中，氯化亚锡将汞离子还原成元素汞，以干燥清洁空气为载体吹出，进行冷原子吸收，与标准系列比较定量。

（二）试剂和溶液

除特殊规定外，本标准所用试剂均为分析纯，水为重蒸馏水或相应纯度的水。
硝酸；硫酸。
300g/L 氯化亚锡溶液：称取 30g 氯化亚锡，加少量水，再加 2mL 浓硫酸使其溶解后，加水稀释至 100mL，放置冰箱备用。
混合酸液：量取 10mL 硫酸，加入 10mL 硝酸，慢慢倒入 50mL 水中，冷后加水稀释至 100mL。
汞标准贮备液：准确称取干燥器内干燥过的氯化汞 0.1354g，用混合酸液溶解后移入 100mL 容量瓶中，稀释至刻度，混匀，此溶液每毫升相当于 1mg 汞，冷藏备用。
汞标准工作液：吸取 1.0mL 汞标准贮备液，置于 100mL 容量瓶中，加混合酸液稀释至刻度，此溶液每毫升相当于 10μg 汞。再吸取此液 1.0mL，置于 100mL 容量瓶中，加混合酸液稀释至刻度，此溶液每毫升相当于 0.1μg 汞，临用时现配。

（三）仪器与设备

分析天平（感量 0.0001g）；实验室用样品粉碎机或研钵；消化装置；测汞仪；三角烧瓶（250mL）；容量瓶（100mL）；还原瓶（50mL）（测汞仪附件）。

（四）试样制备

采集具有代表性的饲料原料样品，至少 2kg，四分法缩分至 250g，磨碎，过 1mm 孔筛，混匀，装入密闭容器，低温保存备用。

（五）测定步骤

1. 试样处理　称取 1～5g 试样，精确到 0.001g，置于 250mL 三角烧瓶中。加玻璃珠数粒，加入 25mL 浓硝酸和 5mL 浓硫酸，转动三角烧瓶并防止局部炭化，装上冷凝管，小火加热，待开始发泡即停止加热，发泡停止后，再加热回流 2h。放冷后从冷凝管上端小心加入 20mL 水，继续加热回流 10min，放冷，用适量水冲洗冷凝管，洗液并入消化液。消化液经玻璃棉或滤纸滤于 100mL 容量瓶内，用少量水洗三角烧瓶和滤器，洗液并入容量瓶内，加水至刻度，混匀。取试样相同量的硝酸、硫酸，同法做试剂空白实验。

若为石粉，称取约 1g 试样，精确到 0.001g，置于三角烧瓶中，加玻璃珠数粒，装上冷凝管后，从冷凝管上端加入 15mL 硝酸，用小火加热 15min，放冷，用适量水冲洗冷凝管，移入 100mL 容量瓶内，加水至刻度，混匀。

2. 标准曲线绘制　吸取 0mL、0.10mL、0.20mL、0.30mL、0.40mL、0.50mL 汞标准工作液（相当于 $0\mu g$、$0.01\mu g$，$0.02\mu g$、$0.03\mu g$、$0.04\mu g$、$0.05\mu g$ 的汞），置于还原瓶内，各加 10mL 混合酸液，加 2mL 氯化亚锡溶液后立即盖紧还原瓶2min，记录测汞仪读数指示器最大吸光度。以吸光度为纵坐标，汞浓度为横坐标，绘制标准曲线。

3. 测定　加 10mL 试样消化液于还原瓶内，加 2mL 氯化亚锡溶液后立即盖紧还原瓶 2min，记录测汞仪读数指示器最大吸光度。

（六）结果计算

1. 计算公式　试样中汞的质量分数按下式计算。

$$X=\frac{(A_1-A_0)\times1000}{m\times\dfrac{V_2}{V_1}\times1000}=\frac{V_1(A_1-A_0)}{mV_2}$$

式中，X——试样中汞的含量，单位 mg/kg；

A_1——测定用试样消化液中汞的质量，单位 μg；

A_0——试剂空白液中汞的质量，单位 μg；

m——试样质量，单位 g；

V_1——试样消化液总体积，单位 mL；

V_2——测定用试样消化液体积，单位 mL；

1000——单位换算系数。

2. 结果表示　每个试样平行测定两次，以其算术平均值为结果。结果表示到 0.001mg/kg。

3. 重复性　同一分析者对同一试样同时或快速连续地进行两次测定，所得结果之间的差值在汞含量小于或等于 0.020mg/kg 时，不得超过平均值的 100%；在汞含量大于 0.020mg/kg 而小于 0.100mg/kg 时，不得超过平均值的 50%；在汞含量大于 0.1mg/kg 时，不得超过平均值的 20%。

第三节　氰化物检验

　　氰化物特指带有氰离子（CN⁻）或氰基（—CN）的化合物，其中的碳原子和氮原子通过三键相连接。氰化物拥有令人生畏的毒性，它们广泛存在于自然界，尤其是生物界。氰化物可由某些细菌、真菌或藻类制造，并存在于相当多的食物与植物中。在植物中，氰化物通常与糖分子结合，并以含氰糖苷（cyanogenic glycoside）形式存在，也以游离形式存在。氢氰酸（HCN）是毒性最大、作用最快的常见毒物。当植物组织被损害或腐烂时，氰糖苷水解后产生氢氰酸，饲草产品中的氢氰酸含量达到一定量时，即引起畜禽中毒。氰糖苷在植物界分布很广，特别以蔷薇科植物为最，其次为禾本科、豆科和忍冬科等。最常发生中毒的植物有高粱的苗、叶和糠，亚麻子饼、亚麻穗和蕾，杏、桃、李、梅、樱桃和枇杷等的果仁和叶，三叶草、南瓜叶、棉豆、未成熟的竹笋、黑接骨草、紫杉、水麦冬和木薯等植物。

　　氰化物的测定方法主要有比色法，硝酸银滴定法和氰离子选择电极法。干扰氰化物测定的物质较多，如金属离子、脂肪酸、还原剂和氧化剂等。因此，一般都采用蒸馏预处理的方法除去干扰物质后再进行测定。下面以硝酸银滴定法为例介绍氰化物的测定方法。

一、原理

　　以氰苷形式存在于植物体内的氰化物经水浸泡水解后，进行水蒸气蒸馏，蒸出的氢氰酸被碱液吸收。在碱性条件下，以碘化钾为指示剂，用硝酸银标准溶液滴定定量。

二、试剂和溶液

　　除特殊规定外，本标准所用试剂均为分析纯，水为蒸馏水或相应纯度的水。

　　5％氢氧化钠溶液（称取5g氢氧化钠，溶于水，加水稀释至100mL）；6mol/L氨水（量取400mL浓氨水，加水稀释至1000mL）；0.5％硝酸铅溶液（称取0.5g硝酸铅，溶于水，加水稀释至100mL）；0.1mol/L硝酸银标准贮备液。

　　0.1mol/L硝酸银标准贮备液制备：称取17.5g硝酸银（GB 670），溶于1000mL水中，混匀，置暗处，密闭保存于玻璃塞棕色瓶中。

　　标定：称取经500～600℃灼烧至恒重的基准氯化钠1.5g，准确至0.0002g。用水溶解，移入250mL容量瓶中，加水稀释至刻度，摇匀。准确移取此溶液25mL于250mL锥形瓶中，加入25mL水及1mL 5％铬酸钾溶液，再用0.1mol/L硝酸银标准贮备液滴定至溶液呈微红色为终点。

　　硝酸银标准贮备液的物质的量浓度按下式计算：

$$c_0 = \frac{m_0 \times 25}{V_1 \times 0.05845 \times 250} = \frac{m_0}{V_1} \times 1.7109$$

式中，c_0——硝酸银标准贮备液的物质的量浓度，单位 mol/L；

　　　m_0——基准氯化钠质量，单位 g；

V_1——硝酸银标准贮备液的用量，单位 mL；

0.05845——每毫摩尔氯化钠的质量，单位 g。

0.01mol/L 硝酸银标准工作液：于临用前将 0.1mol/L 硝酸银标准贮备液用煮沸并冷却的水稀释 10 倍，必要时应重新标定。

5％碘化钾溶液：称取 5g 碘化钾，溶于水，加水稀释至 100mL。

5％铬酸钾溶液：称取 5g 铬酸钾，溶于水，加水稀释至 100mL。

三、仪器、设备

水蒸气蒸馏装置（蒸馏烧瓶 2500～3000mL）；微量滴定管（2mL）；分析天平（感量 0.0001g）；凯氏烧瓶（500mL）；容量瓶（250mL）（棕色）；锥形瓶（250mL）；吸量管（2mL、10mL）；移液管（100mL）。

四、试样制备

采集具有代表性的饲料样品，至少 2kg，四分法缩分至约 250g，磨碎，过 1mm 孔筛，混匀，装入密闭容器，防止试样变质，低温保存备用。

五、测定步骤

1. 试样水解　称取 10～20g 试样于凯氏烧瓶中，精确到 0.001g，加水约 200mL，塞严瓶口，在室温下放置 2～4h，使其水解。

2. 试样蒸馏　将盛有水解试样的凯氏烧瓶迅速连接于水蒸气蒸馏装置，使冷凝管下端浸入盛有 20mL 5％氢氧化钠溶液的锥形瓶的液面下，通水蒸气进行蒸馏，收集蒸馏液 150～160mL，取下锥形瓶，加入 10mL 0.5％硝酸铅溶液，混匀，静置 15min，经滤纸过滤于 250mL 容量瓶中，用水洗涤沉淀物和锥形瓶 3 次，每次 10mL，并入滤液中，加水稀释至刻度，混匀。

3. 测定　准确移取 100mL 滤液置于另一锥形瓶中，加入 8mL 6mol/L 氨水和 2mL 5％碘化钾溶液，混匀，在黑色背景衬托下，用微量滴定管以硝酸银标准工作液滴定至出现混浊时为终点，记录硝酸银标准工作液消耗体积。在和试样测定相同的条件下，做试剂空白实验，即以蒸馏水代替蒸馏液，用硝酸银标准工作液滴定，记录其消耗体积。

六、测定结果

1. 计算公式

$$X = c \times (V - V_0) \times 54 \times \frac{250}{100} \times \frac{1000}{m} = \frac{c\ (V - V_0)}{m} \times 135\ 000$$

式中，X——试样中氰化物（以氢氰酸计）的含量，单位 mg/kg；

m——试样质量，单位 g；

c——硝酸银标准工作液物质的量浓度，单位 mol/L；

V——试样测定硝酸银标准工作液消耗体积，单位 mL；

V_0——空白实验硝酸银标准工作液消耗体积，单位 mL；

54——1mL 1mol/L 硝酸银相当于氢氰酸的质量，单位 mg。

2. 结果表示　　每个试样取两个平行样进行测定，以其算术平均值为结果。结果表示到 1mg/kg。

七、重复性

同一分析者对同一试样同时或快速连续地进行两次测定，所得结果之间的差值：在氰化物含量小于或等于 50mg/kg 时，不得超过平均值的 20%；在氰化物含量大于 50mg/kg 时，不得超过平均值的 10%。

第四节　细菌和沙门菌检验

自然界中存在的细菌对饲草产品均有不同程度的污染，其中沙门菌对饲料的污染率较高，危害最大。

一、细菌总数的检验

细菌总数就是指在一定条件下（如需氧情况、营养条件、pH、培养温度和时间等）每克（每毫升）试样所生长出来的细菌菌落总数。细菌总数测定是用来判定饲草产品被细菌污染的程度及卫生质量，它反映饲草产品在生产过程中是否符合卫生要求，以便对被检样品做出适当的卫生学评价。菌落总数的多少在一定程度上标识着饲草产品卫生质量的优劣。我国常用的方法为菌落计数法测定。

（一）实验原理

试样经过处理，稀释至适当浓度，用特定的培养基，在（30 ± 1）℃下培养（72 ± 3）h，所得 1g（或 1mL）试样中所含细菌总数。细菌总数越高，表明饲草产品卫生状况越差，动物受细菌危害的可能性越大。厌氧菌、有特殊营养要求的及非嗜中温的细菌，由于现有条件不能满足其生理需求，难以繁殖生长。因此细菌总数并不表示实际中的所有细菌总数，菌落总数并不能区分其中细菌的种类，有时被称为杂菌数和需氧菌数等。

（二）实验器材

分析天平（感量 0.1g）；振荡器（往复式）；粉碎机（非旋风磨，密闭要好）；高压灭菌锅（灭菌压力 $0\sim3\mathrm{kg/cm^2}$）；冰箱（普通冰箱）；恒温水浴锅（46℃±1℃）；恒温培养箱（30℃±1℃）；微型混合器；灭菌三角瓶（100mL、250mL、500mL）；灭菌移液管（1mL、10mL）；灭菌试管（16mm×160mm）；灭菌玻璃珠（直径 5mm）；灭菌培养皿（直径 90mm）；灭菌金属勺、刀等。

（三）培养基和试剂

1. 营养琼脂培养基　　蛋白胨 10g，牛肉膏 3g，氯化钠 5g，琼脂 15～20g，蒸馏水 1000mL。将除琼脂以外的各成分溶于蒸馏水中，加入 15% 氢氧化钠溶液约 2mL 校正 pH 至 7.2～7.4。加入琼脂，加热煮沸，使琼脂溶化。分装三角瓶，121℃高压灭菌 20min。此培养基供一般细菌培养用，可倾注平板或制成斜面，如菌落计数，琼脂量为 1.5%，如作成平板或斜面，则应为 2%。

2. 磷酸盐缓冲液（稀释液）　　贮存液：磷酸二氢钾 34g，1mol/L 氢氧化钠溶液 175mL，蒸馏水 1000mL，将磷酸盐溶解于 500mL 蒸馏水中，用 1mol/L 氢氧化钠溶液校正 pH7.0～7.2 后，再用蒸馏水稀释至 1000 mL。稀释液：取贮存液 1mL，用蒸馏水稀释至 1000mL。分装每瓶或每管 9mL，121℃高压灭菌 20min。

3. 0.85% 生理盐水　　称取氯化钠（分析纯）8.5g，溶于 1000mL 蒸馏水中。分装三角瓶，121℃高压灭菌 20min。

4. 水琼脂培养基　　琼脂 9～18g，蒸馏水 1000mL。加热使琼脂溶化，校正 pH 为 6.8～7.2。分装三角瓶，121℃高压灭菌 20min。

（四）操作步骤

1. 采样　　采样时必须注意样品的代表性和避免采样时的污染。首先准备好灭菌容器和采样工具，如灭菌牛皮纸袋或广口瓶、金属勺和刀，在卫生学调查基础上，采取有代表性的样品，样品采集后应尽快检验，否则应将样品放在低温干燥处。

2. 试样稀释及培养

1）以无菌操作称取试样 10.0g，放入含有 90mL 稀释液的灭菌三角烧瓶中（瓶内预先加有适当数量的玻璃珠）。经充分振摇，制成 1:10 的均匀稀释液。最好置于振荡器中以 8000～10 000r/min 的速度处理 1min。

2）用 1mL 灭菌吸管吸取 1:10 稀释液 1mL，沿管壁慢慢注入含有 9mL 稀释液的试管内，振摇试管或放微型混合器上，混合 30s，混合均匀，作成 1:100 的稀释液。

3）另取一支 1mL 灭菌吸管，按上述操作顺序，作 10 倍递增稀释，如此每递增稀释一次，即更换一支吸管。

4）根据饲料卫生标准要求或对试样污染程度的估计，选择 2～3 个适宜稀释度，分别在作 10 倍递增稀释的同时，即以吸取该稀释度的吸管移 1mL 稀释液于灭菌平皿内，每个稀释度作两个平皿。

5）稀释液移入平皿后，应及时晾至（46±1）℃的平板计数用培养基［可放置（46±1）℃水浴锅内保温］，注入平皿约 15mL，小心转动平皿使试样与培养基充分混匀。从稀释试样到倾注培养基之间，时间不能超过 30min。

如果估计到试样中所含微生物可能在琼脂平板表面生长时，待琼脂完全凝固后，可在培养基表面倾注晾至（46±1）℃的水琼脂培养基 4mL。

6）待琼脂凝固后，倒置平皿于（30±1）℃恒温箱内培养（72±3）h 取出，计数平板内菌落数目，菌落数乘以稀释倍数，即得每克试样所含细菌总数。

3. 菌落计数方法　　作平板菌落计数时，可用肉眼观察，必要时借助于放大镜检查，以防遗漏。在计数各平板菌落数后，求出同一稀释度两个平板菌落的平均数。

4. 菌落计数的报告

(1) 计数原则。选取菌落数为 30～300 的平板作为菌落计数标准。每一稀释度采用两个平板菌落的平均数，如果两个平板其中一个有较大片状菌落生长时，则不宜采用，而应以无片状菌落生长的平板作为该稀释度的菌落数；如果片状菌落不到平板的一半，而另一半菌落分布又很均匀，即可计算半个平板后乘以 2 代表全平板菌落数。

(2) 稀释度的选择。应选择平均菌落数为 30～300 的稀释度，乘以稀释倍数（表 12-3）。如果有两个稀释度，其生长的菌落数均为 30～300，视两者之比如何来决定，其比值小于 2，应报告其平均数；大于 2，则报告其中较小的数字。如果所有稀释度的平均菌落数均大于 300，则应按稀释度最高的平均菌落数乘以稀释倍数；如果所有稀释度的平均菌落数均小于 30，则应按稀释度最低的平均菌落数乘以稀释倍数；如果所有稀释度均无菌落生长，则以小于 1 乘以最低稀释倍数；如果所有稀释度的平均菌落数均不为 30～300，其中一部分大于 300 或小于 30 时，则以最接近 30 或 300 的平均菌落数乘以稀释倍数。

(3) 结果报告。菌落在 100 以内时，按其实有数报告；大于 100 时，采用两位有效数字，在两位有效数字后面的数值，以四舍五入方法计算。为了缩短数字后面的零数，也可用 10 的指数来表示。

表 12-3 稀释度选择及细菌总数报告方式

例次	稀释液及细菌总数			稀释液之比	细菌总数/ [CFU/g (mL)]	报告方式/ [CFU/g (mL)]
	10^{-1}	10^{-2}	10^{-3}			
1	多不可计	164	20	—	16 400	16 000 或 1.6×10^4
2	多不可计	295	46	1.6	37 750	38 000 或 3.8×10^4
3	多不可计	271	60	2.2	27 100	27 000 或 2.7×10^4
4	多不可计	多不可计	313	—	313 000	310 000 或 3.1×10^5
5	27	11	5	—	270	270 或 2.7×10^3
6	0	0	0	—	$<1 \times 10$	<10
7	多不可计	305	12	—	30 500	31 000 或 3.1×10^4

注：引自 GB/T 13093—2006 饲料中细菌总数的测定；—表示无数据。

二、沙门菌检验

沙门菌属革兰阴性肠道杆菌，已发现了近 1000 种（或菌株）。沙门菌广泛分布于自然界，是对人类和动物健康有极大危害的一类致病菌。沙门菌是重要的肠道致病菌，在饲草产品中不得检出。沙门菌属也是嗜温性细菌，在中等温度，中性 pH，低盐和高水活度条件下生长最佳。兼性厌氧，对中等加热敏感，该菌属能适应酸性环境。因此，对沙门菌的检测非常重要。饲草产品中沙门菌的检测是根据其生化特性并结合血清学鉴定方法进行的。

（一）实验原理

沙门菌的检测需要 4 个连续的阶段：第一步前增菌，在含有营养的非选择性培养基中增菌，使受伤的沙门菌恢复到稳定的生理状态；第二步选择性增菌；根据沙门菌的生理特征，选择有利于沙门菌增殖而大多数细菌受到抑制生长的培养基，进行选择性增菌；第三步选择性平板分离，采用固体选择性培养基，抑制非沙门菌的生长，提供肉眼可见的疑似沙门菌纯菌落的识别；第四步鉴定，挑出可疑沙门菌落，再次培养，用合适的生化和血清学实验进行鉴定。

（二）设备和材料

高压灭菌锅或灭菌箱；干热灭菌锅 $[(37\pm1)\sim(55\pm1)℃]$；培养箱 $[(36\pm1)℃]$；$(42\pm1)℃$水浴或 $(42\pm0.5)℃$培养箱；水浴 $[(45\pm1)℃、(55\pm1)℃、(75\pm1)℃]$；水浴 $[(36\pm1)℃]$；铂铱或镍铬丝接种环，直径约3mm；pH计；培养瓶或三角瓶；培养试管直径8cm，长度16cm；量筒；刻度吸管；平皿，直径9cm。

（三）培养基和试剂

缓冲蛋白胨水；氯化镁-孔雀绿增菌液；亚硒酸盐胱氨酸增菌液；选择性划线固体培养基（酚红、煌绿琼脂、胆硫乳琼脂）；营养琼脂；三糖铁琼脂；尿素琼脂；赖氨酸脱羧实验培养基；β-半乳糖胺酶试剂；V-P反应培养基（V-P培养基、肌酸溶液；α-萘酚乙醇溶液、氢氧化钾溶液）；靛基质反应培养基（胰蛋白胨色氨酸培养基、柯凡克试剂）；半固体营养琼脂；盐水溶液；沙门菌因子O、Vi、H型血清。

1. 缓冲蛋白胨水　　蛋白胨10g，氯化钠5g，磷酸氢二钠（$Na_2HPO_4·12H_2O$）9g，磷酸二氢钾（KH2PO4）1.5g，蒸馏水1000mL，pH7.0。按上述成分配好后，校正pH，分装于大瓶中，121℃高压灭菌20min，临用时分装在500mL瓶中，每瓶225mL，或配好后校正pH，分装于500mL瓶中，每瓶225mL，121℃高压灭菌，20min后备用。

2. 氯化镁-孔雀绿增菌液

1) 溶液A：蛋白胨5g，氯化钠8g，磷酸二氢钾（KH2PO4）1.6g，碳酸钙45g，蒸馏水1000mL，pH7.0。将各成分加入蒸馏水中，加热至约70℃溶解，校正pH，121℃高压灭菌20min。

2) 溶液B：氯化镁（$MgCl_2·6H_2O$）400g，蒸馏水1000mL，将氯化镁溶于蒸馏水中。

3) 溶液C：孔雀绿0.4g，蒸馏水100mL，将孔雀绿溶于蒸馏水中。

4) 完全培养基制备：溶液A 100mL，溶液B 100mL，溶液C 10mL。按上述比例配制，校正pH，使灭菌后pH为5.2，分装于试管中，每管10mL，115℃高压灭菌15min。冰箱保存。

3. 亚硒酸盐胱氨酸增菌液

1) 基础液：胰蛋白胨5g，乳糖4g，磷酸氢二钠（$Na_2HPO_4·12H_2O$）10g，亚硒酸钠4g，蒸馏水1000mL，pH7.0。溶解前3种成分于水中，煮沸5min，冷却后，加入亚硒酸钠，校正pH后分装，每瓶1000mL。

2) L-胱氨酸溶液：L-胱氨酸0.1g，1mol/L氢氧化钠溶液15mL，在灭菌瓶中，用灭菌水将上述成分稀释到100mL，无须蒸汽灭菌。

3) 完全培养基制备：基础液 1000mL；L-胱氨酸溶液 10mL，pH 7.0。基础液冷却后，以无菌操作加 L-胱氨酸溶液，将培养基分装于适当容量的灭菌瓶中，每瓶 100mL。培养基在配制当日使用。

4. 酚红、煌绿琼脂

1) 基础液：牛肉浸膏 5g，蛋白胨 10g，酵母浸液粉末 3g，磷酸氢二钠（Na$_2$HPO$_4$）1g，磷酸二氢钠（NaH$_2$PO$_4$）0.6g，琼脂 12～18g，蒸馏水 900mL，pH 7.0。将上述成分加水煮沸溶解，校正 pH，121℃高压灭菌 20min。

2) 糖、酚红溶液：乳糖 10g，蔗糖 10g，酚红 0.09g，蒸馏水加至 100mL。将各成分溶解于水中，在 70℃水浴锅中加温 20min，冷却至 55℃立即使用。

3) 煌绿溶液：煌绿 0.5g，蒸馏水 100mL，放在暗处，不少于 1d，使其自然灭菌。

4) 完全培养基制备：基础液 900mL，糖、酚红溶液，100mL 煌绿 1mL。在无菌条件下，将煌绿溶液加入到冷却至约 55℃的糖、酚红溶液中，再将糖、酚红、煌绿溶液加入到 50～55℃基础液中混合。

5) 琼脂平皿制备：将制备的培养基在水浴锅中溶解，冷却至 50～55℃，倾注入灭菌的平皿中。大号平皿，倾入约 40mL，小号平皿，倾入约 15mL，待凝固后备用，平皿在室温保存，不超过 4h，在冰箱保存，不超过 24h。

5. 胆硫乳琼脂　蛋白胨 20g，牛肉浸膏 3g，乳糖 10g，蔗糖 10g，去氧胆酸钠 1g，硫代硫酸钠 2.3g，柠檬酸钠 1g，柠檬酸铁铵 1g，中性红 0.03g，琼脂 18～20g，蒸馏水 1000mL，pH7.3。将除中性红和琼脂以外的成分溶解于 400mL 蒸馏水中，校正 pH，再将琼脂于 600mL 蒸馏水中煮沸溶解，两液合并，加入 0.5% 中性红水溶液 6mL，待冷却至 50～55℃，倾注平皿。

6. 营养琼脂　牛肉浸膏 3g，蛋白胨 5g，琼脂 9～18g，蒸馏水 1000mL，pH 7.0。将上述各成分煮沸溶解，校正 pH，121℃高压灭菌 20min。

平皿制备：将制备的营养琼脂在水浴锅里溶解，冷却至 50～55℃时，倾注入灭菌平皿中，每皿约 15mL。

7. 三糖铁琼脂　牛肉浸膏 3g，酵母浸膏 3g，蛋白胨 20g，氯化钠 5g，乳糖 10g，蔗糖 10g，葡萄糖 1g，柠檬酸铁 0.3g，硫代硫酸钠 0.3g，酚红 0.024g，琼脂 12～18g，蒸馏水 1000mL，pH7.4。将除琼脂和酚红以外的各成分溶解于蒸馏水中，校正 pH，加入琼脂，加热煮沸，以溶化琼脂，再加入 0.2% 酚红溶液 12mL，摇匀，分装试管，装量宜多些，以便得到较高的底层，121℃高压灭菌 20min，放置高层斜面备用。

8. 尿素琼脂

1) 基础液：蛋白胨 1g，葡萄糖 1g，氯化钠 5g，磷酸二氢钾 2g，酚红 0.012g，琼脂 12～18g，蒸馏水 1000mL，pH6.8。将上述成分溶于水中，煮沸，校正 pH，121℃高压灭菌 20min。

2) 尿素溶液：尿素 400g，蒸馏水加至 1000mL，将尿素溶于水中，通过滤器除菌，并应检查灭菌情况。

3) 完全培养基制备：基础液 950mL，尿素溶液 50mL。在无菌条件下，将尿素溶液加到事先溶化并冷却至 45℃基础液中，分装试管，放置成斜面备用。

9. 赖氨酸脱羧试验培养基 L-赖氨酸盐酸盐 5g，酵母浸膏 3g，葡萄糖 1g，溴甲酚紫 0.015g，蒸馏水 1000mL，pH 6.8。将上述各成分溶于水中煮沸，校正 pH，分装于小试管中，每支约 5mL，121℃高压灭菌 10min，备用。

10. V-P 反应培养基

1）基础培养液：蛋白胨 7g，葡萄糖 6g，磷酸氢二钾 5g，蒸馏水 1000mL，pH 6.9。将上述成分溶于水中，加热溶解，校正 pH，分装在小试管中，每支约分 3mL，115℃高压蒸汽灭菌 20min。

2）肌酸溶液：肌酸单水化合物 0.5g，蒸馏水 100mL，将肌酸单水化合物溶于水中，备用。

3）α-萘酚乙醇溶液：α-萘酚 6g，96％乙醇 100mL。将 α-萘酚溶于乙醇溶液中。

4）氢氧化钾溶液：氢氧化钾 40g，蒸馏水 100mL，将氢氧化钾溶于水中。

11. 靛基质反应培养基

1）基础培养基：胰蛋白胨 10g，氯化钠 5g，DL-色氨酸 1g，蒸馏水 1000mL，pH 7.5。将上述各成分溶解于 100℃水中，过滤，校正 pH，分装于小试管中，每支 5mL，121℃高压灭菌 15min。

2）柯凡克试剂：对二甲氨基苯甲醛 5g，盐酸 25mL，戊醇 75mL。将对二甲氨基苯甲醛溶于戊醇中，然后缓缓加入浓盐酸。

12. β-半乳糖苷酶试剂

1）缓冲液：磷酸二氢钠（NaH_2PO_4）6.9g，0.1mol/L 氢氧化钠溶液 3mL，蒸馏水加至 50mL。将磷酸二氢钠溶于大约 45mL 水中，用氢氧化钠调 pH 为 7.0，加水至最后容量 50mL，贮存于冰箱中备用。

2）ONPG 溶液：邻硝基酚 β-D-半乳糖苷（ONPG）80mg，蒸馏水 15mL。将 ONPG 溶解于 50℃水中后冷却。

3）完全试剂制备：缓冲液 5mL ONPG 溶液 15mL。将缓冲液加入到 ONPG 溶液中。

13. 半固体营养琼脂 牛肉浸膏 3g，蛋白胨 5g，琼脂 4～5g，蒸馏水 1000mL，pH7.0。将上述成分溶于水中，校正 pH，121℃高压灭菌 20min。

14. 盐水溶液 氯化钠 8.5g，蒸馏水 1000mL，pH 7.0。将氯化钠溶解于水煮沸，校正 pH 后分装，121℃高压灭菌 20min。

（四）操作步骤

1. 试样的制备 将至少 2kg 具有代表性的饲草产品样品，四分法缩分至约 250g，过 40 目孔筛，在密闭瓶中低温保存。

2. 检验样品 1∶10 稀释液制备和非选择性增菌

1）用预增菌液（缓冲蛋白胨水）作为稀释液，来制备 1∶10 稀释液。

2）取检验样品 25g，加入装有 225mL 缓冲蛋白胨水的 500mL 广口瓶内。

3）将增菌液在（36±1）℃培养，时间不少于 16h，不超过 20h。

3. 选择性增菌培养 取预增菌培养物 0.1mL，接种于装有 10mL 氯化镁-孔雀绿增菌液的试管中，另取预增菌培养物 10mL，接种于装有 100mL 亚硒酸盐胱氨酸增菌液培养瓶中，氯化镁-孔雀绿增菌液试管在 42℃下培养 24h，亚硒酸盐胱氨酸培养瓶在 (36±1)℃下培养 24h 或 48h。

注：在某些情况下，可以将亚硒酸盐胱氨酸培养基的培养温度增加至 42℃，但需在检验报告中提及此改动。

4. 分离培养

1）在培养 24h 后，取选择性增菌培养物，分别用接种环划线接种在酚红、煌绿琼脂平皿和胆硫乳琼脂平皿上，为取得明显的单个菌落，取一环培养物，接种两个平皿，第一个平皿接种后，不烧接种环，连续在第二个平皿上划线接种，将平皿底部向上在 (36±1)℃下培养，必要时可取选择性增菌培养物重复培养一次。

2）亚硒酸盐胱氨酸培养基在培养 48h 后，重复第一步操作。

3）培养 20~24h 后，检查平皿中是否出现沙门菌典型菌落，生长在酚红、煌绿琼脂上的沙门菌典型菌落，使培养基颜色由粉红变红。

4）如生长微弱，或无典型沙门菌菌落出现时，可在 (36±1)℃重新培养 18~24h，再检验平皿是否有典型沙门菌菌落。

注：辨认沙门菌菌落，在很大程度上依靠经验，它们外表各有不同，不仅是种与种之间，每批培养基之间也有不同，此时，可用沙门菌多价因子血清先与菌落进行凝集反应，以帮助辨别可疑菌落。

5. 鉴定培养　　在每种分离平皿培养基上，挑取 5 个可疑菌落，如一个平皿上典型或可疑菌落少于 5 个时，可将全部典型或可疑菌落进行鉴定。

挑选的菌落在营养琼脂平皿上划线培养，在 (36±1)℃下培养 18~24h，用纯培养物作生化和血清鉴定。

（1）生化鉴定。将从鉴定培养基上挑选的典型菌落，接种在以下①~⑥培养基上。

1）三糖铁培养基：在琼脂斜面上划线和穿刺，在 (36±1)℃下培养 24h。培养基变化见表 12-4。

表 12-4　三糖铁培养基变化表

培养基部位	培养基变化	
琼脂斜面	黄色	乳糖和蔗糖阳性
琼脂深部	红色或不变色	乳糖和蔗糖阴性
	底端黄色	葡萄糖阳性
	红色或不变色	葡萄糖阴性
	穿刺黑色	形成硫化氢
	气泡或裂缝	葡萄糖产气

典型沙门菌反应，斜面是红色，底端显黄色，有气体产生，有 90% 形成硫化氢，琼脂变黑。当分离到乳糖阳性沙门菌时，三糖铁斜面是黄色的。因此要证实沙门菌，不应仅依赖三铁糖培养的结果。

2）尿素琼脂培养基：在琼脂表面划线，在 (36±1)℃下培养 24h，应不时检查，如反应是阳性，尿素极快释放氨，它使酚红的颜色变成玫瑰红色到桃红色，之后再变成深粉红色，反应常于 2～24h 出现。

3）L-赖氨酸脱羧反应培养基：将培养物刚好接种在液体表面之下，在（36±1）℃下培养 24h，生长后产生紫色，表明是阳性反应。

4）检查 β-半乳糖苷酶（邻硝基苯 β-D-半乳吡喃糖苷，ONPG）的反应：取一接种环可疑菌落，悬浮于装有 0.25mL 生理盐水的试管中，加甲苯 1 滴，振摇混匀，将试管在（36±1）℃水浴锅中放置数分钟，加 ONPG 试液 0.25mL，将试管重新放入（36±1）℃水浴锅中 24h，时常检查，出现黄色表明为阳性反应，反应常在 20min 后明显出现。

5）V-P 反应培养基：将可疑菌落接种在 V-P 反应培养基上，在（36±1）℃下培养 24h，取培养物 0.2mL 于灭菌试管中，加肌酸溶液 2 滴，充分混合后加入 α-萘酚乙醇溶液 3 滴，充分混合后再加氢氧化钾溶液 2 滴，再充分振摇混匀，在 15min 内，形成桃红色，表明为阳性反应。

6）靛基质反应培养基：取可疑菌落，接种于装有 5mL 胰蛋白胨色氨酸培养基的试管中，在（36±1）℃下培养 24h，培养结束后，加柯凡克试剂 1mL，形成红色，表明为阳性反应。

7）生化实验（表 12-5）。

表 12-5　生化实验表

可疑菌在培养基上的反应	阳性或阴性	出现此反应者沙门菌株百分率
三糖铁葡萄糖产酸	＋	100.0
三糖铁葡萄糖产气	＋	91.9[a]
三糖铁乳糖	－	99.2[b]
三糖铁蔗糖	－	99.5
三糖铁硫化氢	＋	91.6
尿素分解	－	100.0
赖氨酸脱羧反应	＋	94.6[c]
β-半乳糖苷酶反应	－	98.5[d]
V-P 反应	－	98.5
靛基质反应	－	98.5

a. *Salmonella typlu* 伤寒沙门菌不产气；b. 沙门菌亚属Ⅲ（亚利桑那属）乳糖反应可阴可阳，但 β-半乳糖苷酶反应总是阳性的，沙门亚属Ⅱ乳糖反应阴性，β-半乳糖苷酶反应阳性。对这些菌株，可补充生化实验；c. *Salmonella paratyphi* A（甲型副伤寒沙门菌）赖氨酸脱羧反应阴性。

（2）血清学鉴定。以纯培养菌落，用沙门菌因子 O、Vi 或 H 型血清，用平板凝集法检查其抗原的存在。

1）除去能自凝的菌株：在仔细擦净的玻璃板上，放 1 滴盐水，使部分被检菌落分散于盐水中，均匀混合后，轻轻摇动 30～60s，对着黑色的背景观察，如果细菌已凝集成或多或少的清晰单位，此菌株被认为能自凝。不宜做抗原鉴定。

2）O 抗原检查：用认为无自凝能力的纯菌落，按①的方法，用 1 滴 O 型血清代替盐水，如发生凝集，判为阳性。

3）Vi 抗原检查：用认为无自凝能力的纯菌落，按①的方法，用 1 滴 Vi 型血清代替盐水，如发生凝集，判为阳性。

4）H 抗原检查：用认为无自凝能力的纯菌落接种在半固体营养琼脂中，在（36±1）℃下培养 18～20h，用这种培养物作为检查 H 抗原用，按照①的方法，用 1 滴 H 血清代替盐水，如发生凝集，判为阳性。

（3）生化和血清实验综合鉴定（表 12-6）。

表 12-6　生化和血清综合鉴定表

生化反应	有无自凝	血清学反应	说明
典型	无	O、Vi 或 H 抗原阳性	被认为是沙门菌
典型	无	全为阴性反应	可能是沙门菌
典型	有	未做检查	可能是沙门菌
无典型反应	无	O、Vi 或 H 抗原阳性	可能是沙门菌
无典型反应	无	全为阴性反应	不认为是沙门菌

注：沙门菌可疑菌株，送专门菌种鉴定中心进行鉴定。

6. 检验报告　　综合以上生化实验，血清鉴定结果，报告检验样品是否含有沙门菌。

第五节　霉菌及其毒素检验

霉菌是真菌的一部分，牧草自田间生长到收获贮藏的各个时期都可感染霉菌，按其生态群可分为田间霉菌和贮藏霉菌两类，农作物种子自田间生长到收获贮藏的各个时期都可感染霉菌，按其生态群可分为田间霉菌和贮藏霉菌两类。田间霉菌的感染最易发生在种粒已经形成、体积增长到最大时。牧草收获贮藏后，在水分含量低和正常保管条件下，此类霉菌会逐渐减少或消失。贮藏霉菌也在牧草田间生长时和收获后在晒场上感染。

一、霉菌

由于霉菌孢子可以较长时间存活于空气中，并通过空气传播给其他物质，因此霉菌无所不在，防不胜防。饲草产品在加工和贮运过程中极易受霉菌污染，一旦霉变，不仅其营养价值会降低，适口性会破坏，而且霉菌毒素会直接危害动物和人类的健康，甚至导致死亡，因此霉菌及霉菌毒素污染所造成的损失已引起人们的高度重视。霉菌检测包括霉菌总数的检测、霉菌属的判断、黄曲霉毒素的检测等。霉菌总数的检测采用适合霉菌生长而不适宜细菌生长的高渗培养基培养，菌落计数法测定，结果表示的是饲草产品中的活菌孢子数。

（一）实验原理

根据霉菌的生理特性，选择适宜于霉菌生长而不适宜于细菌生长的培养基，采用平皿计数方法，测定霉菌数。

（二）设备和材料

分析天平（感量 0.001g）；恒温培养箱 [（25±1）～（28±1）℃]；冰箱（普通冰箱）；高压灭菌器（2.5kg）；水浴锅 [（45±1）～（77±1）℃]；振荡器（往复式）；微型混合器（2900r/min）；灭菌玻璃三角瓶（250mL、500mL）；灭菌试管（15mm×150mm）；灭菌平皿（直径 90mm）；灭菌吸管（1mL，10mL）；灭菌玻璃珠（直径 5mm）；灭菌广口瓶（100mL、500mL）；灭菌金属勺、刀等。

（三）培养基和试剂

1）高盐察氏培养基。称取硝酸钠 2g，磷酸二氢钾 1g，七水硫酸镁 0.5g，氯化钾 0.5g，硫酸亚铁 0.01g，氯化钠 60g，蔗糖 30g，琼脂 20g，加入蒸馏水 1000mL。加热溶解，分装后 121℃高压灭菌 30min，必要时可酌量增加琼脂。

3）稀释液。称取氯化钠 8.5g 溶于蒸馏水 1000mL 中，分装后 121℃高压灭菌 30min。

3）实验室常用消毒药品。

（四）操作步骤

1. 试样的制备　采样时必须注意样品的代表性和避免采样时的污染。首先准备好灭菌容器和采样工具，如灭菌牛皮纸袋或广口瓶，金属勺和刀，在卫生学调查基础上，采取有代表性的样品，粉碎过 0.45mm 孔径筛，用四分法缩减至 250g。样品采集后应尽快检验，否则应将样品放在低温干燥处。

2. 分析

1）以无菌操作称取样品 25g（或 25mL），放入含有 225mL 灭菌稀释液的玻璃塞三角瓶中，置振荡器上，振荡 30min，即为 1∶10 的稀释液。

2）用灭菌吸管吸取 1∶10 稀释液 10mL 注入带玻璃珠的试管中，置微型混合器上混合 3min，或注入试管中，另用带橡皮乳头的 1mL 灭菌吸管反复吹吸 50 次，使霉菌孢子分散开。

3）取 1mL 1∶10 稀释液，注入含有 9mL 灭菌稀释液试管中，另换一支吸管吹吸 5 次，此液为 1∶100 稀释液。

4）按上述操作顺序制作 10 倍递增稀释液，每稀释一次，换用一支 1mL 灭菌吸管，根据对样品污染情况的估计，选择 3 个合适稀释度，分别在制作 10 个稀释的同时，吸取 1mL 稀释液于灭菌平皿中，每个稀度制作两个平皿，然后将晾至 45℃左右的高盐察氏培养基注入平皿中，充分混合，待琼脂凝固后，倒置于（25±1）～（28±1）℃恒温培养箱中，培养 3 天后开始观察，应培养观察 1 周。

3. 报告　通常选择菌落数为 10～100 个的平皿进行计数，同稀释度的两个平皿的菌落平均数乘以稀释倍数，即为每克（或每毫升）检样中所含霉菌总数。稀释度选择和霉菌总数报告方式按表 12-7 表示。

表 12-7 稀释度选择和霉菌总数报告方式

例次	稀释液及霉菌数			稀释度选择	两稀释液之比	霉菌总数/ [CFU/ g（mL）]	报告方式/ [CFU/ g（mL）]
	10^{-1}	10^{-2}	10^{-3}				
1	多不可计	80	8	选 10～100	—	8 000	$8.0×10^3$
2	多不可计	87	12	均为 10～100 比值≤2 取平均数	1.4	10 350	$1.0×10^4$
3	多不可计	95	20	均为 10～100 比值>2 取较小数	2.1	9 500	$9.5×10^3$
4	多不可计	多不可计	110	均>100，取稀释度最高的数	—	110 000	$1.1×10^5$
5	9	2	0	均<10，取稀释度最低的数	—	90	90
6	0	0	0	均无菌落生长则以<1 乘以最低稀释度	—	$<1×10$	<10
7	多不可计	102	3	均不处于 10～100，取最接近 10 或 100 的数	—	10 200	$1.0×10^4$

注：CFU/g（mL）与个/g（mL）相当。

二、黄曲霉毒素

黄曲霉毒素作为世界上发现最早、危害最严重的头号污染真菌毒素，一直受到国际社会的高度重视。黄曲霉毒素主要有黄曲霉毒素 B_1、黄曲霉毒素 B_2、黄曲霉毒素 G_1、黄曲霉毒素 G_2、黄曲霉毒素 M_1 等，其中以黄曲霉毒素 B_1 的毒性和致癌性最强。黄曲霉毒素的检测方法发展很快，已经从传统上以薄层色谱法（thin layer chromatography，TLC）为主，发展到目前以色谱、色质联用法和免疫分析方法为主，各种技术并存发展的局面。高效液相色谱法（high performance liquid chromatograph，HPLC）、气相色谱法（gas chromatograph，GC）和各种质谱联用技术如气质联用（GC-MS）、液质联用（HPLC-MS）以及基于免疫化学基础上的免疫分析方法如酶联免疫吸附法（ELISA）等现代技术得到了广泛的应用。采用免疫亲和柱净化——高效液相色谱法检测黄曲霉毒素，方法简便、快速、净化效果好，各项技术指标均符合真菌毒素检测的要求，可以满足对饲草产品中黄曲霉毒素的限量检测要求。

（一）实验原理

试样经过甲醇-水提取，提取液经过滤、稀释后，滤液经过含有黄曲霉毒素特异抗体的免疫亲和层析净化，此抗体对黄曲霉毒素 B_1、B_2、G_1、G_2 具有专一性，黄曲霉毒素交联在层析介质中的抗体上。用水或吐温/PBS 将免疫亲和柱上杂质除去，以甲醇通过免疫亲和层析柱洗脱，洗脱液通过带荧光检测器的高效液相色谱仪柱后碘溶液衍生测定黄曲霉毒素的含量。

（二）设备和材料

实验室常规仪器、设备、材料及下列各项。高速均质器（18 000～22 000r/min）；黄曲霉毒素免疫亲和柱；玻璃纤维滤纸（直径 11cm，孔径 1.5μm）；玻璃注射器（10mL、20mL）；玻璃试管（直径 12mm、长 75mm，无荧光特性）；高效液相色谱仪（具有 360nm 激发波长和大于 420nm 发射波长的荧光检测器）；空气压力泵；微量注射器（100mL）；色谱柱［C18柱（柱长150mm，内径4.6mm，填料直径5mm）］。

（三）试剂和溶液

除非另有规定，仅使用分析纯试剂、重蒸馏水；甲醇（CH_3OH）（色谱纯）；甲醇-水（7+3）（取70mL甲醇加30mL水）；甲醇-水（8+2）（取80mL甲醇加20mL水）；甲醇-水（45+55）（取45mL甲醇加55mL水）；苯（色谱纯）；乙腈（色谱纯）；苯-乙腈（98+2）（取2mL乙腈加98mL苯）；氯化钠（NaCl）；磷酸氢二钠（Na_2HPO_4）；磷酸二氢钾（KH_2PO_4）；氯化钾（KCl）。

PBS缓冲溶液：称取8.0g氯化钠，1.2g磷酸氢二钠，0.2g磷酸二氢钾，0.2g氯化钾，用990mL纯水溶解，然后用浓盐酸调节pH至7.0，最后用纯水稀释至1000mL。

吐温-20/PBS溶液（0.1%）：取1mL吐温-20，加入PBS缓冲溶液并定容至1000mL。

pH为7.0的磷酸盐缓冲溶液：取25.0mL 0.2mol/L的磷酸二氢钾溶液与29.1mL 0.1mol/L的氢氧化钠溶液混匀后，稀释到100mL。

黄曲霉毒素标准品（黄曲霉毒素 B_1、B_2、G_1、G_2）：纯度≥99%。

黄曲霉毒素标准贮备溶液：用苯-乙腈（98+2）溶液分别配制0.100mg/mL的黄曲霉毒素 B_1、B_2、G_1、G_2 标准贮备液，保存于4℃备用。

黄曲霉毒素混合标准工作液：准确移取适量的黄曲霉毒素 B_1、B_2、G_1、G_2 标准贮备液，用苯-乙腈（98+2）溶液稀释成混合标准工作液。

柱后衍生溶液（0.05%碘溶液）：称取0.1g碘，溶解于20mL甲醇后，加纯水定容至200mL，以0.45μm的尼龙滤膜过滤，4℃避光保存。

（四）操作步骤

1. 提取　　准确称取经过磨细（粒度小于2mm）的试样25.0g于250mL具塞锥形瓶中，加入5.0g氯化钠及准确加入125.0mL（V_1）甲醇-水（7+3），以均质器高速搅拌提取2min。定量滤纸过滤，准确移取15.0mL（V_2）滤液并加入30.0mL（V_3）水稀释，用玻璃纤维滤纸过滤1或2次，至滤液澄清，备用。

2. 净化　　将免疫亲和柱连接于20.0mL玻璃注射器下。准确移取15.0mL（V_4）样品提取液注入玻璃注射器中，将空气压力泵与玻璃注射器连接，调节压力使溶液以约6mL/min流速缓慢通过免疫亲和柱，直至2～3mL空气通过柱体。以10.0mL水淋洗柱子两次，弃去全部流出液，并使2～3mL空气通过柱体。准确加入1.0mL（V）色谱级甲醇洗脱，流速为1～2mL/min，收集全部洗脱液于玻璃试管中，供检测用。

3. 测定

（1）高效液相色谱条件。流动相［甲醇-水（45+55）］；流速（0.8mL/min）；柱后衍生化系统；衍生溶液（0.05%碘溶液）；衍生溶液流速（0.2mL/min）；反应管温度（70℃）；反应时间（1min）。

（2）定量。用进样器吸取100mL黄曲霉毒素标准工作液注入高效液相色谱仪，在上述色谱条件下测定标准溶液的响应值（峰高或峰面积），得到黄曲霉毒素 B_1、B_2、

G_1、G_2 标准溶液高效液相色谱图。参考谱图见图 12-1。

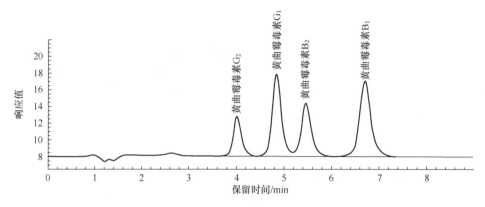

图 12-1 黄曲霉毒素 B_1、B_2、G_1、G_2 的标准谱图

取样品洗脱液 1.0mL 加入重蒸馏水定容至 2.0mL，用进样器吸取 100mL 注入高效液相色谱仪，在上述色谱条件下测定试样的响应值（峰高或峰面积）。经过与黄曲霉毒素标准液谱图比较响应值，得到试样中黄曲霉毒素 B_1、B_2、G_1、G_2 的浓度。

（3）空白实验。用水代替试样，按（1）、（2）、（3）步骤做空白实验。

（4）结果计算。样品中黄曲霉毒素 B_1、B_2、G_1、G_2 的含量（X_1）以微克每千克表示，检测结果按公式所示：

$$X_1 = \frac{(c_1 - c_0)\ V}{W}$$

其中

$$W = \frac{m}{V_1} \times \frac{V_2}{V_2 + V_3} \times V_4$$

式中，X_1—— 试样中黄曲霉毒素 B_1、B_2、G_1、G_2 的含量，单位 $\mu g/L$；

c_1——试样中黄曲霉毒素 B_1、B_2、G_1、G_2 的含量，单位 $\mu g/kg$；

c_0——空白实验黄曲霉毒素 B_1、B_2、G_1、G_2 的含量，单位 $\mu g/L$；

V——最终甲醇洗脱液体积，单位 mL；

W——最终净化洗脱液所含的试样质量，单位 g；

m——试样称取量，单位 g；

V_1——样品和提取液总体积，单位 mL；

V_2——稀释用样品滤液体积，单位 mL；

V_3——稀释液体积，单位 mL；

V_4——通过亲和柱的样品提取液体积，单位 mL。

黄曲霉毒素总量为 B_1、B_2、G_1、G_2 个别浓度之和，即 $B_1 + B_2 + G_1 + G_2$。

注：计算结果需扣除空白值。计算结果表示到小数点后两位。

第六节　农药残留检验

农药是用于预防、消灭或者控制危害农业、林业的病、虫、草和其他有害生物以及有目的地调节植物、昆虫生长的化学合成或者来源于生物、其他天然物质的一种物质或者几种物质的混合物及其制剂（《中华人民共和国农药管理条例》）。根据化学结构不同，可将农药分为有机氯类、拟除虫菊酯类、氨基甲酸酯类、有机氮类、有机硫类、有机磷类、酚类、酸类、醚类、苯氧羧酸类、脲类、磺酰脲类等。我国普遍使用的农药是有机磷类、拟除虫菊酯类和氨基甲酸酯类三种。农药可控制农作物病、虫、草害，给生产带来效益，在畜牧业上应用越来越多，但其带来的农药残留问题日益凸显，农药随着饲草饲料进入家畜体内不但危害家畜健康还会在其体内蓄积，一旦吃了家畜所产的肉、奶及其制品，人的健康和生命将受到严重的威胁，如急性神经毒性、慢性神经损伤、致癌等，甚至威胁到下一代的生命。同时，农残超标问题也成为全球关注的焦点。目前世界发达国家均对农药实行严格管理，重点转向农药安全，其中尤其对农药残留的要求日趋严格。农药残留的检测方法通常有以下几种。

一、气相色谱法

气相色谱法是一种经典的分析方法。利用试样中各组分在气相和固定两相间分配系数的不同，当气化后的试样被载气带入色谱柱中运行时，各组分就在其中的两相间进行反复多次分配。经过一定的柱长后便彼此分离，按顺序离开色谱柱进入检测器，其产生的电信号形成色谱峰。该法具有操作简便、分析速度快、分离效能高及灵敏度高及应用范围广等特点，目前农药残留检测大部分可采用气相色谱法来完成。使用气相色谱法，多种农药可以一次进样，得到完全的分离、定性和定量，再配置高性能的检测器，使分析速度更快、结果更可靠。

二、高效液相色谱法

高效液相色谱法是 20 世纪 60 年代末 70 年代初在气相色谱和经典液相色谱法的基础上发展起来的一种新型分离分析技术，它具有高效、高速、高灵敏度的特点，与气相色谱法相比，具有应用范围更广的优点。HPLC 可用于高沸点、相对分子质量大、热稳定性差的有机化合物及各种离子的分离分析，因此也是农药残留物分析的常用方法。

三、气相色谱-质谱联用技术

农残检测过程中，即使样品经过了净化，在残留浓度很低的情况下，其本底对检测造成的干扰也是不容忽视的。仅依靠保留时间进行定性分析是很困难的，必须有质谱数据，即化合物结构信息才能进行更准确的判断。欧盟和美国要求农残的确认必须要有质谱数据，由于气相色谱-质谱联用技术具有对样品当中不同种类的上百种农药残留同时进行快速扫描、定性、定量的优势。因此它在农残检测中显的尤其重要，并已被很多国家研究者开发和应用。

四、液相色谱-质谱联用技术

大部分农药可用 GC-MS 检测，但对极性或热不稳定性太强的农药及其代谢物不适用（如灭菌丹、利谷隆、黄草消等），可采用高效液相色谱-质谱法来检测。超临界流体色谱（supercritical fluid chromatography，SFC）就是以超临界流体作为色谱流动相的色谱（超临界流体本质上是处于临界温度以上的高密度气体，既具有气体黏度小、扩散速度快、渗透力强的特点，又具有液体对样品溶解性能好、可在较低温度下操作的特点）。SFC 可在较低温度下分析分子质量较大、对热不稳定的化合物和极性较强的化合物。可与各种气相、液相色谱检测器匹配，还可与红外、质谱联用，它能通过调节压力、温度、流动相组成多重梯度，选择最佳的色谱条件。它综合了气相色谱和高效液相色谱的优点，克服了各自的缺点，成为一种强有力的分离和检测手段。

我国国家标准 GB/T 23744—2009 规定了饲料中 36 种农药多残留测定气相色谱质谱法。

<h2 style="text-align:center">思　考　题</h2>

1. 饲草产品中硝酸盐和亚硝酸盐的危害有哪些？
2. 金属元素污染饲草的主要原因有哪些？
3. 硝酸银滴定法测量氰化物的优点。
4. 细菌和沙门菌检测原理。
5. 黄曲霉毒素包括哪些种？

第十三章　饲草产品质量监督与管理

【内容提要】饲草产品质量监督与管理是草产业的重要组成部分。监督与管理活动直接关系到饲草产品质量和安全,关系家畜的健康和人民的生命安全。做好饲草产品质量监督与管理,既是保证人畜健康的必要手段,也是维护草产业持续发展的重要保障。

第一节　饲草产品质量的监督与管理

一、饲草产品质量监督

质量监督是对事物的质量状态进行连续的监视和验证,并对记录进行分析,确保满足规定的要求。

事物可以是一项活动和过程,一个产品、一个组织、一个体系、一个人或这些人、事、物的任何组合。因此,质量监督可以是过程监督、产品质量监督、组织质量监督、体系质量监督、人员质量监督以及上述组合的质量监督。

（一）质量监督的主要类别

质量监督的主要类别可以分为企业内部监督、社会监督、国家监督和行业监督。

企业内部监督是为了保证满足质量要求,由具备资格且经厂长授权的人员对程序、方法、条件、产品过程或服务进行随机检查,对照规定的质量要求,发现问题予以记录,督促相关部门分析原因,制订具体措施,解决发现的问题。企业内部质量监督涉及各职能部门所管辖的全部工作和活动。

社会监督是指用户或消费委员会等社会组织,协助国家或行业有关质量监督部门做好监督工作,保护用户或消费者的合法权益,对假冒伪劣产品的揭露和投诉,进行一般质量争议的仲裁等工作和媒体舆论的监督。

国家监督是一种行政监督执行,国家通过立法授权的国家机关,利用国家的权利和权威来行使的监督,其监督具有法律的威慑作用。

行业监督是由行业主管部门对所管辖企业贯彻、执行国家有关质量法律、法规进行的监督。

（二）质量监督的基本形式

质量监督的基本形式,按其性质、目的、内容和处理方法的不同,分为抽查型、评价型和仲裁型质量监督。

抽查型质量监督,在《中华人民共和国产品质量法》中明确规定,国家对"可能危及人体健康、财产、安全的产品,影响国计民生的重要产品,以及用户、消费者、有关组织反映有问题的产品必须进行抽查。"抽查的种类有监督抽查、统一监督检查、定期监督检查和日常监督检查。

评价型质量监督，指质量监督机构对申请新产品生产证、产品许可证、优质产品和质量认证证书与标识等的组织，进行生产条件、质量体系的考核和产品抽查实验及其复查的一种质量监督活动。

仲裁型质量监督，指质量监督机构对有争议的产品进行仲裁检验和质量裁定。

二、饲草产品质量管理

质量管理是指在质量方面指挥和控制组织的协调的活动。质量管理通过建立质量方针和目标，并为实现规定的质量目标进行质量策划，实施质量控制和质量保证，开展质量改进等活动予以实现的。质量管理围绕着产品质量，贯穿在整个生产和经营过程中。

（一）质量管理体系

为了稳定地提供满足顾客要求和适用法律法规要求的产品，通过一系列质量管理的有效应用，包括持续有效地改进质量管理，增强客户满意程度，制订质量管理体系。

质量管理体系是组织的一项战略性决策，内容包括：管理职责（管理承诺、顾客为关注焦点、质量方针、质量策划、质量职责）、资源管理（人力资源、基础设施、工作环境）、产品实现（策划、市场、设计与开发、采购、生产和服务提供、监视和测量设备控制）、监测分析和改进等。

质量管理体系是许多相互关联的资源相互作用的过程。通常一个过程的输出，将直接成为下一个过程的输入。这也是有效运行管理体系过程的方法。

设计和实施质量管理体系，通常考虑的因素有：组织的环境，环境变化与该环境有关的风险，组织不断变化的需求，组织的具体目标，组织提供的产品，组织所采用的过程，组织规模和组织结构等。

质量管理体系要求和产品要求不同。前者是根据质量目标，明确管理职责，加强资源管理，对产品实现过程进行控制并不断改进，确保持续稳定地提供符合规定的产品。为了证实管理体系的有效运行，进行质量管理体系认证。产品要求是制订产品和过程规范，验证和改进产品、过程的技术质量依据，实行产品认证。

（二）质量成本管理

任何活动的进行都要经历一定的过程，消耗一定的资源，获得一定的经济效益。开展质量管理活动除要满足顾客的需要或期望外，还应保护组织的自身利益，讲求质量的经济效果。

质量成本是指为了确保和保证满意的质量而发生的费用以及没有达到满意的质量所造成的损失。

质量成本按其性质一般分为运行质量成本和外部质量保证成本。运行质量管理体系，是以达到和保持所规定的质量水平所支付的费用为运行质量成本的。运行质量成本包括预防成本、鉴定成本、内部损失成本（因产品在交付前不能满足质量要求所造成的损失，如重新提供服务、重新加工、返工、重新实验、报废等）和外部损失成本（应客户要求，提供作为客观证据的证明所造成的损失，如产品维修、修理、担保、退货、折扣、回收费和责任赔偿费等）。依照合同要求，为向顾客提供所需要的客观证据所支付的费用为外部质量保证成本。该成本包括特殊的和附加的质量保证措施、程序、数据、证实实验和评定的费用，通过核算、分析与计划，实现对质量成本的控制。

（三）质量信息管理

质量信息是完善质量管理体系的基本手段，也是管理者认知质量经营活动的基本媒介。质量信息成为确认质量经营现状、分析产品质量变化规律、预测市场需求和发展的帮手，是制订和执行质量经营计划、沟通和协调组织内部门之间关系、有序促进和保证组织经营活动的基本手段，成为监督和考核各项工作质量的依据。随着通信技术和信息技术的发展，质量信息管理已成为现代化的标识之一。

通过文字、图标、音像等形式表现出来并能够反映组织质量经营活动在空间上的分布状况和时间上的变化程度的数据和资料称为质量信息。

质量信息按性质和作用分为三类：质量动态信息、质量指令信息和质量反馈信息。保证质量信息的准确、及时、全面，系统地收集、整理、分类、传递、汇总、归档质量信息，建立质量信息计算机管理系统，是质量信息管理的基本要求。

（四）质量控制

质量控制是指为了有效监视过程中的质量，及时排除各个阶段中导致不满意的质量问题，采取一系列的作业技术和活动，以期达到良好效益的过程。

深入、有效地开展质量控制，应做的基础工作有标准化、计量测试、质量信息、质量教育和质量责任制。质量控制的方法有以下几种。

1. 统计质量控制　　统计质量的含义是把说明质量水平的各种事实数据化，以最少的费用收集必要的样品，通过有关数理统计方法对数据加以整理分析，形成一套数据表和图形，从中找出质量波动的客观规律，发现并消除异常原因，使产品质量经常处在所需的统计质量控制状态。现代质量管理的重要特征就是注重事实、注重过程的管理，强调一切以预防为主、一切用数据说话。数据成为质量管理的基础。统计过程质量控制是现代质量管理的重要内容之一。

2. 生产过程质量控制　　生产过程质量控制是对制造质量的实时控制。控制的主要环节有：市场需求识别控制、设计与开发质量控制、采购质量控制、生产与服务质量控制、监视与测量装置质量控制、验证状况和不合格产品控制。

3. 抽样检验　　抽样检验是根据数理统计原理通过对部分饲草原料的检验来推断总体质量的一种检验方式。为了使饲草原料具有代表性，必须采取随机抽样的方法。实施抽样检验时，该批产品不合格，则成批产品就判定为不合格。因此，对于提高产品质量来说，抽样检验是一种积极的检验方式。

4. 监督抽查　　监督抽查是政府有关行政部门，依据法律、法规和标准，对企业和个人生产经销的产品实行强制性抽查检验，以实施其质量监督的一种方式。监督抽查的方式有国家监督抽查、市场商品质量监督抽查、行业产品质量监督抽查和地方产品日常质量监督抽查。

5. 认证制度　　认证是国际通行的规范经济、促进发展的和重要手段。通过认证认可工作，可以从源头上确保产品安全、提高产品质量、保护人类健康和安全、保护动植物生命和健康、确保环境质量保护和公共安全、增强产品竞争能力、规范市场秩序、促进贸易发展。认证是指由认证机构证明产品、服务、管理体系符合相关技术规范、相关技术规范强制性要求或者标准的合格评定活动。国家标准（GB/T 20000.1—2002）中的定义则为：认证是由第三方对产品、过程或服务达到规定要求给出书面保证的程序。认证分为产品认证和管理体系认证。

第二节　饲草产品标准

标准是国民经济和社会发展的重要技术基础，是推进技术进步、产业升级、提高产品、管理、工程和服务质量的重要因素，成为生产、贸易、服务和管理等社会活动的有关各方应共同遵守的准则。标准在促进经济发展和社会进步方面的作用日益显现。随着经济全球化的发展，产品、技术以及信息的相互交流与交换越来越频繁，竞争的全球化和区域经济的一体化迅速发展，标准化所渗透的领域越来越广泛，技术、产品和服务标准化成为全球发展的趋势。

一、饲草产品标准发展趋势

饲草产品标准是农业标准的重要组成部分。为了推进我国农产品质量安全体系建设工作，提高我国畜牧业标准化和畜产品质量安全水平，促进畜牧业规模化、集约化、标准化和产业化，2006 年经国家标准化管理委员会批准，由农业部管理的全国畜牧业标准化技术委员会正式成立。

全国畜牧业标准化技术委员会遵守相关法律法规和标准制修订工作的各项原则与程序，按照我国畜牧业发展的总体要求，本着"借鉴、创新、发展"的原则，结合国际相关标准，构建既具有中国特色又与国际接轨的畜牧业技术标准框架体系，提出我国畜牧业标准制修订规划和计划草案，有目标、有计划、有重点、科学地开展标准制修订工作。该委员会组织制订了包括饲草标准在内的全国畜牧业标准体系规划，组织国家和农业行业饲草标准制修订计划、申报、评审、报批等工作。负责草种、饲草产品、草原建设和生态保护等专业领域内的标准化技术归口工作。

2009 年，由农业部全国草业产品质量监督检验测试中心组织的饲草产品质量安全标准体系研讨会在北京召开。会议进一步明确了饲草产品标准的重要性，饲草产品是草业中的一大类产品，饲草产品标准事关种草与养畜的规模化和产业化，事关畜产品质量的安全。会议提出了饲草产品标准体系框架，提出了优先制订的饲草产品标准目录。

二、饲草产品标准的组织管理

依我国当前标准化管理体制，我国制订和修订国家和行业标准的组织为全国畜牧业标准化技术委员会。

全国畜牧业标准化技术委员会是依国家技术监督局于 1990 年 8 月 24 日发布的《全国专业标准化技术委员会章程》开展工作的。该《章程》规定，全国专业标准委员会制订本专业国家标准，行业标准的规划和年度计划的建议，负责组织本专业国家标准，行业标准的制订、修订和复审工作，负责组织本专业国家标准，行业标准的审查工作，对标准中技术内容负责，提出审查结论等。

畜牧业标准化工作是发展畜牧业的技术基础，是科技成果转化为生产力的重要桥梁。成立全国畜牧业标准化技术委员会，是推进我国农产品质量安全体系建设工作的重要举措，对提高我国畜牧业标准化和畜产品质量安全水平，促进畜牧业规模化、集约化、标准化、产业化发展将产生积极而深远的影响。

全国畜牧业标准化技术委员会秘书处设在全国畜牧总站（中国饲料工业协会）。全国畜牧业标准化技术委员会将负责畜、禽、蜂及特种经济动物品种与种质资源、饲养与管理、养殖环境，动物产品质量、分级、加工、安全（包括物理性、化学性、生物性安全因素），畜牧养殖设施（不包括畜牧机械）、兽医器械，草种、饲草产品、草原建设和生态保护等专业领域内的标准化技术归口工作。

三、饲草产品标准的作用

饲草产品标准为农业和农村经济发展服务，伴随农业和农村经济变化而变化。饲草标准在促进农业和农村经济发展中具有重要的作用。

1. 发展现代草业的技术保障　现代草业是广泛应用现代生物、信息等高新科学技术、现代工业装备和现代管理方法的社会化大生产，是以市场化、信息化为支撑点，以节约资源、可持续发展为最高理念的发展过程。现代草业应具有较发达的市场经济制度、较科学的政府干预农业的制度和运行良好的农业服务体系。市场经济制度的发展和科学的政策干预，都需要一套严格而科学的草业技术标准体系提供技术保障。

2. 提高饲草效益的技术指南　提高饲草效益，发展优质、安全、专用饲草产品，千方百计增加农民收入是当前农业和农村经济的中心工作。提高饲草产品效益，需要结合产业发展政策，符合市场需求；需要扩大饲草数量，稳定饲草质量；需要合理布局种植区域，扩大生产规模；需要采用先进科学技术，生产实践可行；需要联合贸易和养殖，实施草产业化；需要发挥比较优势，努力提高整体效益。草产业结构多样，协调发展需要综合技术作指导，而饲草技术标准的出现，正是顺应了这一客观需要，日益成为提高饲草效益不可或缺的技术指南。

3. 行业行政执法的技术准则　行业行政执法是各级行业行政主管部门的一项重要职责。草业行政执法的对象主要是草种、饲草产品和草坪等。而行政执法中最直接的执法依据就是相关法规和技术标准。在法律法规条文不够细化的情况下，执法的依据主要是技术标准。

4. 草业科技成果推广运行的技术基础　标准是成熟的科学技术和实践经验的结晶，实践证明，通过"统一"、"简化"、"选优"、"协调"的标准化原理，制订文字简明、通俗易懂、逻辑严谨、便于操作的技术标准，是科技成果转化的最佳形式。饲草标准化成为草业集约化、规模化和产业化的重要技术基础。

5. 保障饲草产品质量安全的技术手段　　农产品质量安全问题，是当前各级政府高度重视、社会各界十分关心和全球共同关注的热点。我国实施"无公害食品行动计划"，保障畜产品质量安全，建立畜产品从"农田到餐桌"全过程可追溯制度，饲草技术标准体系是畜产品质量安全体系的基石。没有完善的饲草技术标准体系，检验检测体系建设和运行缺乏科学依据；没有有效的饲草技术标准体系，认证认可工作就无法实施。

6. 增强饲草产品国际竞争力和调节饲草产品进出口的技术条件　　我国加入 WTO 后，我国农业全面参与国际分工，参加国际贸易竞争的态势已不可逆转。从国际饲草产品贸易发展的经验来看，全面完整、科学合理、符合国情、能与国际接轨的饲草技术标准体系，是我国饲草产品"出得去，守得住"的技术法宝。

四、饲草产品标准体系

1. 标准的级别　　《中华人民共和国标准化法》将标准划分为国家标准、行业标准、地方标准和企业标准等 4 个层次。各层次之间有一定的依从关系和内在联系，形成一个覆盖全国、层次分明的标准体系。

（1）国家标准。对需要在全国范围内统一的技术要求，应当制订国家标准。国家标准的代号为"GB"。国家标准由国务院标准化行政主管部门编制计划和组织草拟，并统一审批、编号、发布。

（2）行业标准。对没有国家标准又需要在全国某个行业范围内统一的技术要求，可以制订行业标准，作为对国家标准的补充。农业行业标准代号为"NY"。行业标准由行业标准归口部门审批、编号、发布，实施统一管理。

（3）地方标准。对没有国家标准和行业标准而又需要在省、自治区、直辖市范围内统一的技术要求，可以制订地方标准。地方标准由省、自治区、直辖市标准化行政主管部门统一编制计划、组织制订、审批、编号、发布。

（4）企业标准。是对企业范围内需要协调、统一的技术要求，管理要求和工作要求所制订的标准。企业标准由企业制订，由企业法人代表或法人代表授权的主管领导批准、发布。企业产品标准应在发布后 30 日内向政府备案。

此外，在世界范围内统一使用的还有国际标准。国际标准是指国际标准化组织制订的标准，以及国际标准化组织确认并公布的其他国际组织制订的标准。目前，国际食品法典委员会（codex alimentanius commission，CAC）是被国际标准化组织确认并公布的国际组织，CAC 标准中包括饲草质量安全标准。

2. 标准的属性　　《中华人民共和国标准化法》规定，国家标准和行业标准均可分为强制性和推荐性两种属性的标准。保障人体健康、人身、财产安全的标准和法律、行政法规规定强制执行的标准是强制性标准，其他标准是推荐性标准。涉及工业产品安全和卫生要求的地方标准，在本地区域内是强制性标准。

强制性标准是由法律规定必须遵照执行的标准。强制性国家标准的代号为"GB"。强制性标准以外的标准是推荐性标准，又叫非强制性标准。推荐性国家标准的代号为"GB/T"。行业标准中的推荐性标准也是在行业标准代号后加个"T"字，如"NY/T"

即农业行业推荐性标准，不加"T"字即为强制性行业标准。

3. 饲草产品标准体系　　建立和完善符合我国国情、并与国际接轨的饲草产品标准体系，对于确保畜产品质量安全和公众健康，维护社会主义市场经济秩序，增加草业效益和农民收入，增强产品市场竞争力，促进农业和农村经济的可持续发展，具有重要的意义。

从饲草产品类型的角度看，饲草产品标准的范围包括：青饲草、青贮饲料、饲草型TMR、氨化饲草、微贮饲料、干草、成型饲草产品、籽实饲料、草深加工产品和秸秆等。每种类型还可以再进行更具体的分类。

饲草产品标准从内容上讲，包括以下几个方面的标准。

基础标准，主要是农业技术标准中所涉及的通用技术、术语、符号、代号等方面的标准；环境及资源保护标准，主要是农业技术标准中所涉及的农产品产地环境及资源保护方面的标准；饲草投入品标准，主要是种子、种苗、农药、肥料等方面的标准；生产规程标准，涉及饲草产品生产、加工技术规范方面的标准；产品标准，涉及有关饲草产品质量、分等分级方面的标准；安全标准，主要是饲草产品中的重金属、农药、微生物等有毒有害物质残留限量等方面的标准；包装贮运标准，主要是涉及的产品包装、运输、标识等方面标准；实验方法标准，主要是饲草产品标准中所涉及的鉴定、检验、实验方法方面的标准等。

五、饲草产品标准编写基本要求

制订性是一项政策性、技术性和经济性都很强的工作。一个标准制订得是否先进合理，切实可行，直接影响到该标准的实施效果，影响到社会经济效益的大小。

（一）编写原则

1. 符合我国有关法律法规、经济发展和科学技术发展的要求　　在饲草产品标准中，需要遵守相关法律和法规，如农产品质量法、环境保护法规等。标准中的有关内容，不能与这些法规抵触。因此、在制订标准时，必须了解和熟识有关法规，防止与它的规定相矛盾。

经济发展和科学技术发展的方针政策，时刻都在影响着生产的活动，所有的生产必须与它相结合，相协调，否则便受到相应条件的制约，得不到支持，生产任务就不易完成。标准是为发展生产服务的，标准的内容应体现经济发展和科学技术发展的方针政策，不能与它相违背。

2. 符合我国实际　　制订标准是涉及面较广，相关因素较多的工作，关系到国家、部门、企业和广大人民群众的利益。因此必须从全局出发。在做好全面的技术经济分析基础上，充分考虑到使用要求，根据不同需要做出合理的质量分等分级规定，使全社会和广大人民群众获益。在制订标准时，既要考虑有关企业和生产部门的利益，更要考虑使用部门和使用者的利益。

（1）气候环境条件。我国幅员辽阔，各地的气候条件相差极大，因此产品的使用气候、环境条件也各不相同，而任何一个产品的使用都必须与它的使用环境条件相适应。

在产品标准中必须规定它适用的气候环境条件,以利于用户选用。这些条件主要是:气温、气压、雨、雪、冰、风、温度、烟雾、尘土、小动物的危害等。

(2) 特殊环境条件。有些产品是在特殊的环境条件中使用,所以产品的使用必须与它相适应,否则就会造成不良后果。这些条件主要有:振动、辐射、磁场、电磁干扰、静电、爆炸性气体或粉尘、有害物质腐蚀等。

(3) 资源条件。产品的生产应充分和合理利用资源,所以在产品标准制订中,就必须考虑利用资源的特点。

(4) 计量单位。我国是采用国际单位制的国家,使用的各种计量单位都是以国际单位为基准的,一切计量器具、仪器都是用国际单位显示的,所以标准中的规定必须与它相适应。

与我国的生产技术水平相适应。我国的生产技术水平一般来说与经济发达国家相比,有一定差距。因此在制订标准时,不宜盲目追求高指标,而要适当考虑我国现有的水平。一般来说,以国外先进指标为追赶目标,在标准上以现实水平作为过渡措施。

3. 科学先进 科学先进,就是在标准中各项规定能够反映当前科学技术的先进成果和生产建设中的先进经验,使标准起到促进生产,指导生产的作用,使产品或工程的质量不断提高。否则势必迁就和保护落后,因循守旧,既不能满足使用者要求,又阻碍社会生产力发展。

标准科学先进,并不是盲目地追求高指标,必须同时考虑经济性,要考虑到我国用户和消费者的经济水平,做到经济合理。如果一个产品标准虽然指标很先进,但却使产品价格昂贵,致使销售不出去,也是获取不到经济效益的。

标准科学先进,也体现在质量安全方面。产品安全、生产安全直接关系到人民的生命和财产,应引起高度的重视。

4. 积极采用国际标准和国外先进标准 国际标准,主要是指国际标准化组织(ISO)和国际电工委员会(IEC)两大国际标准化组织发布的标准,此外,还包括国际标准化组织(ISO)认可的,即列入《国际标准题内关键词索引》总的其他国际组织制订的一些标准,这些国际组织有国际食品法典委员会等。国际标准一般都经过科学验证和生产实践的检验,反映了世界上较先进的技术水平,并且是在协调各国标准的基础上制订的。因此,世界上不仅一些发展中国家在积极采用,以引进先进技术,而且一些工业较发达国家也大量采用,以消除国际贸易技术壁垒,提高本国产品在国际市场上的竞争能力。

充分采用国际标准和国外先进标准是我国标准化工作方针之一,做到技术先进,经济合理,安全可靠。根据实际情况等同采用或等效采用国际标准和国外先进标准,或作为主要参考资料,以适用国际交流和国际间贸易的需要。

5. 时机适宜 时机适宜原则就是指制(修)订标准的时机要适宜,任何事物都有一个产生、发展和消亡的过程,标准化对象也不例外。那么在事物发展中的哪个阶段、哪个时机制订标准呢?实践证明:标准制订得过早,由于客观事物的矛盾还没有充分暴露,人们的实践经验也不丰富,制订出来的标准就容易缺乏充分的科学依据,其技术指标、参数也不能考虑得周全,因此就会约束甚至阻碍事物的正常发展。反之,如果标准制订得过迟,由于事物向多样化的自由发展,又会出现许多不必要的不合理的品种、规格，给制订标准时的统一协调工作带来很多困难，实施标准后，又要给一些部门和单位带来较大的经济损失，还会使一些已经发展成熟的先进技术，管理经验得不到及时地总结、推广和应用，得不到应得的经济效益。

人们通过长期的标准化实践，认为制订标准的时机最好是在标准化对象的技术较稳定、经济性较好的时候。

（二）编写规定

标准类别不尽相同，但编写标准的格式、内容等有统一的规定。

1. 确定标准的目的　　制订标准的目的是为了获得最佳秩序、促进最佳社会效益。最佳效益，就是要发挥出标准的最佳系统效应，产生理想的效果。最佳秩序，是指通过实施标准使标准化对象的有序化程度提高，发挥出最好的功能。

2. 明确标准的性质　　国家要求控制的重要农产品质量标准，农作物的种子、种苗的质量分级标准，农药、兽药、水产生物类药品、食品安全、卫生标准和环境质量标准等为强制性标准。强制性标准以外的，均属推荐性标准。

3. 符合标准的编写的基本要求　　标准编写应符合 GB/T 1.1—2009《标准化工作导则　第 1 部分　标准的结构和编写》和 GB/T 20000.2—2009《标准化工作指南　第 2 部分：采用国际标准》的规定，格式和表述规范化。标准的条文用词准确、逻辑严谨，表述简明。正文是标准的核心内容，应按照制订标准的目的，重点编制。此外，编写标准执行 GB/T 1.3 产品标准编写、GB/T 1.4 化学分析方法编写或 GB/T 1.6 术语编写的规定。

（三）编写方法

1. 标准编制计划　　制订标准计划项目应进行必要性、可行性分析，拟订标准内容提要，确定制订标准的原则和依据，拟订制订标准的工作大纲，对制订标准的工作量、工作的难点与解决方案、工作的安排等就有一个比较全面的明确的认识。

分析标准必要性的目的，在于弄清制订标准的目的和意义，制订的标准实施后所取得的效益，初步估计标准的内容。分析的方法主要是进行广泛调查和研究，收集各种标准资料，生产经验总结，有关的科研成果，生产和使用中存在的问题及解决办法等，通过对上述资料的综合研究，进行对比分析。

分析制订标准的必要性，目的在于弄清制订标准的时机是否已成熟，制订的条件是否已具备，制订后实施有何困难，如何解决等。分析的主要内容是：从技术的成熟程度和符合生产发展需要方面，确定制订标准的适时性、制订标准的条件，包括有适当的制订标准的单位、有实施标准的可能性、有足够的资料、有协助配套的措施等。

拟订制订标准的大纲。可理解整个制订标准工作量的大小、工作难易和复杂程度，有多少需要进行实验验证的项目，大致的工作进度，完成时间；同时对这些工作项目的承担单位、协作单位也有初步考虑，有的可进行必要的联系，使得整个计划落实、可靠。制订的方法是：依标准内容的性质、体系分为若干项目，明确每个项目的目的和要求，估计用的时间、经费、承担单位和协作单位；最后计算完成制订标准工作的总时间和经费，并对解决经费的办法提出建议。

2. 标准立项　　政府机构、行业社团组织、企事业单位和个人均可提出制订行业标准立项。畜牧业行业标准立项申请由全国畜牧业标准化技术委员会受理，经标准技术归口单位审查后报送农业行业或国家标准化管理机构。企业可以制订企业标准，报相关管理部门备案。

3. 产品标准的编写　　为保证产品的使用性，对产品必须达到的某些或全部功能要求所制订的标准为产品标准。随着我国社会主义市场经济和国内外贸易的发展，产品标准在我国标准体系中占据十分重要的地位。GB 1.3《标准化工作导则》产品标准编写规定明确地规定了我国产品标准的编写方法。

产品标准的技术内容部分包括：产品分类、技术要求、实验方法、验收规则，以及标识、包装、运输、贮存等。重点是规定产品应达到的使用功能特性，这些特性的极限值以及测定特性值所用的测试方法和检测规则。现对其编写原则与方法介绍如下。

编写好产品标准，除了应遵循 GB 1.1 中规定的 5 项基本要求外，还要遵循目的性原则、最大的自由度原则和可证实性原则。

根据产品用途和制订产品标准的目的，有针对性地选择必须用标准规定的技术内容，适用方便，有利于卫生、安全和环境保护，保证产品的适用性，实现品种控制。

产品有多技术质量特性，用标准规定的仅是一部分，这就取决于制订标准的目的。为了实现品种控制，就要规定其参数系列值，更重要的是必须对产品进行功能分析，以满足其使用功能的实现。

在规定产品标准的技术内容时，原则上只应规定性能要求，使实现性能要求的手段能有最大自由度。达到目的的手段往往不止一个。在规定产品标准的技术内容上一般应只规定分类原则和使用性能要求，实现这些原则和要求的手段能有最大自由度。

产品标准的技术内容是标准编写的核心部分。产品分类应根据使用与生产的需要，合理规定必要的产品品种、形式和规格。技术要求主要内容有：使用性能、理化性能、稳定性、安全、卫生和环境、感观指标、工艺要求和质量等级。上述各项技术要求，凡能定量表示的，均应规定其标准值或极限值，给标准值的同时应给出允许偏差。规定这些量值时都应考虑测量方法、测试条件和计量器具的匹配性。

实验方法指产品技术要求进行实验、测定、检查的方法。产品标准中实验方法的基本内容包括：方法原理概要、试剂中材料的要求、实验仪器、设备要求、实验装置、试样及其制备、实验条件、实验程序、实验结果的计算和评定、精密度或允许误差等。对于已经有标准的实验方法，要优先采用，编写时作为引文即可。

判定规则。对每一项检验均应规定判定产品合格或不合格的规则。必要时，标准中还可规定对检验结果提出异议和进行仲裁的规则。

产品标准技术内容中编写标识、包装、运输和贮存，主要目的是为了保证产品质量在贮存和运输过程中不受损失。

4. 化学分析方法标准的编写　　以实验、检查、分析、抽样、统计、计算、测定、作业等各种方法为对象制订的标准称为方法标准。其中化学分析方法标准是国内外普遍重视的方法标准，为此，ISO 78.2《化学标准编写格式第二部分：化学分析方法》专门规定了化学分析方法标准的编写格式和文字表达方法，我国也依据 ISO 78.2 制订了 GB 1.4《化学分析方法标准编写规定》，现以 GB 1.4 为例说明方法标准的编写方法。

化学分析方法标准的技术内容部分一般按下列顺序编写。原理或方法提要；试剂或材料；设备或仪器；试样及其制备；化学分析步骤；化学分析结果的计算；精密度和允许差等。

（1）原理或方法提要。是化学分析方法的理论依据，应该简要叙述所用方法的实质性步骤及条件或方法的基本原理，列出必需的化学反应式等。

（2）试剂或材料。实验过程中所需的试剂或材料均应列入，并分别编号，这些试剂或材料应写明基本特性，如浓度、密度等。含结晶水的试剂应在名称后括号内写出分子式，必要时还应写出贮存措施、配制要求及失效现象等。当必须验证试剂中不含某种元素时，应写出检查方法。

（3）设备或仪器。一般实验室设备或仪器应写出设备、仪器名称及具体型号，其他设备或仪器应写出测量的性能指标。例如，原子吸收分光光度计要写出最低灵敏度，曲线线性，最低稳定性要求，特殊类型的仪器及其部件，还要用文字说明或绘示意图说明。工作需要校验装配仪器设备的功能时，应在程序中叙述。

（4）试样及其制备。经制备可直接用于测定的样品称为试样。试样的制备，原则上应在产品标准中明确规定，方法标准中引用。

（5）化学分析步骤。这部分内容具体明确。例如，化学实验方法程序则要写出试样量，测定湿存水空白实验，校正实验，测定及工作曲线的绘制等。有爆炸、着火或中毒危险时，还要写安全预防措施。

（6）化学分析结果的计算。主要应写出计算方法和计算公式，写明每个量的计量单位，以及最后结果的表示方法，用数值表示应规定有效数值，用曲线图表示应规定坐标、曲线区间及参考的标准曲线等。

（7）精密度和允许差。写明化学分析最终结果的精密度和允许误差或测定不确定度。

5. 标准编制说明　标准编制说明包括工作简况、编制原则与主要内容、主要实验（或验证）情况分析、产业化情况、推广应用论证和预期达到的经济效果、采用国际标准和国外先进标准情况、与现行相关法律、法规、规章及相关标准有无冲突、标准的强制性与非强制性建议、贯彻标准的要求和措施建议、废止现行相关标准的建议等。

工作简况包括任务来源、主要工作过程、主要参加单位和工作组成员及其工作。重点是对相关内容的分析总结：收集国内外标准资料，包括国际标准、地区标准、企业标准等；国内外的生产概况，达到的水平；生产企业的生产经验总结，存在问题，解决办法，有关的科研成果；国内外产品饲草原料、说明书等。进行专题的调查研究，对标准中的关键问题或难点问题进行专门的调查研究，把问题产生的根源、影响、解决办法等了解清楚，为确定标准内容提供可靠的依据。安排实验验证项目，对需要实验验证的技术内容或指标进行实验验证，提出实验验证报告和结论。

标准编制原则和主要内容（如技术指标、参数、公式、性能要求、实验方法、检验规则等）的论据，解决的主要问题，应重点加以说明。修订标准时应列出与原标准的主要差异和水平对比。

采用国际标准和国外先进标准情况，与国际、国外同类标准水平的对比情况，国内外关键指标对比分析或与测试的国外样品、样机的相关数据对比情况。

（四）标准编写要求

科学：标准的内容必须是以现代科学技术的综合成果和先进经验为基础，并经过严格的科学论证。

准确：标准内容的措辞要准确、清楚、符合逻辑，语句结构要紧凑严密，要避免模棱两可。

简明：标准的内容要简洁明了、通俗易懂。

统一：编写标准时，要注意与国家有关法律、法令和法规相一致，要与现行的上级、同级有关标准协调一致，标准的表达方式要始终统一。

六、编写程序

（一）标准计划项目阶段

依我国当前的标准化工作管理体制，制订国家标准计划项目的程序如下。

国务院标准化行政主管部门，根据经济发展需要和科学技术发展情况以及标准化发展规划，提出年度的制订标准的原则和要求，发给农业部直接领导的全国专业标准化技术委员会。

对于农业行业标准，由农业部结合本部门的情况，提出若干补充制订标准计划项目的原则和要求，将制订标准的原则和要求下达给畜牧业标准化技术委员会。本委员会制订年度标准的原则和要求，提出制订标准计划的项目（建议）组织实施。

所有制订标准计划项目（建议）都应明确负责单位，协作单位、工作起止时间、需要上级或有关单位解决的技术措施以及其他须明确的事项列表随同制订标准任务书。

农业部对下属单位报来的制订标准计划项目进行综合、汇总、平衡、协调、审核，认为项目选择适当、任务明确、条件和工作单位落实，无重复和遗留的项目后，上报国务院标准化行政主管部门。

国务院标准化行政主管部门对农业部报来的制订标准计划项目（建议）进行复核，审定、认为所列项目符合制订标准计划原则和要求，即列入制订标准计划项目，由畜牧业标准委员会组织实施，并经批准后颁布执行。

全国各专业标准化技术委员会和标准化归口组织接到制订国家标准计划项目后，即行安排标准的编号、审定工作。

制订行业标准、地方标准、企业标准的程序和要求与上述大致相同，只是在具体执行上依其实际情况有所简化和具体的执行单位须作相应的变更。

（二）标准编写与审定阶段

这阶段的主要工作程序是：提出标准征求意见稿、送审稿和报批稿，并依规定程序和要求上报。

　　一般说来，制订国家标准时，应上报农业部，经审核后，再转报国务院标准化行政主管部门。制订行业标准时，应报农业部。制订地方标准时，应报所属省、自治区、直辖市的农业部门，审定后，再转报当地相应的标准化行政主管部门。制订企业标准时，按照有关规定上报。

　　（三）标准审批与发布阶段

　　国家标准由国务院标准化行政主管部门对农业部报来的国家标准（报批稿）复核、认可后、批准、编号、发布。

　　行业标准由农业部批准、编号、发布。

　　地方标准由省、自治区、直辖市标准化行政主管部门对该省、自治区、直辖市农业部门报来的地方标准复核，批准，编号，发布。

　　企业标准由企业标准化管理部门对各工厂、车间、科室、部门报来的企业标准复核，按相关要求报批，经批准后编号、发布。

七、饲草产品标准

　　（一）饲草标准制订数量

　　我国制订饲草标准 50 多项。2010 年累计发布的国家或农业行业饲草产品标准 9 项、检验方法标准 40 多个。在发布实施的产品标准中，包括苜蓿干草粉质量分级、苜蓿干草捆质量、禾本科饲草干草质量分级、草颗粒质量检验与分级、饲料用白三叶草粉、饲草产品质量安全生产技术规范、饲料卫生标准和饲料抽样、饲料显微镜检验方法等。检验方法标准有粗蛋白质、粗纤维、酸性洗涤纤维、中性洗涤纤维、粗脂肪、粗灰分、水分、钙、磷、维生素、矿物质、重金属、有害微生物、有害物质。饲草标准制订步伐不断加快，全国畜牧业标准体系"十二五"规划中，列入 40 多项饲草产品标准，建立不同饲草产品、不同类型的质量标准。2012 年，国家牧草产业体系制定了近四十项草业标准，加快了草业标准制定的步伐。

　　我国饲草产品安全标准得到重视。我国颁布实施了《饲料及饲料添加剂管理条例》，对饲料（包括饲草产品）中允许添加的化学物质做出了明确的规定。颁布了饲料中重金属、微生物、其他有毒有害物质等多项检测方法标准，还颁布了饲料卫生国家标准（GB 13078）。在国内农业生产中，颁布了农产品产地的环境条件要求，从土壤、灌溉用水、空气质量、施用肥料等方面有力保障了饲草产品质量安全。我国实施了农药安全使用系列标准，制订了农药最高残留限量及其检测方法国家标准、农药安全使用标准。农业部发布了禁止使用或限制使用的高毒农药和除草剂公告，制订了绿色食品中严禁使用剧毒、高毒、高残留或具有三致毒性（致癌、致畸、致突变）的农药，列出了高毒农药的名单。

　　国际饲草产品安全标准规范发展。国际食品法典委员会已将饲料纳入了食品分类系统，实行计算机管理，规定了饲草产品中有毒有害物质的最大残留限量。德国等欧盟国家对 57 种农药规定了在植物性饲料中的最高允许量，尤其对黑麦草等用量较大的饲草制订了农药残留的最高限量，还对饲草中的有毒有害植物和重金属含量制订出了限量标准，超出限量标准则禁止使用。日本制订了 40 种农药在干饲草中的残留限量标准，并规定了饲草中的重金属等有毒物质的限量。国际食品法典委员会在《食品通则》附录中提出的《危害分析和关键控制点（hazard analysis and critical point，HACCP）体系应用准则》（1999 年）。HACCP 是以预防为主的质量保障办法，其核心是消除可能在饲料生产过程中发生的安全危害，最大限度减少饲料生产的风险，避免了单纯依靠最终产品检验进行质量控制所产生的弊端，是一种经济高效的质量控制办法。

（二）建立和完善饲草产品标准化体系

要围绕草业产业化发展重点，构建饲草标准体系。一是饲草产品标准体系，包括饲草产品生产、加工方面（种草管理与收获、草捆、草颗粒、草粉生产、加工技术与机械、饲草产品贮存等）标准。二是饲草产品标准体系，主要包括饲草产品检测方法标准、产品标准和质量安全标准。三是饲草产品质量监测体系，主要包括检验机构、检验队伍、产品认证等。

第三节　饲草产品质量管理与监督的相关法律法规

一、农产品质量安全法

为了保障农产品质量安全，维护公众健康，促进农业和农村经济发展，第十届全国人民代表大会常务委员会第二十一次会议审议通过了《中华人民共和国农产品质量安全法》（以下简称《农产品质量安全法》），并于 2006 年 11 月 1 日起正式施行。这是我国农业法制建设史上的一件大事，也是社会主义新农村建设进程中的一件大事，标识着农产品质量安全工作迈入了法制化轨道，揭开了我国农产品质量安全工作的新篇章。

（一）立法背景

1. 出台背景　　"民以食为天，食以安为先"。人们每天消费的食物，有相当大的部分是直接来源于初级农产品。农产品的质量安全状况，直接关系到人民群众的身体健康和生命安全。全国人大常委会已经制定了《中华人民共和国食品卫生法》和《中华人民共和国产品质量法》，但《中华人民共和国食品卫生法》不涉及种植业、养殖业等农业生产活动；《中华人民共和国产品质量法》只适用于经过加工、制作的产品，不适用于未经加工、制作的农业初级产品。为了从源头上保障农产品质量安全，维护公众的身体健康，促进农业和农村经济的发展，提出了制定《中华人民共和国农产品质量安全法》（以下简称《农产品质量安全法》）。

2. 实施的必要性　　充分诠释了科学发展观的要求。我国农业已经进入新的发展阶段。资源和市场对农业发展的约束加剧，消费者对农产品的质量安全要求提高。必须走科学发展的道路，加快农业增长方式转变，建设现代农业，并为新农村建设奠定坚实的产业基础。贯彻落实科学发展观，成为推进现代农业和社会主义新农村建设的重要举措。《农产品质量安全法》坚持以人为本，把维护公众健康放在突出位置，强调数量与质量并重，发展高产、优质、高效、生态、安全农业，这充分体现了科学发展观的要求，必将有效提升全社会农产品质量安全法律意识，为加强农产品质量安全依法监管、建设现代农业和社会主义新农村提供坚实的法律支撑。

它是维护广大人民群众根本利益的可靠保障。农产品质量安全状况直接关系人民群众的日常生活和生命安全，关系社会和谐稳定。如何解决好农产品质量安全问题，确保人民群众农产品消费安全，一直是生产者和消费者共同关心的重大问题。制定并出台《农产品质量安全法》，从法律上对农产品质量安全标准、产地、生产、包装和标识以及监督检查、法律责任等方面做出规定，为从根本上解决农产品的质量安全问题提供了法律保障，有利于规范农产品生产、销售行为和秩序，保证公众农产品消费安全和广大人民群众的根本利益。

它是提升我国农产品竞争力，提供农业对外开放和参与国际竞争的有力武器。随着经济全球化进程的加快，特别是我国加入世界贸易组织后，农业对外开放不断扩大，农产品国际竞争日趋激烈。质量安全是农产品市场竞争的关键因素，是导致贸易争端的重要原因，也是一些国家设置农产品贸易技术壁垒的主要借口。出台《农产品质量安全法》，严格按照法律规定，推进农业标准化，提高农产品质量安全水平，能够更好地挖掘我国优势农产品的市场潜力，提升我国农产品竞争力，增强我国农业应对国际竞争的能力。

它是促进农业领域依法行政，填补我国农产品质量安全监管法律空白的有效手段。长期以来，我国农产品质量安全管理缺乏专门的法律依据，一定程度上加大了农产品质量安全监管工作的难度，影响了农产品质量安全管理的有效性和权威性。《农产品质量安全法》的出台，填补了法律空白，必将促进体制、机制和管理创新，加强依法行政、依法监管，开创农产品质量安全管理的新局面。

3. 立法宗旨 《农产品质量安全法》立法过程中始终坚持以提高农产品质量安全水平为核心，以保障农产品消费安全和增强农产品竞争力为目标，以解决农产品质量安全管理无法可依、职责不清、制度缺失为重点，建立权责明晰、运转协调、管理高效的农产品质量安全管理体系，满足农产品从农田到市场全程质量安全控制的需要，为农产品质量安全管理工作提供法制保障，推动农业和农村经济持续、健康发展。

（二）主要内容

1. 基本精神 《农产品质量安全法》充分体现了我国农业和农产品质量安全管理的特殊性，吸收和借鉴了国外的有益经验，构建了一套既符合国际惯例，又符合我国国情和农情的法律规范。

一是立足农产品质量安全，促进农产品质量提高。当前和今后一个时期，农产品质量安全工作的重点是解决农产品消费安全的问题，大力发展无公害农产品，让老百姓吃上放心农产品。从长远来看，安全性问题得到基本解决后，全面提高农产品的质量，满足人民群众对优质农产品的需求，增强我国农产品的国际竞争力将会上升为主要矛盾。加强农产品质量安全管理，既要着眼于解决消费安全问题，还要考虑提高农产品质量的长远目标。要通过加强农产品质量安全工作，不断提高农产品的品质，努力提升农产品的竞争力。《农产品质量安全法》确立了保障农产品质量安全，维护公众健康，促进农业和农村经济发展的宗旨，不仅明确禁止生产、销售不符合国家规定的农产品质量安全标准的农产品，而且明确国家引导、推广农产品标准化生产，鼓励和支持生产优质农产品。

二是突出源头治理，加强全程监控。农产品生产链条长，生产环境开放，不可控因素多，各个生产环节对农产品的质量安全都有不同程度的影响，必须确立全程监管的理念，对农产品生产经营的各个环节进行全程控制，确保消费者购买到符合要求的农产品。然而农产品生产源头，特别是产地环境、农业投入品的科学合理使用和生产过程等对农产品质量安全具有直接影响，在遵循全程控制的基础上必须把源头治理作为重点，加强对农产品生产源头的管理。《农产品质量安全法》对农产品产地和生产进行专章规定，对农产品产地环境、投入品使用、生产过程管理提出了明确的要求。

三是严格市场准入，实行农产品质量安全责任追溯制度。健全、规范的市场准入制度，是防止和杜绝不符合标准的农产品进入市场与消费环节的重要措施。《农产品质量安全法》明确了农产品的市场准入条件，禁止5种不符合标准的农产品上市销售；进一步明确了销售企业应承担的义务，要求销售企业建立健全进货检查验收制度，农产品批发市场应对进场销售的农产品质量安全状况进行抽查检测，发现不符合农产品质量安全标准的农产品，要立即停止销售，并向农业部门报告。建立农产品质量安全追溯制度，是加强农产品质量安全监督管理和处理农产品质量安全事故的基本措施，受到世界各国的普遍重视。《农产品质量安全法》借鉴国际上通行的做法，从生产经营记录、包装标识、赔偿责任主体等方面做了具体规定。

四是强化风险评估，实现科学管理。开展农产品质量安全风险评估，是当今世界各国的普遍做法，也是WTO《实施卫生与植物卫生措施协定》的基本要求。通过风险评估，对农产品中的农药、兽药等化学物质残留或者重金属、生物因素等对人类健康和动植物生长的潜在危害进行风险分析和评价，为农产品质量安全管理和决策提供科学的依据。《农产品质量安全法》确立了风险评估的法律地位，要求把风险评估结果作为制订农产品质量安全标准的重要依据，农业部门要根据风险评估结果采取相应的管理措施。

五是区别不同主体，加强分类指导。我国农业生产经营主体多而分散、生产经营方式和规模差异很大。农产品质量安全管理必须符合我国国情和农情，针对不同的生产经营主体，采取不同的管理措施。《农产品质量安全法》分别对农户、农产品生产企业、农民专业合作经济组织、农产品批发市场等，确立了不同的义务和责任；确立了引导与处罚相结合，重在引导的原则，要求各级人民政府及有关部门，引导农产品生产者、销售者加强质量安全管理，通过农业科研教育机构和农业技术推广机构的培训，不断提高农产品生产者的质量安全知识和生产技能。农民专业合作经济组织和农产品行业协会要建立质量安全管理制度，加强行业自律，不断提高为其成员开展技术服务的水平。

2. 调整范围　　本法调整的范围包括三个方面的内涵。一是关于调整产品范围的问题，本法所指农产品是指来源于农业的初级产品，即在农业活动中获得的植物、动物、微生物及其产品；二是关于调整行为主体的问题，既包括农产品的生产者和销售者，也包括农产品质量安全管理者和相应的检测技术机构人员等；三是关于调整管理环节的问题，既包括产地环境、农业投入品的科学合理使用、农产品生产和产后处理的标准化管理，也包括农产品的包装、标识和市场准入管理。《农产品质量安全法》对涉及农产品质量安全的方方面面都进行了相应的规范，调整的对象全面、具体，符合中国的国情和农情。

3. 主要内容　《农产品质量安全法》共八章五十六条。第一章是总则，对农产品的定义，农产品质量安全的内涵，法律的实施主体，农产品质量安全风险评估、风险管理和风险交流，农产品质量安全信息发布，安全优质农产品生产，公众质量安全教育等方面做出了规定。第二章是农产品质量安全标准，对农产品质量安全标准体系的建立，农产品质量安全标准的性质，农产品质量安全标准的制订、发布、实施的程序和要求等进行了规定。第三章是农产品产地，对农产品禁止生产区域的确定，农产品标准化生产基地的建设，农业投入品的合理使用等方面做出了规定。第四章是农产品生产，对农产品生产技术规范的制订，农业投入品的生产许可与监督抽查、农产品质量安全技术培训与推广、农产品生产档案记录、农产品生产者自检、农产品行业协会自律等方面进行了规定。第五章是农产品包装和标识，对农产品分类包装、包装标识、包装材质、转基因标识、动植物检疫标识、无公害农产品标识和优质农产品质量标识做出了规定。第六章是监督检查，对农产品质量安全市场准入条件、监测和监督检查制度、检验机构资质、社会监督、现场检查、事故报告、责任追溯、进口农产品质量安全要求等进行了明确规定。第七章是法律责任，对各种违法行为的处理、处罚做出了规定。第八章是附则。

（三）基本制度

为了确保农产品质量安全管理的各项规定落实到位，《农产品质量安全法》根据国际通行做法和中国农产品质量安全工作实际，遵循农产品质量安全管理的客观规律，针对保障农产品质量安全的主要环节和关键点，设立了一系列的监管制度。包括各级政府及其农业部门以及其他相关职能部门配合的管理体制、农产品质量安全信息发布制度、农产品生产记录制度、农产品包装与标识制度、农产品质量安全市场准入制度、农产品质量安全监测和监督检查制度、农产品质量安全事故报告制度和农产品质量安全责任追究制度等。

1. 农产品质量安全管理体制　　依法实施农产品质量安全状况监督检查，防止不符合农产品质量安全标准的产品流入市场、危害人民群众健康，是农产品质量安全监管部门履行的法定职责。《农产品质量安全法》确立了农业行政主管部门在农产品质量安全管理工作中的主体地位，实行政府统一领导，农业主管部门依法监管，其他有关部门分工负责的农产品质量安全管理体制。

县级以上政府农业主管部门应当制订并组织实施农产品质量安全监测计划，对生产中或者市场上销售的农产品进行监督抽查，监督抽查结果由省级以上政府农业主管部门予以公告，以保证公众对农产品质量安全状况的知情权。

监督抽查检测应当委托具有相应的检测条件和能力的检测机构承担，并不得向被抽查人收取费用。被抽查人对监督抽查结果有异议的，可以申请复检。

　　县级以上农业主管部门可以对生产、销售的农产品进行现场检查、查阅、复制与农产品质量安全有关的记录和其他资料，调查了解有关情况。对经检测不符合农产品质量安全标准的农产品，有权查封、扣押。

　　对检查发现的不符合农产品质量安全标准的产品，责令停止销售、进行无害化处理或者予以监督销毁；对责任者依法给予没收违法所得、罚款等行政处罚，对构成犯罪的，由司法机关依法追究刑事责任。

　　国务院农业行业行政主管部门设立农产品质量安全风险评估专家委员会，对可能影响农产品质量安全的潜在危害进行风险分析和评估。授权国务院农业行政主管部门和省、自治区、直辖市人民政府农业行政主管部门发布农产品质量安全状况信息。

　　2. 农产品质量安全标准的强制实施制度　　政府有关部门应当按照保障农产品质量安全的要求，依法制订和发布农产品质量安全标准并监督实施。不符合农产品质量安全标准的农产品，禁止销售。

　　3. 农产品产地管理制度　　农产品产地环境对农产品质量安全具有直接、重大的影响。近年来，因为农产品产地的土壤、大气、水体被污染而严重影响农产品质量安全的问题时有发生。抓好农产品产地管理，是保障农产品质量安全的前提。《农产品质量安全法》规定，县级以上政府应当加强农产品产地管理，改善农产品生产条件。禁止违反法律、法规的规定向农产品产地排放或者倾倒废水、废气、固体废物或者其他有毒有害物质；禁止在有毒有害物质超过规定标准的区域生产、捕捞、采集农产品和建立农产品生产基地。县级以上地方政府农业主管部门按照保障农产品质量安全的要求，根据农产品品种特性和生产区域大气、土壤、水体中有毒有害物质状况等因素，认为不适宜特定农产品生产的，应当提出禁止生产的区域，报本级政府批准后公布执行。

　　4. 农产品生产制度　　生产过程是影响农产品质量安全的关键环节。《农产品质量安全法》对农产品生产者在生产过程中保证农产品质量安全的基本义务进行了规定，主要包括以下几点。一是依照规定合理使用农业投入品。农产品生产者应当按照法律、行政法规和国务院农业主管部门的规定，合理使用化肥、农药、兽药、饲料和饲料添加剂等农业投入品，严格执行农业投入品使用安全间隔期或者休药期的规定，禁止使用国家明令禁止使用的农业投入品，防止因违反规定使用农业投入品危及农产品质量安全。二是依照规定建立农产品生产记录。农产品生产企业和农民专业合作经济组织应当建立农产品生产记录，如实记载使用农业投入品的有关情况、动物疫病和植物病虫草害的发生和防治情况，以及农产品收获、屠宰、捕捞的日期等情况。三是对其生产的农产品的质量安全状况进行检测。农产品生产企业和农民专业合作经济组织应当自行或者委托检测机构对其生产的农产品的质量安全状况进行检测，经检测不符合农产品质量安全标准的，不得销售。

　　5. 农产品包装和标识管理制度　　逐步建立农产品的包装和标识制度，对于方便消费者识别农产品质量安全状况，逐步建立农产品质量安全追溯制度，具有重要作用。《农产品质量安全法》对于农产品包装和标识的规定主要包括以下几点。一是对国务院农业主管部门规定在销售时应当包装和附加标识的农产品，农产品生产企业、农民专业合作经济组织以及从事农产品收购的单位或者个人，应当按照规定包装或者附加标识后方可销售；属于农业转基因生物的农产品，应当按照农业转基因生物安全管理的规定进行标识。依法需要实施检疫的动植物及其产品，应当附具检疫合格的标识、证明。二是农产品在包装、保鲜、贮存、运输中使用的保鲜剂、防腐剂和添加剂等材料，应当符合国家有关强制性的技术规范。三是销售的农产品符合农产品质量安全标准的，生产者可以申请使用无公害农产品标识；农产品质量符合国家规定的有关优质农产品标准的，生产者可以申请使用相应的农产品质量标识。四是转基因农产品应按规定进行标识。

6. 农产品质量安全的风险分析、评估制度和农产品质量安全的信息发布制度

建立农产品质量安全监测制度是为了全面、及时、准确地掌握和了解农产品质量安全状况，根据农产品质量安全风险评估结果，对风险较大的危害进行例行监测，既为政府管理提供决策依据，又为有关团体和公众及时了解相关信息，最大限度地减少影响农产品质量安全的因素对人民身体的危害。

农产品质量安全监测制度的具体规定主要包括：监测计划的制订依据、监测的区域、监测的品种和数量、监测的时间、产品抽样的地点和方法、监测的项目和执行标准、判定的依据和原则、承担的单位和组织方式、呈送监测结果和分析报告的格式、结果公告的时间和方式等。

7. 违法行为责任追究制度　　明确了违法行为的具体处罚措施。

（四）贯彻实施《农产品质量安全法》重点做好的几项工作

《农产品质量安全法》明确规定了监督管理部门和生产、销售者的法定职责与义务，农产品质量安全必须注重依法管理，特别是各级农业部门应当加快职能转变，全面提高依法行政水平，认真履行市场监管、公共管理和社会服务职责，努力推动农产品质量安全工作迈上新台阶，促进农产品质量安全事业进一步向前发展。结合法律的贯彻实施，重点做好以下几方面工作。

1. 要依法加强产地建设和投入品监管　　控制农产品源头污染是做好农产品质量安全工作的第一道关口，要加强农产品产地建设，强化环境保护，改进基础设施，规范投入品使用，防止产地污染。特别是对不适宜特定农产品生产的区域，要坚决按照法律规定，认真落实农产品禁止生产区域制度。加强农业投入品监管，组织农业投入品生产许可和监督抽查，严厉打击制售假冒伪劣农业投入品行为，积极推广连锁经营等流通方式，净化农业投入品市场。

2. 要依法加强农业标准化工作　　实行农业标准化全程控制，是提高农业产品质量的关键。首先要抓标准制修订。以制订通则类标准为重点，加快完善以国家标准和行业标准为主体，以地方标准和企业标准为补充的农业标准体系。其次要抓标准实施。以国家级农业标准化示范县和无公害生产示范基地创建活动为突破口，加强农技推广人员标准知识培训，全面提高农业标准化水平。最后要抓标准监督。依法实施农产品生产记录制度，强化农产品质量安全追溯管理，逐步实现生产记录可存贮、产品流向可追踪、贮运信息可查询。

3. 要依法加强农产品质量安全监测　　实行质量安全监测和监督抽查，是保障农产品质量安全的重要手段。抓紧完善体系，尽快启动实施农产品质量安全检验检测体系规划，加强质检体系和机构建设。加强能力建设，改进仪器设备等检测手段，提高检验检测能力和水平。健全完善制度，深化例行监测制度，制订监测计划，完善检测程序和办法，延伸检测区域，扩大监测范围。健全信息发布制度，提升质量安全预警水平，防范质量安全风险。推进机制创新，针对我国农户生产经营分散的特点，探索有效的农产品质量安全监管手段和方式。

4. 要依法加强优质农产品营销促销　　严格按照法律规定，实施农产品质量安全市场准入制度，禁止质量安全不合格产品入市销售。同时，努力促进产销衔接，强化营销促销服务，提高优质农产品的市场份额。加强农产品质量安全标识管理，立足终端产品质量，强化产前农业投入品、产地环境、产品质量从源头到加工的全过程质量控制，不断扩大标识农产品的覆盖面。促进农业品牌化发展，在大力推进农产品认证，继续培育无公害农产品（绿色食品、有机农产品）品牌的基础上，积极开发农业名牌产品，加强诚信体系，提高我国农产品知名度和美誉度，增强市场竞争能力。

二、饲料及饲料添加剂管理条例

为了加强对饲料、饲料添加剂的管理，提高饲料、饲料添加剂的质量，促进饲料工业和养殖业的发展，维护人民身体健康，国务院于 1999 年颁布了《饲料和饲料添加剂管理条例》（以下简称《条例》）。这是我国第一部饲料行业的专门法规，提高了我国饲料管理的法制化水平。

2001 年 11 月，国务院修订该条例。2010 年 2 月，国务院法制办公室公开征求该条例意见，再次修订的条例于 2012 年 5 月开始实施。

（一）范围

本条例所称饲料，是指经工业化加工、制作的供动物食用的饲料，包括单一饲料、添加剂预混合饲料、浓缩饲料、配合饲料和精料补充料。

本条例所称饲料添加剂，是指在饲料加工、制作、使用过程中添加的少量或者微量物质，包括营养性饲料添加剂和一般饲料添加剂。

营养性饲料添加剂，是指用于补充饲料营养成分的少量或者微量物质，包括饲料级氨基酸、维生素、矿物质微量元素、酶制剂、非蛋白氮等。

一般饲料添加剂，是指为保证或者改善饲料品质、提高饲料利用率而掺入饲料中的少量或者微量物质。

药物饲料添加剂，是指为预防、治疗动物疾病而掺入载体或者稀释剂的兽药的预混物，包括抗球虫药类、驱虫剂类、抑菌促生长类等。药物饲料添加剂的管理，依照《兽药管理条例》的规定执行。

国务院农业行政主管部门负责全国饲料、饲料添加剂的管理工作。县级以上地方人民政府负责饲料、饲料添加剂管理的部门（以下简称饲料管理部门），负责本行政区域内的饲料、饲料添加剂的管理工作。

（二）特点

1. 加强饲料安全管理，实行全程监管　　建立了饲料和饲料添加剂使用管理制度、饲料添加剂安全使用规范制度，实行全过程管理，以保证饲料安全。进一步制定和完善了法律责任制度，加强了行政处罚和刑事处罚的衔接。

2. 加强饲料产品生产经营的规范化管理　　在生产环节上建立了新产品审定公布制度、首次实行进口产品登记制度和生产许可证制度、生产记录和产品留样观察制度和标签制度等，在经营环节上突出严格监管。对于生产、经营环节的不法行为，依法坚决打击。

3. 加强对饲料原料的重点管理　　饲料原料是影响饲料质量及其安全的主要因素。条例确定了饲料添加剂和添加剂预混合饲料生产许可证制度、饲料添加剂和添加剂预混合饲料批准文号制度、饲料添加剂使用规范制度和饲料添加剂使用管理制度等，体现了对饲料原料的重点监管。

4. 明确了违反本条例规定的罚则　　明确了违法行为的具体处罚措施。

（三）基本框架

我国饲料立法工作起步较晚，但进展迅速，初步形成了以《饲料和饲料添加剂管理条例》为基础，以部门规章为补充的管理制度体系。

《条例》颁布施行后，农业部加快饲料管理配套规章制度修订步伐，先后制订、修订了《饲料添加剂和添加剂预混合饲料生产许可证管理办法》、《饲料添加剂和添加剂预混合饲料产品批准文号管理办法》、《新饲料和新饲料添加剂管理办法》、《进口饲料和饲料添加剂登记管理办法》、《允许使用的饲料添加剂品种目录》、《禁止在饲料和动物饮用水中使用的药物品种目录》等，初步形成了比较完整的饲料管理法律体系。

同时，不少地方饲料管理部门，积极配合当地立法机关，加快本地饲料管理法规建设，创造性地出台了一批地方法规。这些地方法规的颁布和施行，进一步完善了管理制度，增强了行政执法工作的针对性，创造了良好的法制管理环境，有力地推动了饲料的依法行政工作。

（四）管理制度

我国饲料管理法律制度是在总结国内饲料管理经验，借鉴食品、药品和兽药有效管理制度，参考国际饲料管理惯例形成的。既富有中国特色，又符合国际惯例。主要包括以下11项基本管理制度。

1. 新饲料和新饲料添加剂审定公布制度　　新研制的饲料和新饲料添加剂，只有在对其安全性、有效性及其对环境的影响进行全面评定，确认符合国家规定的质量标准后，才允许投入生产、进入流通和消费领域。

《条例》规定：新研制的饲料、饲料添加剂，在投入生产前，研制者、生产者必须向国务院农业行政主管部门提出新产品审定申请，经国务院农业行政主管部门指定的检测机构检验和饲喂实验后，由全国饲料评审委员会根据检测结果和饲喂实验效果，对该新产品的安全性、有效性及其对环境的影响进行评审，评审合格的，由国务院农业行政主管部门发给新饲料、新饲料添加剂证书，并予以公布。

2. 首次进口饲料和饲料添加剂登记制度　　由于饲料、饲料添加剂的质量直接影响着养殖业生产的安全，许多国家都对饲料、饲料添加剂的进口实行严格的登记制度，特别是对首次引进的饲料、饲料添加剂的管理更为严格，只有确认进口的饲料、饲料添加剂确实安全、有效且不污染环境之后，才允许进入本国。

《条例》借鉴外国的成功经验，明确规定：首次进口饲料、饲料添加剂的，应当向国务院农业行政主管部门申请登记，并提供该饲料、饲料添加剂的样品和相应的资料。经审查确认符合要求的，由国务院农业行政主管部门颁发产品登记许可证。

3. 知识产权保护制度　　根据我国有关知识产权保护的法律和加入 WTO 的新形势，新修改的《条例》规定：国家对获得审定或者登记的、含有新化合物的饲料、饲料添加剂的申请人提交的自身所取得且未披露的实验数据和其他数据实施保护。自审定或者登记之日起 6 年内，对其他申请人未经已获得审定或登记的申请人同意，使用前款数据申请饲料、饲料添加剂审定或者登记的，审定或登记机关不予审定或登记，其他申请人提交其自身所取得的数据的除外。除公共利益需要和已采取措施确保该类信息不会被不正当地进行商业使用外，审定或者登记机关不得披露有关数据。

4. 饲料添加剂和添加剂预混合饲料生产许可证制度　　饲料添加剂和添加剂预混合饲料用量小、作用大、价值高，该类产品的质量直接关系到饲料产品的质量，关系到饲养动物的安全，进而影响人体健康。对饲料添加剂和添加剂预混合饲料采取严格的管理制度是通行的国际惯例。

为防止不具备条件的厂家擅自生产该类产品，直接造成经济损失，甚至引发饲料安全事件，《条例》规定：生产饲料添加剂、添加剂预混合饲料的企业，经省、自治区、直辖市人民政府饲料管理部门审核后，由国务院农业行政主管部门颁发生产许可证。

5. 饲料添加剂和添加剂预混合饲料批准文号制度　　与饲料添加剂和添加剂预混合饲料十分相似的药品、食品添加剂、化妆品、兽药等已执行了批准文号制度，实践证明这是一项十分有效的管理制度。饲料添加剂和添加剂预混合饲料也采用批准文号制度。

《条例》规定：生产饲料添加剂和添加剂预混合饲料的企业取得生产许可证后，由省、自治区、直辖市人民政府饲料管理部门核发饲料添加剂、添加剂预混合饲料产品批准文号。必须执行"一料一号"原则，不可混用或"借用"批准文号。

6. 生产记录和产品留样观察制度　　由于饲料和饲料添加剂直接关系动物的安全生产和人身健康，为了调查取证和司法举证的需要，《条例》规定：生产饲料、饲料添加剂的企业，应当按照产品标准组织生产，并实行生产记录和产品留样观察制度。

7. 标签制度　　《条例》规定：饲料、饲料添加剂的包装物上应当附具标签。为贯彻标签制度，国家专门制定了《饲料标签》强制性国家标准（GB 10648—1999），对标签适用范围、引用标准、定义、基本原则、必须标示的基本内容、基本要求和饲料标签计量单位的标注等进行了详细而明确的规定。标签应当使用中文规范的汉字标明产品的名称、原料组成、产品成分分析保证值、净重、生产日期、保质期、厂名、厂址和产品标准编号等内容。根据此强制性标准规定，只要附带符合要求的标签或在包装物上具备符合标签要求的内容均可，详见《饲料标签标准实施指南》。

8. 饲料添加剂使用规范制度　　《条例》规定：使用饲料添加剂应当遵守国务院农业行政主管部门制订的安全使用规范，不得超量超范围使用饲料添加剂，不得违禁添加兽药和其他禁用药品。

9. 饲料和饲料添加剂使用管理制度　　禁止经营无产品质量标准、无产品质量合格证、无生产许可证和无产品批准文号的饲料、饲料添加剂（生产许可证和产品批准文号仅适用于饲料添加剂和添加剂预混合饲料产品，其他产品无此要求）；禁止生产、经营停用、禁用或淘汰的饲料、饲料添加剂以及未经审定公布的饲料、饲料添加剂；禁止经营未经国务院农业行政主管部门登记的进口饲料、进口饲料添加剂；禁止在饲料和动物饮用水中添加激素类药品和国务院农业行政主管部门规定的其他禁用药品；禁止对饲料、饲料添加剂作预防或者治疗动物疾病的说明或者宣传，但是，饲料中加入药物饲料添加剂的，可以对所加药物饲料添加剂的作用加以说明；禁止生产、经营假冒伪劣饲料和饲料添加剂。

10. 质量监督抽查制度　　为了加强质量监督，《条例》规定：国务院农业行政主管部门根据国务院产品质量监督管理部门制订的全国产品质量监督抽查工作规划，可以进行饲料、饲料添加剂质量监督抽查，但是不得重复抽查。县级以上人民政府饲料管理部门根据饲料、饲料添加剂质量监督抽查计划，可以组织对饲料、饲料添加剂进行监督抽查，并会同同级质量监督管理部门公布抽查结果。

11. 法律责任制度　　依据《中华人民共和国刑法》和《中华人民共和国行政处罚法》等法律规定，《条例》规定的法律责任有：责令停止生产、经营和使用，没收非法产品和违法所得，并处以罚款、收缴或吊销生产许可证、产品批准文号、进口登记许可证，构成犯罪的，依法追究刑事责任等。

对于生产经营环节的违法处罚，首先要依照刑法关于非法经营罪的规定，依法追究刑事责任，尚不够刑事处罚的，要依法进行行政处罚。

对于生产、经营假冒伪劣饲料和饲料添加剂的处罚，首先要依照刑法关于生产、销售伪劣产品罪的规定，依法追究刑事责任，尚不够刑事处罚的，要依法进行行政处罚。

对于假冒、伪造或者买卖饲料添加剂、添加剂预混合饲料生产许可证、产品批准文号或者产品登记证的处罚，也要首先依照刑法关于非法经营罪或者伪造、变造、买卖国家公文、证件、印章罪的规定，依法追究刑事责任，尚不够刑事处罚的，要依法进行行政处罚。

对于使用环节的违法处罚，以教育、制止、纠正和罚没等处罚为主，最多处以 5 万元以下的罚款。

有关刑事责任具体执行《最高人民法院、最高人民检察院关于办理非法生产、销售、使用禁止在饲料和动物饮用水中使用的药品等刑事案件具体应用法律若干问题的解释》。

（五）重点解决的问题

2011 年 10 月 26 日，国务院第 177 次常务会议通过了新修订的《饲料和饲料添加剂管理条例》（以下简称新条例）。新条例重点解决了以下几个方面的问题。

明确地方人民政府、饲料管理部门及生产经营者的质量安全责任，建立各负其责的责任机制，保证饲料的质量安全。新条例增加了地方人民政府的监管职责，规定县级以上地方人民政府领导本行政区域饲料和饲料添加剂的监督管理工作，建立健全监督管理机制，保障监督管理工作的开展。完善了饲料管理部门的职责，应加强饲料和饲料添加剂质量安全知识的宣传，提高养殖者的质量安全意识，指导养殖者安全并合理使用。

进一步完善生产经营环节的质量安全控制制度，解决生产经营者在生产经营过程中不遵守质量安全规范的问题，保证饲料生产环节的质量安全。增加了生产企业采购原料的查验和记录制度，规定生产企业应按照有关规定和标准对采购的原料进行查验或检验，并如实记录原料的名称、产地、数量、保质期、许可证明文件编号、质量检验信息、生产企业名称等。完善了生产过程的质量安全管理措施，规定生产企业应按照产品质量标准和质量安全管理规范，以及饲料及其添加剂安全使用规范对生产过程实施有效控制，并实行生产记录和产品留样观察。为了规范饲料经营行为，新条例完善了进货查验制度，规定经营者进货时应查验产品标签和产品质量检验合格证。

进一步规范饲料的使用，解决养殖者不按规定使用饲料及在养殖过程中擅自添加禁用物质的问题，保障动物产品的质量安全。新条例还特别加强了对自配饲料的管理，规定养殖者使用自行配制的饲料时应遵守自行配制饲料使用规范，并不得对外提供。

完善监督管理措施，加大对违法行为的处罚力度，确保各项管理制度的落实。新条例完善了饲料和饲料添加剂的监督抽查制度，规定饲料管理部门应根据需要定期或不定期组织实施质量监督抽查，建立监督管理档案。新条例建立了生产经营者的质量安全信用制度，规定饲料管理部门应按照职责权限公布监督抽查结果，加大了对违法行为的处罚力度。

三、国外饲料法律法规

许多国家政府从健全法律制度入手，从饲料安全源头抓起，加快改革和完善饲料安全监管体制和机制。国外饲料监管实践证明，尽管各国饲料资源不尽相同、养殖业生产结构各具特色、动物性食品消费方式和出口规模各异，但完善饲料法律体系是做好饲料安全监管工作的基础和关键。

（一）美国的饲料法律法规

美国的饲料法规包括国会颁布的法律、美国食品和药品管理局（FDA）和农业部制定的规则以及各州制定的《商品饲料法》。

美国政府于1900年之前就已制定了《饲料法规》。该法开宗明义，规定食品和饲料是同一概念。这是饲料监管的依据，也是美国管理饲料的最高法律。

1920年美国38个州开始制定和实施州饲料法。如今，所有州都有商品饲料法规。

1938年，《联邦食品、药品和化妆品法》对饲料标签增加了管理要求。1958年，美国国会通过了《联邦食品、药品和化妆品修正案》，要求饲料添加剂必须保证动物安全，而且不得残留在动物性食品中。之后的近半个世纪时间里，FDA制定了一系列加药饲料管理规章。

在100多年的实践过程中，美国的饲料法律制度逐步完善，现已涵盖了饲料生产、经营和使用的各个环节。目前的主要制度包括企业生产条件认可制度、产品登记制度、用药记录制度、产品投诉制度、质量跟踪制度、产品认证制度、疯牛病和痒病防控制度、沙门菌监控制度、二噁英检测制度、处罚制度等，是国际社会公认有效的饲料法律体系。

（二）德国饲料法律法规

早在 1926 年，德国就颁布了《饲料法》。该法仅对单一饲料和混合饲料的营养成分做出规定，还没有真正形成法律体系。经过 1951 年、1968 年、1972 年和 1973 年的补充完善，一部管理制度较为完善的真正意义上的德国《饲料法》于 1975 年 7 月 2 日通过，在制度上保证了德国发展畜牧业和在饲料工业上公平的竞争。随着欧洲经济共同体的形成和推进，以及科技进步带来的产业大发展，饲料安全问题日益严重，德国《饲料法》又相继在 1987 年、1995 年、1998 年和 2000 年进行了 4 次修订，形成了目前更加全面的德国《饲料法》。该法主要包括总则、饲料和饲料添加剂的一般规定、标识、广告和包装、对企业的要求、物质许可、专家听证、进出口管理、报告生产记录及监督、处罚和罚款规定等。附录部分包括立法和饲料规定的建立背景、不受欢迎物质及其数量等级、饲料检测中的分析偏差和公差、取样和分析规则、特种饲料的功能评价系统、饲喂禁令法及其规定的说明、实验机构及抽查机关等。

德国饲料及饲料添加剂的管理部门为德国农林食品部，具体执行机关为德国饲料执行委员会。

（三）日本饲料安全法

日本《饲料安全法》于 1953 年颁布，由法律、政令、省令以及告示和通告组成。经过 50 多年的 10 多次修改，现已形成从饲料原料生产（进口）、饲料制造、经营和使用以及新产品审定、特定饲料、企业登记与变更、禁止事项、饲料标准、监督检查、检查经费和处罚听证的完整饲料法律体系。

该法对违法违规行为的处罚十分严厉。对生产经营不合格饲料产品的企业，日本农林水产省或地方政府首先责成违规企业严格执行召回制度，收回处理不合格产品，然后视不合格产品的数量处以 10 万～30 万日元罚款；对卫生指标严重超标的企业，处以 50 万日元罚款，并对法人处以 1 年以下有期徒刑；对违禁生产经营药品和造成严重后果的企业，处以 100 万日元罚款，并对法定代表人处以 3 年监禁。

（四）欧盟饲料管理法规

欧盟饲料管理法规包括法令、指令、决定、建议 4 种，共 180 项。其中《关于在动物营养方面使用的添加剂法令》、《饲料卫生法令》是欧盟各成员国必须强制执行的两项饲料法规。

欧盟制定的有关饲料管理的指令，如《配合饲料流通管理指令》《动物营养中不良物质和相关产品管理指令》、《欧盟加药饲料生产和销售管理指令》、《政府监管饲料规则》、《转基因饲料使用规则》等，欧盟各成员国可自行选择实施方法来达到上述各项指令规定的目标。欧盟每年都要根据饲料安全监管形势和科技发展趋势，对饲料管理基本法规进行修订。为了提高食品消费安全水平，欧盟在新修订的《食品法》中增加了饲料安全风险管理的条款。

欧盟饲料法律体系重点调整对象是饲料添加剂、配合饲料、饲料原料、有毒有害物质、特殊营养用途饲料、生物饲料、药物饲料、饲料卫生和生产许可、抽样和检测、转基因饲料和行政监察等。

欧盟饲料法律制度以严格著称。对饲料生产企业的注册管理目前已延伸到欧盟以外。凡是向欧盟出口动物性产品、提供饲料的生产企业必须接受欧盟的登记和检查。

思 考 题

1. 建立饲草产品标准有何作用？
2. 我国饲草产品基本管理制度有哪些？
3. 饲草产品质量监督与管理内容是什么？

主要参考文献

曹致中.2005.饲草产品学.北京：中国农业出版社.

常碧影，张萍.2008.饲料质量与安全检测技术.北京：化学工业出版社.

陈代文.2005.动物营养与饲料学.北京：中国农业出版社.

陈桂银.2008.饲料分析与检测.北京：中国农业大学出版社.

陈乃中.1992.植物检疫研究的理论思考.植物检疫，增刊：66-69.

崔淑文，杨曙明.1999.真假饲料的判别.北京：中国计量出版社.

葛伟萍，符义坤，陈宝书，等.1995.饲草种子中检疫性杂草的鉴别.甘肃农业大学学报，30（1）：48-55.

郭雪霞，张慧媛，来创业，等.2007.啤酒副产品在饲料工业中的应用.饲料工业，28（21）：59-62.

国家质量技术监督局.2000.质量技术监督基础教程.北京：中国标准出版社.

贺建华.2011.饲料分析与检测.2版.北京：中国农业出版社.

洪生伟.1997.质量工作者实用手册.北京：中国计量出版社.

洪生伟.2009.质量管理.北京：中国计量出版社.

贾涛.2009.近红外光谱分析技术在饲料检测中的应用.饲料研究，（6）：9-13，19.

贾玉山，玉柱，李存福.2011.饲草产品质量检测学.北京：中国农业大学出版社.

贾玉山.2009.饲草产品质量安全与控制.第一届中日饲料研讨会论文集，122-126.

姜懋武.1998.饲料原料简易检测掺假识别.沈阳：辽宁科学技术出版社.

郎志正.2003.质量管理及其技术和方法.北京：中国标准出版社.

李合生.2001.植物生理学生化实验原理和技术.北京：高等教育出版社.

李希茜，韩建国.2007.近红外分析技术在饲料分析及牧草方面的应用.中国草学会青年工作委员会学术研讨会，94-100.

李勇魏，益民，王锋.2005.影响近红外光谱分析结果准确性的因素.核农学报，1（3）：236-240.

李政一.2003.白酒糟综合利用研究.北京工商大学学报，21（1）：9-12.

刘建新.2003.干草、秸秆、青贮饲料加工技术.北京：中国农业科学技术出版社.

陆婉珍，袁洪福.2000.现代近红外光谱分析技术.北京：中国石化出版社.

罗方妮，蒋志伟.2003.饲料卫生学.北京：化学工业出版社.

罗弘鑫.1995.进出境动植物检疫工作程序.国际经贸研究，（4）：54-56.

毛培胜.2012.饲草产品质量与安全检测.北京：中国农业出版社.

宁开桂.1993.实用饲料分析手册.北京：中国农业科学技术出版社.

农业部畜牧兽医局（全国饲料工作办公室），中国饲料工业协会，全国饲料工业标准化技术委员会，等.2002.饲料工业标准汇编（上、下册）.北京：中国标准出版社.

农业部畜牧兽医局（全国饲料工作办公室），中国饲料工业协会，全国饲料工业标准化技术委员会，等.2011.饲料工业标准汇编（第三版）：上、下册.北京：中国标准出版社.

农业部畜牧兽医局（全国饲料工作办公室），中国饲料工业协会，全国饲料工业标准化技术委员会，等.2006.饲料工业标准汇编（2002~2006）.北京：中国标准出版社.

彭健.2008.饲料分析与检测技术.北京：科学出版社.

齐德生.2009.饲料毒物学附毒物分析.北京：科学出版社.

齐晓.2007.近红外光谱法预测紫花苜蓿干草茎叶分离产品品质的研究.中国农业大学.硕士学位论文.

饶应昌.1996.饲料加工工艺与设备.北京:中国农业出版社.

汤家驹,刘书庆,程幼明.2008.质量管理学.北京:中国计量出版社.

唐煜,何自新.2000.畜禽矿物质饲料——石粉,甘肃畜牧兽医,6:41.

王加启,于建国.2003.饲料分析与检验.北京:中国计量出版社.

王加启,于建国.2004.饲料分析与检验.北京:中国计量出版社.

王学江,田锡珍,李文晋.2006.植物检疫现状及对策.安徽农业科学,34(5):942,1026.

王智才,谷继承.2008.中国饲料工业年鉴.北京:中国商业出版社.

王宗礼.2007.全面推进饲料安全监管工作保障畜牧、饲料业健康发展.中国饲料,4:2-4.

许庆方.2010.优质饲草青贮饲料的研究.北京:中国农业大学出版社.

许志刚.2008.植物检疫学.北京:高等教育出版社.

杨凤.2011.动物营养学.2版.北京:中国农业出版社.

余萍.2010.畜禽饲料中镉的污染危害及控制.贵州畜牧兽医,34(1):34-35.

玉柱,贾玉山,张秀芬.2004.饲草加工贮藏与利用.北京:化学工业出版社.

玉柱,贾玉山.2010.饲草加工与贮藏.北京:中国农业大学出版社.

玉柱,孙启忠.2011.饲草青贮技术.北京:中国农业大学出版社.

张丽英.2007.饲料分析及饲料质量检测技术.3版.北京:中国农业大学出版社.

中国标准出版社第一编辑室.2008.饲料工业标准汇编(上、下册).北京:中国标准出版社.

朱智勇.2007.我国产品质量监督检测法律制度研究.郑州大学硕士学位论文.

野中和久.2002.寒地型牧草低水分ロールベールサイレージの安定調製ならびに品質評価に関する研究.北海道農研研報,176:1-55.

自給飼料品質評価研究会.2001.粗飼料の品質評価ガイドブック.社団法人日本草地畜産種子協会.

Dwayne R B, Richard E M, Josep H H. 2003. Silage Science and Technology. Madison American Society of Atronomy-Crop Science Society of America-Soil Science Society of America.

Government of Alberta Agriculture and Rural Development. Evaluating Silage Quality. http://en. engormix. com/MA-agriculture/news/evaluating-silage-quality _ 13329. htm. [2008.9.5].

Mcdonal D P, Henderson N, Heron S. 1991 The Biochemistry of Silage. Marlow: Chalcombe Publications.

GB 10390—89. 饲料用白三叶草粉.

GB 13079—2006. 饲料中总砷的测定.

GB 13080—2004. 饲料中铅的测定—原子吸收光谱法.

GB 13082—1991. 饲料中镉的测定方法.

GB 13084—91. 饲料中氰化物的测定方法.

GB/T 13085—2005. 饲料中亚硝酸盐的测定.

GB/T 14698—2002. 饲料显微镜检查方法.

GB/T 14698—2002. 饲料显微镜检查方法.

GB/T 14699.1—2005. 饲料采样.

GB/T19000—2008/ISO 9000:2005. 质量管理体系——基础和术语.

NY/T 140—2002. 苜蓿干草粉质量分级.

NY/T 140—2002. 苜蓿干草粉质量分级.

NY/T 1574—2007. 豆科饲草干草质量分级.

NY/T 1575—2007. 草颗粒质量检验与分级.

NY/T 2128—2012. 草块.

NY/T 2129—2012. 饲草产品抽样技术规程.

NY/T 728—2003. 禾本科饲草干草质量分级.